完全学习手册

DIV+CSS

刘贵国 编著

网页样式与布局

完全学习手册

清华大学出版社
北京

内 容 简 介

本书系统地讲解了 DIV + CSS 样式表的基础理论和实际运用技巧，并通过大量实例对 CSS 进行深入浅出的分析，主要包括 CSS 的基本语法和概念，设置文字、图片、背景、表格、表单和菜单等网页元素的方法以及 CSS 滤镜的使用，并着重讲解了如何用 CSS+DIV 进行网页布局。本书注重实际操作，使读者在学习 CSS 应用技术的同时，掌握 CSS+DIV 的精髓。

本书内容翔实、结构清晰、循序渐进，并注意各个章节与实例之间的呼应与对照，既可作为 CSS 初学者的入门教材，也适合中高级用户进一步学习和参考。

图书在版编目（CIP）数据

DIV + CSS网页样式与布局完全学习手册 / 刘贵国编著.––北京：清华大学出版社，2014
（完全学习手册）
ISBN 978-7-302-33363-0

Ⅰ.①D… Ⅱ.①刘… Ⅲ.①网页制作工具–手册 Ⅳ.①TP393.092-62

中国版本图书馆CIP数据核字（2013）第181230号

责任编辑：陈绿春
封面设计：潘国文
版式设计：北京水木华旦数字文化发展有限责任公司
责任校对：徐俊伟
责任印制：何　芊

出版发行：清华大学出版社
　　　　网　　　址：http://www.tup.com.cn，http://www.wqbook.com
　　　　地　　　址：北京清华大学学研大厦 A 座　　　　邮　　编：100084
　　　　社 总 机：010-62770175　　　　　　　　　　邮　　购：010-62786544
　　　　投稿与读者服务：010-62776969，c-service@tup.tsinghua.edu.cn
　　　　质 量 反 馈：010-62772015，zhiliang@tup.tsinghua.edu.cn
印 刷 者：北京鑫丰华彩印有限公司
装 订 者：北京市密云县京文制本装订厂
经　　销：全国新华书店
开　　本：188mm×260mm　　　　印　张：27　　　字　数：649 千字
　　　　（附 DVD1 张）
版　　次：2014 年 8 月第 1 版　　　　　　印　次：2014 年 8 月第 1 次印刷
印　　数：1～4000
定　　价：59.00 元

产品编号：052833-01

前　言

目前 Web 标准大潮已经席卷了国内的网站设计领域，许多网站设计师学习并应用 Web 标准，本书就是在这一时期推出的一本利用 Web 标准进行网页设计制作的指导书，适用于所有网站设计师以及网站开发人员。Web 标准的推出将网站的内容与表现分离，同时 XHTML 文档要具有良好的结构，因此需要抛弃传统的表格布局方式，采用 DIV 布局，并且使用 CSS 层叠样式表来实现页面的外观。DIV+CSS 是网站标准中常用的术语之一，CSS 和 DIV 的结构被越来越多的人采用，很多人都抛弃了表格而使用 CSS 来布局页面，它的好处很多，可以使结构简洁，定位更灵活，CSS 布局的最终目的是搭建完善的页面架构。通常 XHTML 网站设计标准中，不再使用表格定位技术，而是采用 DIV+CSS 的方式实现各种定位。

本书主要内容

本书编者中既有多年网页教学经验的教师，也有多年实际商业网站设计经验的网页设计师，积累了大量网页设计制作方面的经验，精通网页布局的多种技巧。本书基于 Dreamweaver CS3 等常用网页设计制作软件，按照从简单到复杂、从入门到精通的写作思路，结合了多个典型的网站实例，使读者不但可以学会使用多种网页制作工具制作出精美的网页，还一步步告诉大家如何设计符合 Web 标准的 CSS 布局。本书的编写重点将通过实例讲解如何运用 DIV+CSS 对页面进行布局制作。

本书共包括 21 章，分成 6 篇，主要内容如下。

第 1 篇　网页制作基础。包括第 1~3 章，主要讲解开发网站需要的技术、网页布局设计流程、为什么要建立 Web 标准、Web 标准三剑客、为什么要在网页中加入 CSS、HTML 和 XHTML 基础、HTML 文件的基本结构。

第 2 篇　CSS 控制样式基础。包括第 4~7 章，主要讲解在 HTML5 中使用 CSS 的方法、编辑和浏览 CSS、CSS 控制网页文本和段落样式、CSS 定义具有特色的超链接效果、用 CSS 设计图片和背景。

第 3 篇　CSS 控制样式进阶。包括第 8~11 章，主要讲解设计更富灵活性的表格、设计更酷更炫的表单、用 CSS 制作实用的菜单和网站导航、CSS 中的滤镜。

第 4 篇　CSS 布局。包括第 12~17 章，主要讲解 CSS 盒子模型与定位、盒子的浮动、CSS 布局模型 、CSS 布局理念、常见的布局类型、CSS 布局中的常见问题、HTML 5 基础、CSS 3 基础及应用、CSS 与 JavaScript 的综合应用。

第 5 篇　CSS 布局综合实例。包括第 18~21 章，主要讲解个人网站的布局设计、公司宣传网站的布局、旅游网站的布局、购物网站布局。

第 6 篇　附录。主要讲解 CSS 属性一览表、HTML 常用标签等知识。

本书特色

● 循序渐进，由浅入深

为方便读者学习，本书首先向读者介绍网页的概念，然后了解 HTML 的基本结构，使读者对网页制作和制作工具有一个初步认识。在此基础上，通过 Dreamweaver 的可视化操作，简单地实现网页效果，提高读者的兴趣；再结合 CSS 进行语法讲解，使读者牢牢地掌握这些基本的要素。

● 大量的案例实战

书中设置大量应用实例，重点强调具体技术的灵活应用，并且全书结合了作者长期的网页设计制作和教学经验，使读者真正做到学以致用。

● 讲解详细，图文并茂

本书从实例出发，通过详细的步骤把知识介绍给读者。同时配有实例图片，使操作更为直观，从而避免了单一文字的枯燥学习。再根据操作的结果讲解语法，让读者更容易理解。

● 深入解剖 CSS+DIV 布局

本书用相当的篇幅重点介绍了用 CSS+DIV 进行网页布局的方法和技巧，配合经典的布局案例，帮助读者掌握 CSS 最核心的应用技术。

● 高级混合应用技术

真正的网页除了外观表现之外，还需要结构标准语言和行为标准的结合，因此本书还特别讲解了 CSS 与 JavaScript、HTML 5、CSS 3 的混合应用，使读者掌握高级的网页制作技术。

● 精选综合实例

本书精选了四个常见类型的网页综合实例，包括个人网站、公司宣传网站、旅游网站和购物网站，帮助读者总结前面所学知识，综合应用各种技术、方法和技巧，提高读者综合应用的能力。

本书读者对象

本书既适合于 CSS 初中级读者、网站设计与制作人员、网站开发与程序设计人员及个人网站爱好者阅读，又可以作为大中专院校或者社会各类培训班的培训教材，同时对 CSS 高级用户也有很高的参考价值。

本书由国内著名网页设计培训专家刘贵国编写，参加编写的还包括冯雷雷、晁辉、何洁、陈石送、何琛、吴秀红、王冬霞、何本军、乔海丽、孙良军、邓仰伟、孙雷杰、孙文记、何立、倪庆军、胡秀娥、赵良涛、徐曦、刘桂香、葛俊科、葛俊彬、张连元、晁代远等。

目录

第1篇
网页制作基础

第1章 网页基础和网站开发流程

本章导读

通过本章的学习可以了解网站中静态网页与动态网页的区别、网站的前期规划、动态网站技术和开发动态网站功能模块等网站的建设流程。这对以后的具体动态网站建设工作有很大的帮助。

技术要点

- 认识网页与网站
- 了解网站类型
- 熟悉开发网站需要的技术
- 熟悉网站开发流程

实例展示

动态网页

网页广告区

1.1 认识网页与网站

网页是构成网站的基本元素，是承载各种网站应用的平台。通常我们看到的网页，大都是以 HTM 或 HTML 后缀结尾的文件。除此之外，网页文件还有以 CGI、ASP、PHP 和 JSP 后缀结尾的。目前网页根据生成方式，大致可以分为"静态网页"和"动态网页"两种。

1.1.1 什么是网站

网站建设就是使用网页设计软件，经过页面设计、排版、编程等步骤，设计出多个网页。这些网页通过超级链接，构成一个网站。网页设计完成后，再上传到网站服务器上以供用户访问浏览。

网站是在互联网上通过超级链接的形式构成的相关网页的集合。简单地说，网站是一种通信工具，就像布告栏一样，人们可以通过网站来发布自己想要公开的信息，或者利用网站来提供相关的网上服务。通过网站，人们可以浏览、获取信息。许多公司都拥有自己的网站，他们利用网站来进行宣传、产品资讯发布、招聘人才等。在因特网的早期，网站大多只是单纯的文本。经过几年的发展，当万维网出现之后，图像、声音、动画、视频，甚至3D 技术开始在因特网上流行起来，网站也慢慢地发展成我们现在看到的图文并茂的样子。通过动态网页技术，用户也可以与其他用户或网站管理者进行交流。

网站由域名、服务器空间、网页 3 部分组成。网站的域名就是在访问网站时在浏览器地址栏中输入的网址。网页是通过 Dreamweaver 等软件编辑出来的，多个网页由超级链接联系起来，然后网页需要上传到服务器空间中，供浏览器访问网站中的内容。

1.1.2 静态网页和动态网页

静态网页是网站建设初期经常采用的一种形式。网站建设者把内容设计成静态网页，访问者只能被动地浏览网站建设者提供的网页内容。其特点如下。

● 网页内容不会发生变化，除非网页设计者修改了网页的内容。

● 不能实现与浏览网页用户之间的交互。信息流向是单向的，即从服务器到浏览器。服务器不能根据用户的选择，将内容调整并返回给用户。静态网页的浏览过程，如图 1-1 所示。

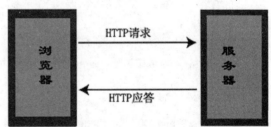

图1-1 静态网页的浏览过程

所谓"动态网页"，就是根据用户的请求，由服务器动态生成的网页。用户在发出请求后，从服务器上获得生成的动态结果，并以网页的形式显示在浏览器中，在浏览器发出请求指令之前，网页中的内容其实并不存在，这就是其动态名称的由来。换句话说，浏览器中看到的网页代码原先并不存在，而是由服务器生成的。根据不同人的不同需求，服务器返回给他们的页面可能并不一致。

动态网页的最大应用在于 Web 数据库系统。当脚本程序访问 Web 服务器端的数据库时，将得到的数据转变为 HTML 代码，发送给客户端的浏览器，客户端的浏览器就显示出了数据库中数据。用户要写入数据库的数据，可填写在网页的表单中，发送给浏览器，然后由脚本程序将其写入到数据库中。

动态网页的一般特点如下。

● 动态网页以数据库技术为基础，可以大大降低网站维护的工作量。

● 采用动态网页技术的网站可以实现更多的功能，如用户注册、用户登录、搜索查询、用户管理、订单管理等。

● 动态网页并不是独立存在于服务器上的网页文件，只有当用户请求时服务器才返回一个完整的网页。

● 动态网页中的"？"不利于搜索引擎检索，搜索引擎一般不可能从一个网站的数据库中访问全部网页，因此采用动态网页的网站在进行搜索引擎推广时，需要做一定的技术处理才能适应搜索引擎的要求。如图1-2所示为动态网页。

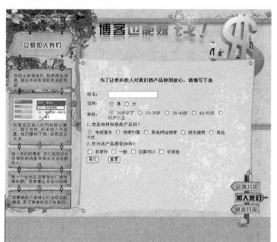

图1-2 动态网页

1.1.3 网页基本构成元素

网页是构成网站的基本元素。不同性质的网站，其页面元素是不同的。一般网页的基本元素包括 Logo、Banner、导航栏目、文本、图像、Flash 动画和多媒体组件。

1. 网站 Logo

网站 Logo，也叫"网站标志"，它是一个站点的象征，也是一个站点是否正规的标志之一。一个好的标志可以很好地树立公司形象。网站标志一般放在网站的左上角，访问者一眼就能看到它。成功的网站标志有着独特的形象标识，在网站的推广和宣传中起到事半功倍的效果。网站标志应体现该网站的特色、内容，以及其内在的文化内涵和理念。下面是网站的标志，如图1-3所示。

图1-3 网站标志

标志的设计创意来自网站的名称和内容，大致分以下3个方面。

● 网站有代表性的人物、动物、花草，可以用它们作为设计的蓝本，加以卡通化和艺术化。

● 网站有专业性的，可以用本专业有代表的物品作为标志，如中国银行的铜板标志、奔驰汽车的方向盘标志。

● 最常用和最简单的方式是用自己网站的英文名称作为标志。采用不同的字体、字符的变形、字符的组合可以很容易制作出自己的标志。

2. 网站 Banner

网站 Banner 是横幅广告，是互联网广告中最基本的广告形式。Banner 可以位于网页顶部、中部或底部任意一处。一般为横向贯穿整个或大半个页面的广告条。常见的尺寸是 480 像素 ×60 像素，或 233 像素 ×30 像素，使用 GIF 格式的图像文件，可以使用静态图形，也可以使用动画图像。除普通 GIF 格式外，采用 Flash 技术能赋予 Banner 更强的表现力和交互内容。

网站 Banner 首先要美观，这个小的区域设计得非常漂亮，可以让人看上去很舒服，即使不是他们所要看的东西，或者是一些他们可看不可看的东西，都会很有兴趣地去看看，点击就是顺理成章的事情了。Banner 还要与整个网页协调，同时又要突出、醒目，用色要同页面的主色相搭配，如主色是浅黄，广告条的用色就可以用一些浅的其他颜色，切忌用一些对比色。如图 1-4 所示是网站 Banner 与整个网页的协调性。

图1-4 网站Banner与整个网页协调

3. 网站导航栏

导航既是网页设计中的重要部分，又是整个网站设计中一个较独立的部分。一般来说网站中的导航位置在各个页面中出现的位置是比较固定的，而且风格也较为一致。导航的位置对网站的结构与各个页面的整体布局起着举足轻重的作用。

导航的位置一般有 4 种常见的显示位置，分别在页面的左侧、右侧、顶部和底部。有的在同一个页面中运用了多种导航，如有的在顶部设置了主菜单，而在页面的左侧又设置了折叠式菜单，同时又在页面的底部设置了多种链接，这样便增强了网站的可访问性。当然并不

是导航在页面中出现的次数越多越好，而是要合理地运用页面达到总体的协调一致。下面是一个网页的顶部导航，如图 1-5 所示。

图1-5 顶部导航

4. 网站文本

文本一直是人类最重要的信息载体与交流工具，网页中的信息也以文本为主。与图像相比，文字虽然不如图像那样易于吸引浏览者的注意，但却能准确地表达信息的内容和含义。

为了克服文字固有的缺点，人们赋予了网页中文本更多的属性，如字体、字号和颜色等，通过不同格式的区别，突出显示重要的内容，如图 1-6 所示为使用文本的网页。

图1-6 文本网页

5. 网站图像

图像在网页中具有提供信息、展示形象、美化网页、表达个人情趣和风格的作用。可以

在网页中使用 GIF、JPEG 和 PNG 等多种图像格式，其中使用最广泛的是 GIF 和 JPEG 两种格式，如图 1-7 所示为在网页中使用的图像。

图1-7 网页图像

6. Flash 动画

随着网络技术的发展，网页上出现了越来越多的 Flash 动画。Flash 动画已经成为当今网站必不可少的部分，美观的动画能够为网页增色不少，从而吸引更多的浏览者。Flash 动画不仅需要对动画制作软件非常熟悉，更重要的是设计者独特的创意，如图 1-8 所示为网页中的 Flash 动画。

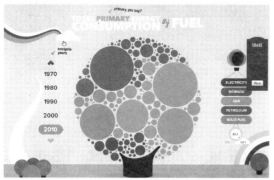

图1-8 Flash动画

7. 页脚

网页的最底端部分被称为"页脚"，页脚部分通常被用来介绍网站所有者的具体信息和联络方式，如名称、地址、电话、版权信息等。其中一些内容被做成标题式的超链接，引导浏览者进一步了解详细的内容，如图 1-9 所示为页脚。

图1-9 页脚

8. 广告区

广告区是网站实现赢利或自我展示的区域。一般位于网页的顶部、右侧。广告区内容以文字、图像、Flash 动画为主。通过吸引浏览者点击链接的方式达到广告效果。广告区设置要达到明显、合理、引人注目的效果，这对整个网站的布局很重要，如图 1-10 所示为网页广告区。

图1-10 网页广告区

1.2 网站类型

网站是多个网页的集合，目前没有一个严谨的网站分类方式。将网站按照主体性质的不同分为门户网站、电子商务网站、娱乐网站、游戏网站、时尚网站、个人网站等。

1.2.1 个人网站

个人网站包括博客、个人论坛、个人主页等。网络的大发展趋势就是向个人网站发展。个人网站就是自己的心情驿站，有的为了拥有共同爱好的朋友相互交流而创建的网站，也有以自我介绍的简历形式的网站，如图1-11所示为个人网站。

图1-11 个人网站

1.2.2 电子商务网站

电子商务网站为浏览者搭建起一个网络平台，浏览者与潜在客户在这个平台上可以完成整个交易或交流过程，电子商务网站业务更依赖于互联网，是公开的信息仓库。

所谓"电子商务"是指利用计算机、网络通信等技术实现各种商务活动的信息化、数字化、无纸化和国际化。狭义上说，电子商务就是电子贸易，主要指利用在网上进行电子交易、买卖产品和提供服务，如图1-12所示为当当购物网站；广义上说，电子商务还包括企业内部的商务活动，如生产、管理、财务，以及企业间的商务活动等。

通过电子商务，可实现如下目标：

● 能够使商家通过网上销售"卖"向全世界，使消费者足不出户"买"遍全世界。

● 可以实现在线销售、在线购物、在线支付，使商家和企业及时跟踪顾客的购物趋势。

● 商家和企业可以利用电子商务。在网上广泛传播自己的独特形象。

● 商家和企业可以利用电子商务，与合作伙伴保持密切的联系，改善合作关系。

● 可以为顾客提供及时的技术支持和技术服务，降低服务成本。

● 可以促使商家和企业之间的信息交流，及时得到各种信息，保证决策的科学性和及时性。

图1-12 当当购物网站

1.2.3 娱乐游戏类网站

随着互联网的飞速发展，不仅涌现出了很多个人网站和商业网站，也产生了很多的娱乐休闲类网站，如电影网站、音乐网站、游戏网站、交友网站、社区论坛、手机短信网站等。这些网站为广大网民提供了娱乐休闲的场所。

网络游戏是当今网络中较热门的一个行业，许多门户网站也专门增加了游戏频道。网络游戏的网站与传统游戏的网站设计略有不同，一般情况下以矢量风格的卡通插图为主体，色彩对比比较鲜明。渐变的背景色彩使页面看起来十分明亮，少许立体感的游戏风格使页面看起来十分可爱，带有西方童话色彩的框架设计使网站看起来十分特别。如图 1-13 所示为游戏网站。

图1-13 游戏网站

图1-14 时尚网

1.2.4 时尚类网站

追求流行是充满活力的年轻人所秉持的生活态度；时尚则是各种流行文化和设计理念的交汇与碰撞。如图 1-14 所示为某时尚网，它们体现着时尚、潮流，融合最前沿的文化信息。

1.2.5 新闻资讯类网站

随着网络的发展，作为一个全新的媒体，新闻资讯网站受到越来越多的关注。它具有传播速度快、传播范围广、不受时间和空间限制等特点，因此新闻网站得到了飞速的发展。新闻资讯网站以其新闻传播领域的丰富网络资源，逐渐成为继传统媒体之后的第四新闻媒体。如图 1-15 所示为新闻资讯类网站。

图1-15 新闻资讯类网站

1.2.6 门户类网站

门户类网站是互联网的"巨人",它们拥有庞大的信息量和用户资源,这是此类网站的优势。门户网站将无数信息整合、分类,为上

网访问者打开方便之门,绝大多数网民通过门户网站来寻找自己感兴趣的信息资源,巨大的访问量给这类网站带来了无限的商机。如图1-16所示为门户网站。

图1-16 门户网站

1.3 开发网站需要的技术

首先你要知道一些基础的知识,分清静态、动态编程。前端方面要学会HTML、CSS、JavaScript;后端服务方面要了解服务器运行环境,掌握解asp、asp.net,当然也可以选择php、Java。

1.3.1 需要HTML文件

网页文档主要是由HTML构成。HTML全名是Hyper Text Markup Language,即超文本标记语言,是用来描述WWW上超文本文件的语言。用它编写的文件扩展名是.html或.htm。

HTML不是一种编程语言,而是一种页面描述性标记语言。它通过各种标记描述不同的内容,说明段落、标题、图像、字体等在浏览器中的显示效果。浏览器打开HTML文件时,将依据HTML标记去显示内容。

HTML能够将互联网上不同服务器上的文件连接起来,可以将文字、声音、图像、动画、视频等媒体有机组织起来,展现给用户五彩缤纷的画面。此外它还可以接受用户信息,与数据库相连,实现用户的查询请求等交互功能。

HTML的任何标记都由<和>围起来,如<HTML><I>。在起始标记的标记名前加上符号/,便是其终止标记,如</I>,夹在起始标记和终止标记之间的内容受标记的控制，例如，<I> 幸福永远 </I>，夹在标记 I 之间的"幸福永远"将受标记 I 的控制。HTML 文件的整体结构也是如此，下面就是最基本的网页结构，如图1-17 所示。

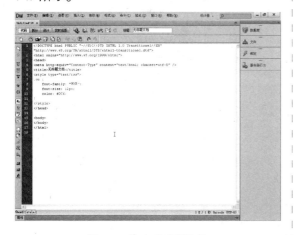

图1-17 基本的网页结构

```
<html>
<head>
<title>
</title>
<style type="text/css">
<!--
body {
    background-image: url(images/45.gif);
}
.STYLE1
{
    color: #EF0039;
    font-size: 36px;
    font-family: " 华文新魏 ";
}
-->
</style>
</head>
<body>
<span class="STYLE1"> 幸福永远 </span>
</body>
```

```
</html>
```

下面讲述 HTML 的基本结构。

● HTML 标记

<Html> 标记用于 HTML 文档的最前边，用来标识 HTML 文档的开始。而 </Html> 标记恰恰相反，它放在 HTML 文档的最后边，用来标识 HTML 文档的结束，两个标记必须一起使用。

● Head 标记

<head> 和 </head> 构成 HTML 文档的开头部分，在此标记对之间可以使用 <title></title>、<script></script> 等标记对，这些标记对都是描述 HTML 文档相关信息的标记对，<head></head> 标记对之间的内容不会在浏览器的框内显示出来，两个标记必须一起使用。

● Body 标记

<body></body> 是 HTML 文档的主体部分，在此标记对之间可包含 <p></p>、<h1></h1>、
</br> 等众多的标记，它们所定义的文本、图像等将会在浏览器内显示出来，两个标记必须一起使用。

● Title 标记

使用过浏览器的人可能都会注意到浏览器窗口最上边蓝色部分显示的文本信息，那些信息一般是网页的"标题"，要将网页的标题显示到浏览器的顶部其实很简单，只要在 <title></title> 标记对之间加入要显示的文本即可。

1.3.2 需要DIV来布局

DIV 标签对是用来布局的，结合层叠样式层设计出完美的网页，这样做比以前的表格布局有更多好处，而且更接近标准。在布局中，DIV 可以作为容器使用，其包含其他对象，如表格、表单、文本和图像等，DIV 标记中还可以嵌套 DIV 标记，而且层数没有限制，每个 DIV 标记与最近的 DIV 结束标记符相配对，且每个 DIV 必须有一个 DIV 结束符与之对应。

Div 是 CSS 中的定位技术，文本、图像和表格等元素只能固定其位置，不能互相叠加在一起。使用 Div 功能，可以将其放置在网页中的任何位置，还可以按顺序排放网页文档中的其他构成元素。Div 体现了网页技术从二维空间向三维空间的一种延伸。将 Div 和行为综合使用，即可不使用任何的 JavaScript 或 HTML 编码创作出动画效果。

下面代码表示就是一个 DIV。

```
<div>
<p> 我是一个 DIV！ </p>
</div>
```

上面代码在 DIV 标签对中，包含了一个段落，此时的效果和在 <body></body> 中输入一段落没什么不一样，因为对 <div> 没有进行设置。

Div 的功能主要有以下方面。

●重叠排放网页中的元素：利用 Div，可以实现不同的图像重叠排列，而且可以随意改变排放的顺序。

●精确的定位：单击 Div 上方的四边形控制手柄，将其拖动到指定位置，即可改变层的位置。如果要精确定位 Div 在页面中的位置，可以在 Div 的属性面板中输入精确的数值坐标。如果将 Div 的坐标值设置为负值，Div 会在页面中消失。

1.3.3 需要CSS来定义样式

所谓"样式"就是层叠样式表，用来控制一个文档中的某一文本区域外观的一组格式属性。使用 CSS 能够简化网页代码，加快下载和显示速度，也减少了需要上传的代码数量，大大减少了重复劳动的工作量。样式表是对 HTML 语法的一次重大革新。如今网页的排版格式越来越复杂，很多效果需要通过 CSS 来实现。

CSS 具有强大的页面美化功能。通过

CSS，可以控制许多仅使用 HTML 标记无法控制的属性，并能轻而易举地实现各种特效。如图 1-18 所示为使用 CSS 定义的精美网页。

图1-18 使用CSS定义的精美网页

CSS 的每一个样式表都是由相对应的样式规则组成的，使用 HTML 中的 <style> 标签可以将样式规则加入到 HTML 中。<style> 标签位于 HTML 的 head 部分，其中也包含网页的样式规则。可以看出，CSS 的语句是可以内嵌在 HTML 文档内的。所以，编写 CSS 的方法和编写 HTML 的方法是相同的。

CSS 样式表的功能一般可以归纳为以下几点。

●可以更加灵活地控制网页中文字的字体、颜色、大小、间距、风格及位置。

●可以灵活设置一段文本的行高、缩进，还可以为其加入三维效果的边框。

●可以方便地为网页中的任何元素设置不同的背景颜色和背景图像。

● 可以精确地控制网页中各元素的位置。

● 可以为网页中的元素设置阴影、模糊、透明等效果。

● 可以与脚本语言结合，从而产生各种动态效果。

● 使用 CSS 格式的网页，打开速度非常快。

1.3.4 需要JavaScript

为了使网页能够具有交互性、包含更多活跃的元素，就有必要在网页中嵌入其他的技术，如 JavaScript。JavaScript 就是适应动态网页制作的需要而诞生的一种编程语言，如今越来越广泛地使用于网页制作上。JavaScript 是由 Netscape 公司开发的一种脚本语言，或者称为"描述语言"。在 HTML 基础上，使用 JavaScript 可以开发交互式网页。JavaScript 的出现使网页和用户之间实现了一种实时性的、动态的、交互性的关系，使网页包含更多活跃的元素和更加精彩的内容。如图 1-19 所示为使用 JavaScript 制作的特效网页。

图1-19 使用 JavaScript 制作的特效网页

在网页制作中，JavaScript 是常见的脚本语言，它可以嵌入到 HTML 中，在客户端执行，是动态特效网页设计的最佳选择，同时也是浏览器普遍支持的网页脚本语言。几乎每个普通用户的计算机上都存在 JavaScript 程序的影子。

1.3.5 需要动态网页开发语言

动态网页大多是由网页编程语言写成的网页程序，访问者浏览的只是其生成的客户端代码。而且动态网页要实现其功能大多还必须与数据库相连。目前，最常用的动态网页语言有 ASP、JSP、PHP。如图 1-20 所示为使用动态语言开发的购物网页。

图1-20 使用动态语言开发的购物网页

● ASP 的全称是 Active server pages（动态服务器主页），内含于 Internet Information Server 当中，提供一个服务器端的 Scripting 环境，站点服务器会自动将你设计的 Active Server Pages 的程序码解释为标准 HTML 格式的主页内容，在用户端的浏览器上显示出来。用户端只要使用常规可执行 HTML 的浏览器，即可浏览。

● PHP 是一种跨平台的服务器端的嵌入式脚本语言。它大量地借用 C、Java 和 Perl 语言的语法，并耦合 PHP 自己的特性，使 Web 开发者能够快速地写出动态生成页面。它支持目前绝大多数数据库。PHP 是完全免费的，你可以自由下载。甚至可以不受限制地获得源码，从而加进自己需要的特色。

PHP 可以编译成具有与许多数据库相连接的函数。PHP 与 MySQL 是绝佳的组合。你还可以自己编写外围的函数，间接存取数据库，而当你更换使用的数据库时，可以轻松地更改编码以适应这样的变化。

● JSP 是 Sun 公司推出的新一代站点开发语言，它完全解决了目前 ASP、PHP 的一个通病——脚本级执行。JSP 可以在 Serverlet 和 JavaBean 的支持下，完成功能强大的站点程序。JSP 的最大特点是将内容的生成和显示进行分离。使用 JSP 技术，Web 页面开发人员可以使用 HTML 或者 XML 标识来设计和格式化最终页面。

1.4 网站开发流程

创建网站是一个系统工程，有一定的工作流程，只有按部就班地进行，才能设计出满意的网站。因此在制作网站前，先要了解网站建设的基本流程，这样才能制作出更好、更合理的网站。

1.4.1 确定网站目标

在创建网站时，确定站点的目标是第一步。设计者应清楚建立站点的目标，即确定它将提供什么样的服务、网页中应该提供哪些内容等。要确定站点目标，应该从以下 3 个方面考虑。

● 网站的整体定位。网站可以是大型商用网站、小型电子商务网站、门户网站、个人主页、科研网站、交流平台、公司和企业介绍性网站、服务性网站等。首先应该对网站的整体进行一个客观的评估，同时要以发展的眼光看待问题，否则将带来许多升级和更新方面的不便。

● 网站的主要内容。如果是综合性网站。那么，对于新闻、邮件、电子商务、论坛等都要有所涉及，这样就要求网页要结构紧凑、美观大方；对

于侧重某一方面的网站，如书籍网站、游戏网站、音乐网站等，则往往对网页美工要求较高、使用模板较多、更新网页和数据库较快；如果是个人主页或介绍性的网站，那么一般来讲，网站的更新速度较慢、浏览率较低，并且由于链接较少，内容不如其他网站丰富，但对美工的要求更高一些，可以使用较鲜艳明亮的颜色，同时可以添加 Flash 动画等，使网页更具动感并充满活力，否则网站没有吸引力。

● 网站浏览者的教育程度。对于不同的浏览者群，网站的吸引力是截然不同的，如针对少年儿童的网站，卡通和科普性的内容更符合浏览者的品味，也能够达到网站寓教于乐的目的；针对学生的网站，往往对网站的动感程度和特效技术要求更高一些；对于商务浏览者，网站的安全性和易用性更为重要。

1.4.2 规划站点结构

合理的组织站点结构，能够加快对站点的设计，提高工作效率，节省工作时间。当需要创建一个大型网站时，如果将所有网页都存储

在一个目录下,当站点的规模越来越大时,管理起来就会变得很困难,因此合理使用文件夹管理文档就显得很重要。

网站的目录是指在创建网站时建立的目录,要根据网站的主题和内容来分类规划,不同的栏目对应不同的目录,在各个栏目目录下也要根据内容的不同对其划分不同的分目录,如页面图片放在 images 目录下,新闻放在 news 目录下,数据库放在 database 目录下等,同时要注意目录的层次不宜太深,一般不要超过三层,另外给目录命名的时候要尽量使用能表达目录内容的英文或汉语拼音,这样会更加方便日后的管理和维护。

1.4.3 收集素材

网站的设计需要相关的资料和素材,只有丰富的内容才可以丰富网站的版面。个人网站可以整理个人的作品、照片、展示等资料;企业网站需要整理企业的文件、广告、产品、活动等相关资料。整理好资料后需要对资料进行筛选和编辑。

可以使用以下方法来收集网站资料与素材。

●图片:可以使用相机拍摄相关图片,对已有的照片可以使用扫描仪输入到计算机。一些常见图片可以在网站上搜索或下载。

●文档:收集和整理现有的文件、广告、电子表格等内容。对纸制文件需要输入到计算机形成电子文档。文字类的资料需要进行整理和分析。

●媒体内容:收集和整理现有的录音、视频等资料。这些资料可以作为网站的多媒体内容。

1.4.4 美工设计出页面整体效果

在确定好网站的风格和搜集完资料后就需要设计网页图像了,网页图像设计包括Logo、标准色彩、标准字、导航条和首页布局

等。可以使用 Photoshop 或 Fireworks 软件来具体设计网站的图像。有经验的网页设计者,通常会在使用网页制作工具制作网页之前,设计好网页的整体布局,这样在具体设计过程中将会胸有成竹,大大节省工作时间,如图 1-21 所示为设计的网页图像。

图1-21 设计网页图像

1.4.5 切割和优化页面

完成网页效果图的设计后,需要使用 Fireworks 或 Photoshop 对效果图进行切割和优化。完成切片后的效果图,需要使用 Dreamweaver 进行网站页面的设计,在这一过程中实现网站内容的输入和排版。不同的页面使用超链接联系起来,用户单击这个超链接时即可跳转到相应的页面。

网页制作是一个复杂而细致的过程,一定要按照先大后小、先简单后复杂的顺序制作。所谓"先大后小",就是说在制作网页时,先把大的结构设计好,然后再逐步完善小的结构设计。所谓"先简单后复杂",就是先设计出简单的内容,然后再设计复杂的内容,以便出现问题时易于修改。

1.4.6 添加网页后台程序

页面设计制作完成后，如果还需要动态功能，就需要开发动态功能模块，网站中常用的功能模块有搜索、留言板、新闻信息发布、在线购物、技术统计、论坛及聊天室等。

1. 搜索功能

搜索功能是使浏览者在短时间内，快速从大量的资料中找到符合要求的资料。这对于资料非常丰富的网站来说非常有用。要建立一个搜索功能，就要有相应的程序及完善的数据库支持，可以快速从数据库中搜索到所需要的内容。

2. 留言板

留言板、论坛及聊天室是为浏览者提供信息交流的地方。浏览者可以围绕个别的产品、服务或其他话题进行讨论。顾客也可以提出问题、提出咨询，或者得到售后服务。但是聊天室和论坛是比较占用资源的，一般不是大中型的网站没有必要建设论坛和聊天室，如果访问量不是很大，做好了也没有人来访问，如图1-22所示为留言板页面。

图1-22 留言板页面

3. 新闻发布管理系统

新闻发布管理系统提供方便、直观的页面文字信息的更新维护界面，提高工作效率、降低技术要求，非常适合用于经常更新的栏目或页面，如图1-23所示为新闻发布管理系统。

图1-23 新闻发布管理系统

4. 购物网站

实现电子交易的基础，用户将感兴趣的产品放入自己的购物车，以备最后统一结账。当然用户也可以修改购物的数量，甚至将产品从购物车中取出。用户选择结算后系统自动生成本系统的订单，如图1-24所示为购物网站。

图1-24 购物网站

1.4.7 申请域名

一个网站必须有一个世界范围内唯一可访问的名称，这个名称还可方便地书写和记忆，这就是网站的域名。域名对于开展电子商务具有重要的作用，它被誉为网络时代的"环球商标"，一个好的域名会大大增加企业在互联网上的知名度。因此，企业如何选取好的域名就显得十分重要。

从网络体系结构上来讲，域名是域名管理系统（Domain Name System，DNS）进行全球统一管理的、用来映射主机 IP 地址的一种主机命名方式。例如，百度的域名是 www.baidu.com，在浏览器地址栏中输入 www.baidu.com 时，计算机会把这个域名指向相对应的 IP 地址。同样，网站的服务器空间会有一个 IP 地址，还需要申请一个便于记忆的域名指向这个 IP 地址以便访问。

1. 域名选取原则

在选取域名的时候，首先要遵循两个基本原则。

● 域名应该简明易记，便于输入。这是判断域名好坏最重要的因素。一个好的域名应该短而顺口，便于记忆，最好让人看一眼就能记住，而且读起来发音清晰，不会导致拼写错误。此外，域名选取还要避免同音异义词。

● 域名要有一定的内涵和意义。用有一定意义和内涵的词或词组作为域名，不但可记忆性好，而且有助于实现企业的营销目标。如企业的名称、产品名称、商标名、品牌名等都是不错的选择，这样能够使企业的网络营销目标和非网络营销目标达成一致。

提示：

选取域名时有以下常用的技巧。
● 用企业名称的汉语拼音作为域名。

提示：

● 用企业名称相应的英文名作为域名。
● 用企业名称的缩写作为域名。
● 用汉语拼音的谐音形式给企业注册域名。
● 以中英文结合的形式给企业注册域名。
● 在企业名称前后加上与网络相关的前缀和后缀。
● 用与企业名不同，但有相关性的词或词组作为域名。
● 不要注册其他公司拥有的独特商标名和国际知名企业的商标名。

2. 网站域名类型

一个域名是分为多个字段的，如 www.sina.com.cn，这个域名分为 4 个字段。cn 是一个国家字段，表示域名是中国的；com 表示域名的类型，表示这个域名是公共服务类的域名；www 表示域名提供 www 网站服务；sina 表示这个域名的名称。域名中的最后一个字段，一般是国家字段。表 1-1 为一些常见的域名后缀类型。对于 .gov 政府域名、.edu 教育域名等类型的域名，需要这些有相关资质的机构提供有效的证明材料才可以申请和注册。

表1-1 常用的域名字段

字　　段	类　　型
.com	商业机构域名
.net	网络服务机构域名
.org	非营利性组织
.gov	政府机构
.edu	教育机构
.info	信息和信息服务机构
.name	个人专用域名
.tv	电视媒体域名
.travel	旅游机构域名
.ac	学术机构域名
.cc	商业公司
.biz	商业机构域名
.mobi	手机和移动网站域名

3. 申请域名

域名是由国际域名管理组织或国内的相关机构统一管理的。有很多网络公司可以代理域名的注册业务，可以直接在这些网络公司注册一个域名。注册域名时，需要找到服务较好的域名代理商进行注册。

可以在搜索引擎上查找到域名代理商，如图1-25所示，也可以在百度中查找域名代理商。

图1-25 查找到域名代理商

在百度中打开中国万网的网站（http://www.net.cn），在这里可以申请注册域名，如图1-26所示。

图1-26 在万网申请注册域名

1.4.8 申请服务器空间

访问网站的过程实际上就是用户计算机和服务器进行数据连接和传递的过程，

这就要求网站必须存放在服务器上才能被访问。一般的网站，不是使用一个独立的服务器，而是在网络公司租用一定大小的储存空间来支持网站的运行。这个租用的网站存储空间就是服务器空间。如图1-27所示为在万网申请服务器空间。

图1-27 在万网申请服务器空间

1. 为什么要申请服务器空间

一个小的网站直接放在独立的服务器上是不实际的，实现方法是在商用服务器上租用一块服务器空间，每年定期支付很少的服务器租用费即可把自己的网站放在服务器上运行。租用的服务器空间，用户只需要管理和更新自己的网站，服务器的维护和管理则由网络公司完成。

在租用服务器空间时需要选择服务较好的网络公司。好的服务器空间运行稳定，很少出现服务器停机现象，有很好的访问速度和售后服务。某些测试软件可以方便地测出服务器的运行速度。新网、万网、中资源等公司的服务器空间都有很好的性能和售后服务。

在网络公司主页注册一个用户名并登录后，即可购买服务器空间。在购买时需要选择空间的大小和支持程序的类型。

2. 服务器空间的类型

不同服务器空间的主要区别是支持网站程序和支持数据库不同。常用的服务器空间可能分别支持下面这些不同的网站程序。

● ASP：使用 Windows 系统和 IIS 服务器。

● PHP：使用 Linux 系统或 Windows 系统，使用 Apache 网站服务器。

● .NET：使用 Windows 系统和 IIS 服务器。

● JSP：使用 Windows 系统和 Java 的网站服务器。

不同的服务器空间可能支持不同的数据库，常用的服务器空间支持的数据库有以下几种。

● Access：常用于 ASP 网站。

● SQL Server 2000：常用于 ASP 网站或 .NET 网站。

● MySQL 数据库：常用于 PHP 或 JSP 网站。

● Oracle 数据库：常用于 JSP 网站。

在注册服务器空间时，需要选择支持自己网站程序与数据库的服务器空间。例如，本书中开发的程序是 ASP 程序，需要选择 ASP 空间。同时，需要注意服务器空间的大小，100MB 的空间即可存放一般的网站。

网站的域名与服务器空间是需要每年按时续费的。用户需要按网络公司规定的方式进行续费。域名和空间不可以欠费，如果欠费，管理部门会收回这个域名和空间，如被其他用户再次注册就很难再注册到这个域名，也可能导致自己网站的数据丢失。

1.4.9 测试并上传网站

在完成了对站点中页面的制作后，就应该将其发布到互联网上供大家浏览和使用了。但是在此之前，应该对所创建的站点进行测试，对站点中的文件逐一进行检查，在本地计算机中调试网页以防止包含在网页中的错误，以便尽早发现问题并解决问题。

在测试站点过程中，应该注意以下几个方面。

● 在测试站点过程中应确保在目标浏览器中进行，查看网页是否如预期地显示和工作、没有损坏的链接，以及下载时间不宜过长等。

● 了解各种浏览器对 Web 页面的支持程度，不同的浏览器观看同一个 Web 页面时，会有不同的效果。很多制作的特殊效果，在有些浏览器中可能看不到，为此需要进行浏览器兼容性检测，以找出不被其他浏览器支持的部分。

● 检查链接的正确性，检查文件或站点中的内部链接及孤立文件。

网站的域名和空间申请完毕后，即可上传网站了，可以采用 Dreamweaver 自带的"站点管理"功能上传文件，也可以使用 Cuteftp 软件上传。

1.4.10 网站优化

网站优化是通过对网站功能、结构、布局、内容等关键要素的合理设计，使网站的功能和表现形式达到最优效果，可以充分表现出网站的网络营销功能。网站优化包括三个层面的含义：对用户体验的优化、对搜索引擎的优化，以及对网站运营维护的优化。

1. 用户体验

经过网站的优化设计，用户可以方便地浏览网站的信息、使用网站的服务。具体表现是：以用户需求为导向，网站导航方便，网页下载速度尽可能快，网页布局合理并且适合保存、打印、转发。

2．搜索引擎等优化

以通过搜索引擎推广网站的角度来说，经过优化设计的网站使搜索引擎顺利抓取网站的基本信息，当用户通过搜索引擎检索时，企业期望的网站摘要信息出现在理想的位置，用户能够发现有关信息并引起兴趣，从而单击搜索结果并通过网站获取进一步信息，直到成为真正的顾客。

3．对网站运营维护的优化

网站运营人员方便进行网站管理维护，有利于各种网络营销方法的应用，并且可以积累有价值的网络营销、资源。

1.4.11　网站维护

一个好的网站，仅仅一次是不可能制作完美的，由于市场环境在不断地变化，网站的内容也需要随之调整，给人常新的感觉，网站才会更加吸引访问者，而且给访问者很好的印象。这就要求对网站进行长期的、不间断的维护和更新。

网站维护一般包含以下内容。

● 内容的更新：包括产品信息的更新、企业新闻动态更新和其他动态内容的更新。采用动态数据库可以随时更新发布新内容，不必做网页和上传服务器等麻烦工作。静态页面不便于维护，必须手动重复制作网页文档，制作完成后还需要上传到远程服务器。一般对于数量比较大的静态页面建议采用模板制作。

● 网站风格的更新：包括版面、配色等各种方面。改版后的网站让客户感觉改头换面、焕然一新。一般改版的周期要长些，如果客户对网站也满意，改版可以延长到几个月甚至半年。一般一个网站建设完成后，就代表了公司的形象、风格。随着时间的推移，很多客户对这种形象已经形成了定势。如果经常改版，会让客户感觉不适应，特别是那种风格彻底改变的"改版"。当然如果对公司网站有更好的设计方案，可以考虑改版。毕竟长期沿用一种版面会让人感觉陈旧、厌烦。

● 网站重要页面设计制作：如重大事件页面、突发事件及相关周年庆祝等活动页面的设计制作。

● 网站系统维护服务：如 E-mail 账号维护服务、域名维护续费服务、网站空间维护、与 IDC 进行联系、DNS 设置、域名解析服务等。

1.4.12　网站的推广

互联网的应用和繁荣提供了广阔的电子商务市场和商机，但是互联网上大大小小的各种网站数以百万计，如何让更多的人都能迅速地访问到您的网站是一个十分重要的问题。企业网站建好以后，如果不进行推广，那么，企业的产品与服务在网上就仍然不为人所知，起不到建立站点的作用，所以企业在建立网站后即应着手利用各种手段推广自己的网站。

第2章 Web标准

本章导读

　　学习任何一门技能的时候，首先要明确思想，有了正确的思想才会少走很多弯路，大家学习 Web 标准，首先就要明确一点，到底什么是 Web 标准，如果错误地理解了 Web 标准的思想，将很难学好 Web 标准。Web 标准的思想是实现结构、表现、行为的分离，不只是简单地把 table 换成 div，如果要学好 Web 标准的细想，首先要做的就是抛弃传统的表格布局思想。

技术要点

- 表格布局与 CSS 布局
- 了解 Web 标准
- Web 标准三剑客
- 如何改善现有网站

实例展示

表格布局的网页

CSS布局的网页

2.1 表格布局与CSS布局

表格在网页布局中应用已经有很多年了，由于多年的技术发展和经验积累、Web设计工具功能不断增强，使表格布局在网页应用中达到登峰造极的地步。

2.1.1 表格布局的优点

在HTML和浏览器还不是很完善的时候，要想让页面内的元素能有一个比较好的格局几乎是不可能的事，由于表格不仅可以控制单元格的宽度和高度、嵌套多列表格，还可以把文本分栏显示，于是就有人试着在表格中放置其他网页内容，如图像、动画等，以打破比较固定的网页版式。而网页表格对无边框表格的支持为表格布局奠定了基础，用表格实现页面布局慢慢成为了一种设计习惯。

目前仍有很多的网站在使用表格布局，表格布局使用简单，制作者只要将内容按照行和列拆分，用表格组装起来即可实现版面布局。由于对网站外观的"美化"要求不断提高，设计者开始用各种图片来装饰网页。由于大的图片下载速度缓慢，一般制作者会将大图片切分成若干幅小图片，浏览器会同时下载这些小图片，即可在浏览器上尽快地将大图片打开。因此表格成为了把这些小图片组装成一张完整图片的有力工具，如图2-1所示为把大图切割成小图，然后使用表格布局的网页。

图2-1 使用表格布局的网页

2.1.2 表格布局的缺点

传统表格布局的快速与便捷加速了网页设计师对于页面创意的激情，而忽视了代码的理性分析。迄今为止，表格仍然主导着视觉丰富的网站的设计方式，但它却阻碍了一种更好的、更有亲和力的、更灵活的，而且功能更强大的网站设计方法。

使用表格进行页面布局有如下缺点。

● 把格式数据混入内容中，这将使文件的大小无谓地变大，而用户访问每个页面时都必须下载一次这样的格式信息。

● 大量冗余代码，对于服务器端也是一个不小的压力，但对于一个每天都有几千人甚至上万人在线的大型网站来说，服务器的流量也是一个必须关注的问题。

● 重新设计现有的站点和内容极为消耗时间且昂贵。

● 如果需要完成一个比较复杂的页面时，HTML文档内将充满了 <tr> 和 <td> 标签。由于浏览器需要把整个表格下载完成后才会显示，因此如果一个表格过长、内容过多，那么，访问者往往需要等很长的时间才能看到页面中的内容。

● 使保持整个站点的视觉一致性极难，花费也极高。

● 基于表格的页面还大大降低了它对残疾人用手机或PDA浏览者的亲和力。

2.1.3 表格布局与CSS布局实例

CSS网页布局使页面载入得更快，在修改设计时更有效率并且代价更低，帮助整个站点保持视觉的一致性，使站点对浏览者和浏览器更具亲和力。如图2-2所示为使用CSS布局的网页。

图2-2 使用CSS布局的网页

为了帮助读者更好理解表格布局与标准布局的优劣，下面结合一个案例进行详细分析。如图 2-3 所示是一个简单的空白布局模板，它是一个 3 行 3 列的典型网页布局。下面尝试用表格布局和 CSS 标准布局来实现它，亲身体验二者的异同。

图2-3 3行3列的典型网页布局

实现图 2-3 的布局效果，使用表格布局的代码如下。

```
<table width="760" border="0"
cellspacing="0" cellpadding="0">
  <tr>
    <td height="80" colspan="3"
bgcolor="#cc3300"> </td>
  </tr>
  <tr>
    <td width="133" height="226"
```

bgcolor="#cccccc"> </td>
```
    <td width="531" height="380"
bgcolor="#ff99ff"> </td>
    <td width="96" bordercolor="#cccccc"
bgcolor="#cccccc"> </td>
  </tr>
  <tr>
    <td height="80" colspan="3"
bgcolor="#663300"> </td>
  </tr>
</table>
```

使用 CSS 布局，其中 XHTML 框架代码如下。

```
<div id="wrap">
  <div id="header"> </div>
  <div id="main">
    <div id="bar_l"></div>
    <div id="content"></div>
    <div id="bar_r"></div>
  </div>
  <div id="footer"></div>
</div>
```

CSS 布局代码如下。

```
<style>
body{/* 定义网页窗口属性，清除页边距，定义居中显示 */
    padding:0; margin:0 auto; text-align:center;
}
#wrap{/* 定义包含元素属性，固定宽度，定义居中显示 */
    width:780px; margin:0 auto;
}
#header{            /*定义页眉属性*/
    width:100%;            /*与父元素同宽*/
    height:74px;           /*定义固定高度*/
    background:#CC3300; /* 定义背景色*/
    color:#F0DFDB;        /*定义字体颜色*/
```

```
        }
    #main{/* 定义主体属性 */
        width:100%;
        height:400px;
    }
    #bar_l,#bar_r{/* 定义左右栏属性 */
        width:160px; height:100%;
        float:left;/* 浮动显示，可以实现并列分布 */
        background:#CCCCCC;
        overflow:hidden;/* 隐藏超出区域的内容 */
    }
    #content{/* 定义中间内容区域属性 */
        width:460px; height:100%; float:left;
overflow:hidden; background:#fff;
    }
    #footer{/* 定义页脚属性 */
        background:#663300; width:100%;
height:50px;
        clear:both; /* 清除左右浮动元素 */
    }
</style>
```

简单比较，感觉不到 CSS 布局的优势，甚至书写的代码比表格布局要多得多，当然这仅是一页框架代码。让我们做一个很现实的假设，如果你的网站正采用了这种布局，有一天客户把左侧通栏宽度改为 100 像素。那么，将在传统表格布局的网站中打开所有的页面逐个进行修改，这个数目少则有几十页，多则上千页，劳动强度可想而知。而在 CSS 布局中只须简单修改一个样式属性就可以了。

这仅是一个假设，实际中的修改会比这更频繁、更多样。不光客户会三番五次地出难题、挑战你的耐性，甚至你自己有时都会否定刚刚完成的设计。

当然未来的网页设计中，表格的作用依然不容忽视，不能因为有了 CSS，我们就一棒子把它打死。不过，表格会日渐恢复表格的本来职能——数据的组织和显示，而不是让表格承载网页布局的重任。

2.2　了解Web标准

Web 标准，即网站标准。目前通常所说的 Web 标准一般指网站建设采用基于 XHTML 语言的网站设计语言，Web 标准中典型的应用模式是 CSS+Div。实际上，Web 标准并不是某一个标准，而是一系列标准的集合。

2.2.1　什么是Web标准

Web 标准由一系列的规范组成。由于 Web 设计越来越趋向于整体化与结构化，对于网页设计制作者来说，理解 Web 标准首先要理解结构和表现分离的意义。刚开始的时候理解结构和表现的不同之处可能很困难，特别是如果不

习惯思考文档的语义结构。但是，理解这点是很重要的，因为当结构和表现分离后，用 CSS 样式表来控制表现就是很容易的一件事了。

Web 标准是由 W3C 和其他标准化组织制定的一套规范集合，Web 标准的目的在于创建一个统一的、用于 Web 表现层的技术标准，以便于通过不同浏览器或终端设备向最终用户展示信息内容。

2.2.2　为什么要建立Web标准

我们大部分人都有深刻体验，每当主流浏览器版本升级时，我们刚建立的网站就可能变

的过时，就需要升级或者重新设计网站。在网页制作时采用 Web 标准技术，可以有效地对页面的布局、字体、颜色、背景和其他效果实现更加精确的控制。只要对相应的代码做一些简单修改，即可改变网页的外观和格式。

简单地说，网站标准的目的就是：

● 提供最多利益给最多的网站用户。

● 确保任何网站文档都能够长期有效。

● 简化代码、降低建设成本。

● 让网站更容易使用，能适应更多不同用户和更多网络设备。

● 当浏览器版本更新，或者出现新的网络交互设备时，确保所有应用能够继续正确执行。

2.2.3 W3C发布的标准

W3C 组织是一个非赢利组织，W3C 是 World Wide Web Consortium(万维网联盟)的缩写，例如，HTML、XHTML、CSS、XML 的标准就是由 W3C 制定的。它创建于 1994 年，其宗旨是通过促进通用协议的发展并确保其通用型，以激发 Web 世界的全部潜能。

自 1998 年开始，"Web 标准组织"将 W3C 的"推荐"重新定义为"Web 标准"，这是一种商业手法，目的是让制造商重视并重新定位规范，在新的浏览器和网络设备中完全支持那些规范。

网页主要由三部分组成：结构(structure)、表现(Presentation)和行为(Behavior)，对应的网站标准也分三个方面。

● 结构化标准语言，主要包括 HTML、XHTML 和 XML。

● 表现标准语言，主要包括 CSS。

● 行为标准，主要包括对象模型(如 W3C DOM)、ECMAScript 等。

这些标准大部分由 W3C 组织起草和发布，也有一些是其他标准组织制定的标准，例如，ECMA(European Computer Manufacturers Association) 的 ECMAScript 标准。下面对它们进行详细介绍。

1. HTML

HTML 是一种网页标记语言。HTML 被用来结构化信息——例如标题、段落和列表等，也可用来在一定程度上描述文档的外观和语义。由 IETF 用简化的 SGML（标准通用标记语言）语法进行进一步发展的 HTML，后来成为国际标准，由万维网联盟（W3C）维护。W3C 目前建议使用 XHTML 1.1、XHTML 1.0 或者 HTML 4.01 标准编写网页，但已有不少网页转用较新的 HTML5 编码撰写。

从结构上讲，HTML 文件由元素组成，这些元素是由 HTML 标签所定义的。HTML 文件是一种包含了很多标签的纯文本文件，标签告诉浏览器如何去显示页面。组成 HTML 文件的元素有许多种，用于组织文件的内容和指导文件的输出格式。绝大多数元素有起始标签和结束标签，在起始标签和结束标签之间的部分称为"元素体"，例如 <body></body>。每一个元素都有名称和属性，元素的名称和属性都在起始标签内标明。HTML 的标签有两种标记：一般标记和空标记。

2. XML

XML 是从标准通用标记语言（SGML）中简化修改出来的。它主要用到的有可扩展标记语言、可扩展样式语言（XSL）、XBRL 和 XPath 等。XML 与 HTML 类似，也是标识语言，不同的地方是 HTML 有固定的标签，而 XML 允许自定义自己的标签，甚至允许通过 XMLnamespaces 为一个文档定义多套设定。下面看一个 XML 例子。

`<addressbook>`

```
<entry>
<name>slj</name><email>slj3@hotmail.
com</email>
</entry>
<entry>
<name>sino</name>
<email>nedn@sina.com</email>
</entry>
<entry>
<name>mace</name>
<email>mace@msn.com</email>
</entry>
</addressbook>
```

在该 XML 程序代码中每个自定义的标签都是一一对应的，有开始标签就必须有结束标签。在 <entry> 标签中显示了 1 组相关内容，共显示了 3 组相关内容，文档结构和内容清晰明确。

3. CSS

CSS 是 Cascading Style Sheets(层叠样式表) 的缩写，是用于控制网页样式并允许将样式信息与网页内容分离的一种标记性语言。通过 CSS 可以控制 HTML 或者 XML 标签的表现形式。W3C 推荐使用 CSS 布局方法，使 Web 更加简单，结构更加清晰。

CSS 最重要的目标是将文件的内容与它的外观显示分隔开来。在 CSS 出现前，几乎所有的 HTML 文件内都包含文件显示的信息，如字体的颜色、背景应该是怎样的、如何排列、边缘等都必须一一在 HTML 文件内列出，有时会重复列出。CSS 使设计者可以将这些信息中的大部分隔离出来，简化 HTML 文件，这些信息被放在一个辅助的、用 CSS 编写的文件中。HTML 文件中只包含结构和内容的信息，CSS 文件中只包含样式的信息。

4. XHTML

XHTML 实际上就是将 HTML 根据 XML 规范重新定义一遍。它的标签与 HTML 4.0 一致，而格式严格遵循 XML 规范。从继承关系上讲，HTML 是一种基于标准通用标记语言（ SGML ）的应用，是一种非常灵活的置标语言，而 XHTML 则基于可扩展标记语言（ XML ），XML 是 SGML 的一个子集。

大部分常见的浏览器都可以正确地解析 XHTML，即使老一点的浏览器，XHTML 作为 HTML 的一个子集，许多也可以解析。也就是说，几乎所有的网页浏览器在正确解析 HTML 的同时，都可兼容 XHTML。

5. DOM

DOM 是 Document Object Model(文档对象模型) 的缩写，是 W3C 组织推荐的处理可扩展置标语言的标准编程接口。DOM 给了脚本语言无限发挥的能力，它使脚本语言很容易访问到整个文档的结构、内容和表现。

2.2.4　Web标准的优势

对于网站设计和开发人员来说，遵循网站标准就是使用标准；对于网站用户来说，网站标准就是最佳体验。

对网站浏览者的好处：

● 文件下载与页面显示速度更快。

● 内容能被更多的用户所访问（包括失明、视弱、色盲等残障人士）。

● 不支持 CSS 的浏览器通常忽略样式表，换句话说，符合标准的 XHTML 可以被任何浏览器呈现，内容能被更广泛的设备所访问（包括屏幕阅读机、手持设备、搜索机器人、打印机等）。

● 用户能够通过样式选择定制自己的表现界面。

● 所有页面都能提供适于打印的版本。

对网站设计者的好处：

● 更少的代码，容易维护：Web 标准团体一直推荐"保持视觉设计和内容相分离"的优点，这意味着 HTML 变得非常简单，大部分的 HTML 页面只有一些 <div> 和 <p> 标签，以及一个指向强大的 CSS 文件的链接。这种完全的分离使页面开发和维护变得简单，开发团队之间能够更好协调。

● Web 标准强制用户进行错误校验。简单地声明用户的 HTML 是什么版本，校验程序将按用户声明的标准来校验用户的页面。校验器将严格校验并详细地告诉用户有哪些错误，这样缩短了开发者花费在质量上的时间，并保证用户的站点在不同浏览器上保持高度的一致性。

● 节约带宽成本：从页面上剥离了 <font>、<table> 标签和一些用于装饰的图片，从而使页面尺寸缩小很多。虽然单个页面缩减看起来微不足道，但是当所有页面访问聚集起来就相当多了，导制站点的流量不堪重负。

● 更容易被搜寻引擎搜索到。

● 改版方便，不需要变动页面内容。

● 提供打印版本而不需要复制内容。

● 提高网站易用性。在美国，有严格的法律条款来约束政府网站必须达到一定的易用性，其他国家也有类似的要求。

2.3 Web标准三剑客

Web 标准是由一系列规范组成，由于 Web 设计越来越趋向于整体化与结构化，此前的 Web 标准也逐步成为由三大部分组成的标准集：结构（Structure）、表现（Presentation）和行为（Behavior）。对应的网站标准也分三方面：结构化标准语言，主要包括 XHTML 和 XML；表现标准语言，主要包括 CSS；行为标准，主要包括对象模型（如 W3C DOM）、ECMAScript 等。

2.3.1 内容、结构、表现和行为

1. 内容

"内容"就是放在页面内真正想要访问者浏览的信息，可以包含数据、文档或图片等。注意这里强调的"真正"，是指纯粹的数据信息本身，而不包含辅助的信息（如导航菜单、装饰性图片等），内容是网页的基础，在网页中具有重要的地位。

2. 结构

结构对网页中用到的信息进行分类与整理。在结构中用到的技术主要包括：HTML、XML 和 XHTML。

3. 表现

表现用于对信息进行版式、颜色、大小等形式控制。在表现中用到的技术主要是 CSS 层叠样式表。W3C 创建 CSS 标准的目的是用 CSS 取代 HTML 表格布局，以及其他基于表现层的语言，使站点的访问与维护更加容易。

4. 行为

行为是指文档内部的模型定义及交互行为的编写，用于编写交互式的文档。在行为中用到的技术主要包括 DOM 文档对象模型和 ECMAScript 脚本语言。

2.3.2 如何改善现有网站

大部分的设计师依旧在采用传统的表格布局、表现与结构混杂在一起的方式来建立网站。学习使用 XHTML+CSS 的方法需要一个过程，使现有网站符合网站标准也不可能一步到

位。最好的方法是循序渐进，分阶段来逐步达到完全符合网站标准的目标。

1. 初级改善

● 为页面添加正确的 DOCTYPE

DOCTYPE 是 document type 的简写。用来说明用的 XHTML 或 HTML 是什么版本。浏览器根据 DOCTYPE 定义的 DTD（文档类型定义），从而解释页面代码。

● 设定一个名字空间

直接在 DOCTYPE 声明后面添加如下代码：

```
<html XMLns="http://www.w3.org/1999/xhtml">
```

● 声明编码语言

为了被浏览器正确解释和通过标识校验，所有的 XHTML 文档都必须声明它们所使用的编码语言，代码如下。

```
<meta http-equiv="Content-Type" content="text/html; charset=GB2312" />
```

这里声明的编码语言是简体中文 GB2312。

● 用小写字母书写所有的标签

XML 对大小写是很敏感的，所以，XHTML 也要区别大小写。所有的 XHTML 元素和属性的名字都必须使用小写，否则文档将被 W3C 校验为是无效的。例如下面的代码是不正确的。

```
<title> 公司简介 </title>
```

正确的写法是：

```
<title> 公司简介 </title>
```

● 为图片添加 alt 属性

为所有图片添加 alt 属性。alt 属性指定了当图片不能显示的时候就显示供替换文本，这样虽然作对正常用户可有可无，但对纯文本浏览器和使用屏幕阅读机的用户来说是至关重要的。只有添加了 alt 属性，代码才会被 W3C 正确性校验通过。代码如下所示。

```
<img src="logo.gif" alt=" 东方公司标志，首页 ">
```

● 给所有属性值加引号

在 HTML 中，可以不需要给属性值加引号，但是在 XHTML 中，它们必须加引号。

例 height="100" 是正确的，而 height=100 就是错误的。

● 关闭所有的标签

在 XHTML 中，每一个打开的标签都必须关闭，如下所示。

```
<p> 每一个打开的标签都必须关闭。</p>
<b>HTML 可以接受不关闭的标签，XHTML 就不可以。</b>
```

这个规则可以避免 HTML 的混乱和麻烦。

2. 中级改善

接下来的改善主要在结构和表现相分离上，这一步不像初级改善那么容易实现，需要观念上的转变，以及对 CSS 技术的学习和运用。

● 用 CSS 定义元素外观

应该使用 CSS 来确定元素的外观。

● 用结构化元素代替无意义的垃圾代码

许多人可能从来都不知道 HTML 和 XHTML 元素设计本意是用来表达结构的。很多人已经习惯用元素来控制表现，而不是结构。例如下面的代码。

```
北京 <br /> 上海 <br /> 广州 <br />
```

就没有如下的代码好。

```
<ul> <li> 北京 </li> <li> 上海 </li> <li> 广州 </li></ul>
```

● 给每个表格和表单加上 id

给表格或表单赋予一个惟一的、结构的标记，例如：

```
<table id="menu">
```

第3章　HTML和XHTML基础

本章导读

在制作网页时，大都采用一些专门的网页制作软件，如FrontPage、Dreamweaver。这些工具都是所见即所得的，非常方便。使用这些编辑软件工具可以不用编写代码，在不熟悉HTML语言的情况下，照样可以制作网页。这是网页编辑软件的最大成功之处，但也是它们的最大不足之处就是，受软件自身的约束，将产生一些垃圾代码，这些垃圾代码将会增大网页体积，降低网页的下载速度。一个优秀的网页设计者应该在掌握可视化编辑工具的基础上，进一步熟悉HTML语言以便清除那些垃圾代码，从而达到快速制作高质量网页的目的。这就需要对HTML有个基本的了解，因此具备一定的HTML语言的基本知识是必要的。

技术要点

- 掌握HTML文档的基本结构
- 编辑HTML网页正文
- 在HTML网页中插入图片
- 在HTML网页中使用列表
- 在HTML网页中使用表格
- 建立超链接
- 什么是XHTML
- xhtml文档基本结构
- XHTML和HTML的比较

3.1 HTML文档的基本结构

编写 HTML 文件时，必须遵循一定的语法规则。一个完整的 HTML 文件由标题、段落、表格和文本等各种嵌入的对象组成，这些对象统称为"元素"。HTML 使用标签来分隔并描述这些元素，整个 HTML 文件其实就是由元素与标签组成的。

3.1.1 HTML文件结构

HTML 的任何标签都由 < 和 > 围起来，如 <HTML>。在起始标签的标签名前加上符号 /，便是其终止标签，如 </HTML>，夹在起始标签和终止标签之间的内容受标签的控制。超文本文档分为头和主体两部分，在文档头部，对文档进行了一些必要的定义，文档主体是要显示的各种文档信息。

基本语法：

```
<html>
<head> 网页头部信息 </head>
<body> 网页主体正文部分 </body>
</html>
```

语法说明：

其中 <html> 在最外层，表示这对标签间的内容是 HTML 文档，一个 HTML 文档总是以 <html> 开始，以 </html> 结束。<head> 之间包括文档的头部信息，如文档标题等，若不需要头部信息则可省略此标签。<body> 标签一般不能省略，表示正文内容的开始。

下面就以一个简单的 HTML 文件来熟悉 HTML 文件的结构。

实例代码：

```
<!DOCTYPE html PUBLIC "-//W3C//DTD
XHTML 1.0 Transitional//EN"
"http://www.w3.org/TR/xhtml1/DTD/xhtml1-
transitional.dtd">
<html xmlns="http://www.w3.org/1999/
xhtml">
<head>
<title> 简单的 HTML 文件结构 </title>
</head>
  <body>
<p> 这是我的第一个网页，简单的 HTML
文件结构！
  </p>
  </body>
</html>
```

这一段代码是使用 HTML 中最基本的几个标签所组成的，运行代码，在浏览器中预览，效果如图 3-1 所示。

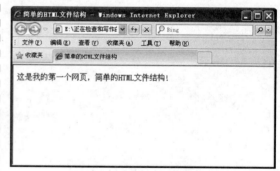

图3-1 HTML文件结构

下面解释一下上面的例子。

● HTML 文件就是一个文本文件。文本文件的后缀名是 .txt，而 HTML 的后缀名是 .html.。

● <!DOCTYPE html PUBLIC "-//W3C//DTD XHTML 1.0 Strict//EN" " http://www.w3.org/TR/xhtml1/DTD/xhtml1-strict.dtd "> 代表文档类型，大致的意思就是遵循严格的 XHTML1 的格式书写。

● HTML 文档中，第一个标签是 <html>，这个标签告诉浏览器这是 HTML 文档的开始。

DIV＋CSS网页样式与布局完全学习手册

● HTML 文档的最后一个标签是 </html>，这个标签告诉浏览器这是 HTML 文档的终止。

● 在 <head> 和 </head> 标签之间的文本是头信息，在浏览器窗口中，头信息是不被显示在页面上的。

● 在 <title> 和 </title> 标签之间的文本是文档标题，它被显示在浏览器窗口的标题栏。

● 在 <body> 和 </body> 标签之间的文本是正文，它会被显示在浏览器中。

● <p> 和 </p> 标签代表段落。

3.1.2 编写HTML文件注意事项

HTML 由标签和属性构成的，在编写文件时，要注意以下几点。

❶ < 和 > 是任何标签的开始和结束。元素的标签要用这对尖括号括起来，并且在结束标签的前面加一个 / (斜杠)，如 <table></table>。

❷ 在源代码中不区分大小写。

❸ 任何回车和空格在源代码中均不起作用。为了代码的清晰，建议不同的标签之间用回车进行换行。

❹ 在 HTML 标签中可以放置各种属性，如：

```
<h1 align="right">2010 年上海世博会
</h1>
```

其中 align 为 h1 的属性，right 为属性值，元素属性出现在元素的 <> 内，并且和元素名之间有一个空格分隔，属性值可以直接书写，也可以使用 "" 括起来，如下面的两种写法都是正确的。

```
<h1 align="right">2010 年上海世博会 </h1>
<h1 align=right>2010 年上海世博会 </h1>
```

❺ 要正确输入标签。输入标签时，不要输入多余的空格，否则浏览器可能无法识别这个标签，导致无法正确地显示信息。

❻ 在 HTML 源代码中注释。<!-- 要注释的内容 --> 注释语句只出现在源代码中，不会在浏览器中显示。

3.1.3 HTML文档中的注释

在 HTML 文档中，注释的表示方式是：<!--html 注释 -->，其中的 "html 注释" 就是注释的内容，在浏览器解析 HTML 文档时，注释掉的这部分内容将会被忽略，不会在用户浏览网页的时候呈现出来。

HTML 注释的主要用途：

❶ 用于网页的说明，解释 HTML 文档中某些部分的功能。

```
1<!-- 以下是 html 文档标题 -->
2 <title>HTML 编码和注释 </title>
```

❷ 用于网页调试，例如，在网站开发时可以将某个标签或某段文档先注释掉，再刷新网页查看效果，如果需要直接去掉注释就可以了，不用再花时间重新编写代码。这是网页设计中常用的一种方式。

注释不能嵌套使用。其原因就是第一个 "<!--" 会与在它后面出现的第一个 "-->" 进行匹配，作为注释的结束符。这就导致了嵌套注释外层的 "-->" 找不到与它匹配的开始标签。

3.2 编辑HTML网页正文

文字不仅是网页信息传达的一种常用方式，也是视觉传达最直接的方式，运用经过精心处理的文字材料完全可以制作出效果很好的版面。

3.2.1　输入网页标题

不管是用户还是搜索引擎，对一个网站的最直观印象往往来自于这个网站的标题。用户通过搜索自己感兴趣的关键字，进入搜索结果页面，决定他是否单击的关键字往往在于网站的标题。在网页中设置网页的标题，只要在HTML文件的头部文件的 <title></title> 中输入标题信息就可以在浏览器的上显示。标题标记以 <title> 开始，以 </title> 结束。

基本语法：

```
<head>
<title>……</title>
……</head>
```

语法说明：

页面的标题只有一个，它位于 HTML 文档的头部，即 <head> 和 </head> 之间。

实例代码：

```
<html>
<head>
<meta http-equiv="content-type"
content="text/html; charset=gb2312"/>
<title>标题标记 title</title>
</head>
<body>
</body>
</html>
```

3.2.2　划分正文段落

在网页制作的过程中，将一段文字分成相应的段落，不仅可以增加网页的美观性，而且使网页层次分明，让浏览者感觉不到拥挤，在网页中如果要把文字有条理地显示出来，离不开段落标记的使用。在 HTML 中可以通过标记实现段落的效果。

HTML 标签中最常用、最简单的标签是段落标签，也就是 <p></p>。说它常用，是因为几乎所有的文档文件都会用到这个标签，说它简单从外形上就可以看出来，它只有一个字母。虽说是简单，但是却也非常重要，因为这是一个用来区别段落用的。

基本语法：

```
<p> 段落文字 <p>
```

语法说明：

段落标记可以没有结束标记 </p>，而每一个新的段落标记开始的同时，也意味着上一个段落的结束。

实例代码：

```
<html>
<head>
<meta http-equiv="Content-Type"
content="text/html; charset=gb2312" />
<title> 段落标记 </title>
</head>
<body>
<p> 园区内餐饮购物等配套服务一应俱全。园内设有锦轮餐厅、乐岛餐厅等中西风味的特色餐厅，还有奶茶屋、咖啡屋等多家新鲜熟食亭、蛋糕屋，均提供新鲜、卫生的美味食品和快捷便利的服务。在园区内分布有多家主题商店，出售各式主题特色纪念品、精美礼品、时尚人气商品、游乐玩具，以及各种便利品，让您尽兴游玩，把欢乐和美好记忆带回家。乐园还拥有自己的旅游车队。<br></p>
<p> 目前已拥有各种车型车辆 80 余辆。乐园为广大游客提供国际先进、国内一流的游玩体验，并佐以完善的购物、餐饮、用车等配套设施，是真正适合每一个人游玩的欢乐天堂！</p>
</body>
</html>
```

DIV+CSS网页样式与布局完全学习手册

在代码中加粗部分的代码标记为段落标记，效果如图 3-2 所示，可以看到其将文字分成两个段落。

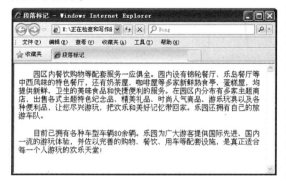

图3-2 段落效果

3.2.3 设置文本格式

<font> 标记用来控制字体、字号和颜色等属性，它是 HTML 中最基本的标记之一，掌握好 <font> 标记的使用是控制网页文本的基础。可以用来定义文本的字体（Face）、字号（Size）和颜色（Color），也就是它的三个参数。<font> 属性及属性值如表 3-1 所示。

表3-1 <font>属性及属性值

属性名称	说　明	取　值
face	字体	字体，如"宋体"、"幼圆"、"隶书"等，默认为宋体
color	颜色	可以用英文单词，也可以用颜色的十六进制数值表示方法，例如，可以用red，也可以用#FF0000
size	字号	属性值为1~7的数字，默认值为3

下面是一个文字标签 <font> 的实例，在浏览器中预览，效果如图 3-3 所示。

```
<html>
<head>
<meta http-equiv="Content-Type"
content="text/html; charset=gb2312" />
<title> 标签 </title>
</head>
<body>
<table width="400" border="0" align="center"
cellpadding="5"
  cellspacing="0">
<tr>
<td><font color="#3300FF" size="+3"
face=" 宋 体 "><b>18 号 字 体 </b></font></
td>
</tr>
<tr>
<td><font color="#FF00FF" size="+4"
face=" 宋 体 "><i>24 号 字 体 </i></font></
td>
</tr>
<tr>
<td><font color="#9933FF" size="+5"
face=" 宋 体 "><b>36 号 字 体 </b></font></
td>
</tr>
</table>
</body>
</html>
```

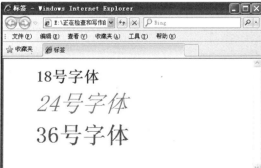

图3-3 Font设置标签

在 HTML 中，还有一些文本格式化标签用来设置文字以特殊的方式显示，如粗体标签、斜体标签和文字的上下标等。文本格式标签，如表 3-2 所示。

表3-2 文本格式标签

`<b></b>`	粗体	使文本成为粗体
`<i></i>`	斜体	使文本成为斜体
`<u>`和`</u>`	下划线	给文本加上下划线
`<sup>`和`</sup>`	上标体	以上标显示文本（HTML 3.2+）
`<sub>`和`</sub>`	下标体	以下标显示文本（HTML 3.2+）
`<s>`和`</s>`	删除线	以删除线的形式显示文本

`<b>` 和 `<strong>` 是 HTML 中格式化粗体文本的最基本元素。在 `<b>` 和 `</b>` 之间的文字或在 `<strong>` 和 `</strong>` 之间的文字，在浏览器中都会以粗体字体显示。该元素的首尾部分都是必需的，如果没有结尾标签，则浏览器会认为从 `<b>` 开始的所有文字都是粗体。

`<i>`、`<em>` 和 `<cite>` 是 HTML 中格式化斜体文本的最基本元素。在 `<i>` 和 `</i>` 之间的文字、在 `<em>` 和 `</em>` 之间的文字或在 `<cite>` 和 `</cite>` 之间的文字，在浏览器中都以斜体字体显示。

`<u>` 标签的使用和粗体和斜体标签类似，它标出须加下划线的文字。

下面是一个对文本应用加粗、斜体的 HTML 网页实例，其浏览效果如图 3-4 所示。

```html
<html xmlns="http://www.w3.org/1999/xhtml">
    <head>
    <meta http-equiv="Content-Type" content="text/html; charset=gb2312" />
    <title> 文本格式标签 </title>
    </head>
    <body>
    <u>
    <em>
    <strong>吾爱孟夫子，风流天下闻。<br/>
    红颜弃轩冕，白首卧松云。<br/>
    醉月频中圣，迷花不事君。<br/>
    高山安可仰，徒此揖清芬。<br/>
    </strong>
    </em>
    </u>
    </body>
</html>
```

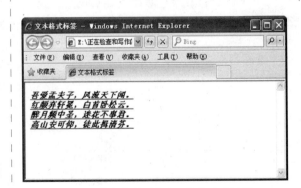

图3-4 对文本应用加粗、斜体和下划线

3.3 在HTML网页中插入图片

图像是网页中不可缺少的元素，巧妙地在网页中使用图像可以为网页增色不少。网页美化最简单、最直接的方法就是在网页上添加图像，图像不但使网页更加美观、形象和生动，而且使网页中的内容更加丰富多彩。

3.3.1　插入网页图片

今天看到的丰富多彩的网页，都是因为有了图像的作用。想一想过去，网络中全部都是纯文本的网页，非常枯燥，就知道图像在网页设计中的重要性了。在 HTML 页面中可以插入图像，并设置图像属性。

有了图像文件后，就可以使用 img 标记将图像插入到网页中，从而达到美化网页的效果。img 元素的相关属性，如表 3-3 所示。

表3-3　img元素的相关属性

属　　性	描　　述
src	图像的源文件
alt	提示文字
width, height	宽度和高度
border	边框
vspace	垂直间距
hspace	水平间距
align	排列
dynsrc	设定avi文件的播放
loop	设定avi文件循环播放次数
loopdelay	设定avi文件循环播放延迟
start	设定avi文件播放方式
lowsrc	设定低分辨率图片
usemap	映像地图

基本语法：

<img src=" 图像文件的地址 " alt=" 提示文字的内容 " border=" 图像边框的宽度 " width=" 图像的宽度 " height=" 图像的高度 " align=" 对齐方式 " vspace=" 垂直边距 " hspace=" 水平边距 ">

语法说明：

在语法中，src 参数用来设置图像文件所在的路径，这一路径可以是相对路径，也可以是绝对路径。

下面是一个网页使用图片的实例，其浏览效果如图 3-5 所示。

```
<html>
<head>
<meta http-equiv="Content-Type"
content="text/html; charset=gb2312" />
<title> 图片的使用 </title>
</head>
<body>
<p> 比萨的做法：<br>
    <img src="images/bisha.jpg"
alt=" 比萨的制作 " width=450 height=300
hspace="8" vspace="5" border="1"
align="left">
```

1、将所有材料揉成面团，揉至面团变得十分劲道，抻开面团能形成比较薄的薄膜，把面团揉至扩展阶段即可，在 26℃室温下盖上保鲜膜，发酵至 2 倍大。

2、把发酵后的面团挤出空气，放在室温下醒发 15 分钟。

3、把发好的面团分成二份，放在案板上，用手按扁，用面杖把面团擀成 9 寸大小圆形面饼。

4、将面饼做成中间薄，四周厚的形状，烤盘涂油，把面饼放在烤盘上。

5、在面饼上用叉子叉一些小孔，防止烤时饼底鼓起。

6、在饼上涂一层橄榄油，放室温发酵 20 分钟。

7、用毛刷在饼皮四周扫上一层蛋液，中间扫上比萨酱。

8、放入二片芝士撕碎、50 克虾仁、1/4 个青灯笼椒、1/4 个冬菇和洋葱。

9、然后再放一层芝士和剩下的洋葱、冬菇、青灯笼椒和虾仁。

10、最后放上一层芝士。

烤箱 200℃预热 10 分钟，将比萨放入烤箱烤 20 分钟，取出，在比萨上再放上一层芝士，再烤 5~10 分钟，待芝士溶化后即可出炉，

一个又胖又香的海鲜比萨出炉啦！。</p>

    </body>

    </html>

图3-5 网页使用图片

3.3.2 在网页中加入水平线

水平线对于制作网页的朋友来说一定不会陌生，它在网页的版式设计中作用很大，可以用来分隔文本和对象。在网页中常常看到一些水平线将段落与段落隔开，这些水平线可以通过插入图片实现，也可以更简单地通过标记来完成。水平线标记用hr来表示，相关属性，如见表3-4所示。

表3-4 hr元素的相关属性

属 性	描 述
align	规定hr元素的对齐方式
noshade	可以将其设置为实心，并且不带阴影的水平线
size	规定hr元素的高度
width	规定hr元素的宽度

下面是一个网页使用水平线的实例。

    <html>

    <head>

    <meta http-equiv="Content-Type" content="text/html; charset=gb2312" />

    <title> 设置水平线 </title>

    </head>

    <body>

    <p> 圣诞节祝语 </p>

    < h r a l i g n = " c e n t e r " width="600" size="2" color="#CC0000">

    <p> 是 心 系 情 牵 的 缘 分。 牵 挂 —— 是 心 的 叠 印，情 的 交 融。短信 —— 是 缘 分 摄 下 的 彼 此 身 影，手 机 —— 浓 缩 着 真 挚 的 友 情！明天 用 情 感 的 雕 笔，镌 刻 友 谊 的 永 恒，关 心 不 需时 时 刻 刻，只 要 你 在 我 心，我 在 你 心！朋 友，圣 诞 到 了，你 要 快 乐！... </p>

    <p>**<hr width="100" size="2" color="#000000" align="left">**

    圣 诞 节 祝 福 短 信 宝 典，语 言 平 淡 但 是 祝福 不 平 淡。短 信 寄 语 真 诚 在 心 间，愿 朋 友 圣 诞开 心，好 运 连 连！给 身 边 人 送 上 一 条 圣 诞 节 短信，分 外 温 馨。

    <hr align="right" width="300" size="2" color="#999900">

    <p> 平 安 夜，我 祝 你 平 平 安 安；圣 诞 夜，我 愿 你 幸 福 快 乐；狂 欢 夜 让 你 和 那 一 位 一 起 狂欢 记 住 一 定 要 12点！平 安 夜，祝 福 你！我 的 朋友，温 馨 平 安！欢 乐 时，我 和 你 一 道 分 享；不开 心 时，我 和 你 一 起 承 担！... </p>

    </body>

    </html>

在代码中加粗部分的标记为设置水平线的宽度、高度、颜色和排列方式，在浏览器中预览，可以看到水平线的效果，如图3-6所示。

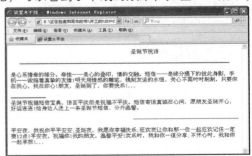

图3-6 水平线效果

3.4　在HTML网页中使用列表

列表是一种非常实用的数据排列方式，它以条列式的模式来显示数据，可以帮助访问者方便地找到所需信息，并引起访问者对重要信息的注意。

3.4.1　使用编号列表

有序列表使用编号，而不是项目符号来进行排列，列表中的项目采用数字或英文字母开头，通常各项目之间有先后顺序性。ol标记的属性及其介绍，如表3-5所示。

表3-5　ol标记的属性定义

	属性名	说明
标记固有属性	type＝项目符号	有序列表中列表项的项目符号格式
	start	有序列表中列表项的起始数字
可在其他位置定义的属性	id	在文档范围内的识别标志
	lang	语言信息
	dir	文本方向
	title	标记标题
	style	行内样式信息

基本语法：

```
<ol type=" 有序列表的类型 " start=" 起始数值 ">
    <li> 列表 </li>
    <li> 列表 </li>
    <li> 列表 </li>
    ……
</ol>
```

下面是一个有序列表的实例，其代码如下。

```
<html xmlns="http://www.w3.org/1999/xhtml">
    <head>
    <meta http-equiv="Content-Type" content="text/html; charset=gb2312" />
    <title> 有序列表实例 </title>
    </head>
    <body>
    <h4> 数字列表：</h4>
    <ol>
        <li> 苹果 </li>
        <li> 香蕉 </li>
        <li> 柠檬 </li>
        <li> 桔子 </li>
    </ol>
    <h4> 字母列表：</h4>
    <ol type="A">
        <li> 苹果 </li>
        <li> 香蕉 </li>
        <li> 柠檬 </li>
        <li> 桔子 </li>
    </ol>
    <h4> 小写字母列表：</h4>
    <ol type="a">
        <li> 苹果 </li>
        <li> 香蕉 </li>
        <li> 柠檬 </li>
        <li> 桔子 </li>
    </ol>
    <h4> 罗马字母列表：</h4>
    <ol type="I">
        <li> 苹果 </li>
        <li> 香蕉 </li>
        <li> 柠檬 </li>
        <li> 桔子 </li>
    </ol>
    <h4> 小写罗马字母列表：</h4>
    <ol type="i">
        <li> 苹果 </li>
```

```
    <li>香蕉</li>
    <li>柠檬</li>
    <li>桔子</li>
    </ol>
    </body>
    </html>
```

在浏览器中浏览，效果如图3-7所示，可以看到不同类型的有序列表。

图3-7　不同类型的有序列表

3.4.2　使用无序列表

ul 用于设置无序列表，在每个项目文字之前，以项目符号作为每条列表项的前缀，各个列表之间没有顺序级别之分。如表 3-6 所示为 ul 标记的属性。

表3-6　ul标记的属性定义

	属性名	说明
标记固有属性	type＝项目符号	定义无序列表中列表项的项目符号图形样式
可在其他位置定义的属性	id	在文档范围内的识别标志
	class	
	lang	语言信息
	dir	文本方向
	title	标记标题
	style	行内样式信息

基本语法：

```
<ul type="符号类型">
<li>列表项</li>
<li>列表项</li>
<li>列表项</li>
……
</ul>
```

下面是一个无序列表的实例，其代码如下。

```
<html xmlns="http://www.w3.org/1999/xhtml">
<head>
<meta http-equiv="Content-Type" content="text/html; charset=gb2312" />
<title>无序列表</title>
</head>
<body>
<h4>Disc 项目符号列表：</h4>
<ul type="disc">
<li>苹果</li>
<li>香蕉</li>
<li>柠檬</li>
<li>桔子</li>
</ul>
<h4>Circle 项目符号列表：</h4>
<ul type="circle">
<li>苹果</li>
<li>香蕉</li>
<li>柠檬</li>
<li>桔子</li>
</ul>
<h4>Square 项目符号列表：</h4>
<ul type="square">
<li>苹果</li>
<li>香蕉</li>
<li>柠檬</li>
<li>桔子</li>
</ul>
```

```
</body>
</html>
```

在浏览器中浏览，效果如图3-8所示，可以看到不同类型的无序列表。

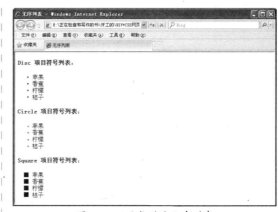

图3-8 不同类型的无序列表

3.5 在HTML网页中使用表格

表格是网页中对文本和图像布局的强有力工具。一个表格通常由行、列和单元格组成，每行由一个或多个单元格组成。表格中的横向称为"行"，表格中的纵向称为"列"，表格中一行与一列相交所产生的区域叫单元格。

3.5.1 认识表格标记

表格由行、列和单元格3部分组成，如图3-9所示，表格的行、列和单元格都可以进行复制、粘贴，在表格中还可以插入表格，表格嵌套使设计更加方便。

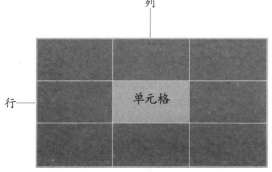

图3-9 表格的基本组成

● 行：表格中的水平间隔。

● 列：表格中的垂直间隔。

● 单元格：表格中一行与一列相交所产生的区域。

表格一般通过3个标记来创建，分别是表格标记table、行标记tr和单元格标记td。表格的其他各种属性都要在表格的开始标记 <table> 和表格的结束标记 </table> 之间才有效。

基本语法：

```
<table>
<tr>
<td> 单元格中的文字 </td>
<td> 单元格中的文字 </td>
</tr>
<tr>
<td> 单元格中的文字 </td>
<td> 单元格中的文字 </td>
</tr>
</table>
```

语法说明：

<table> 标记和 </table> 标记分别表示表格的开始和结束，而 <tr> 和 </tr> 则分别表示行的开始和结束，在表格中包含几组 <tr>…</tr>，就表示该表格为几行，<td> 和 </td> 表示

单元格的起始和结束。

下面是一个简单的两行三列的表格，在浏览器中预览，效果如图 3-10 所示。

```
<html xmlns="http://www.w3.org/1999/
xhtml">
<head>
<meta http-equiv="Content-Type"
content="text/html; charset=gb2312"/>
<title> 两行三列表格 </title>
</head>
<body>
<h4> 两行三列 : </h4>
<table width="400" border="1">
<tr>
    <td>100</td>
    <td>200</td>
    <td>300</td>
</tr>
<tr>
    <td>400</td>
    <td>500</td>
    <td>600</td>
</tr>
</table>
</body>
</html>
```

图3-10 两行三列的表格

3.5.2 设置表格的整体属性

表格标签对于制作网页是很重要的。<table></table> 标签对用来创建表格。表格标签的属性，如表 3-7 所示。

表3-7 表格标签的属性

属　性	说　明
<table bgcolor="">	设置表格的背景色
<table border="">	设置边框的宽度，若不设置此属性，则边框宽度默认为0
<table bordercolor="">	设置边框的颜色
<table bordercolorlight="">	设置边框明亮部分的颜色（当border的值大于等于1时才有用）
<table bordercolordark="">	设置边框昏暗部分的颜色（当border的值大于等于1时才有用）
<table cellspacing="">	设置表格格子之间空间的大小
<table cellpadding="">	设置表格格子边框与其内部内容之间空间的大小
<table width="">	设置表格的宽度，单位为"像素"或"百分比"

下面是一个表格标签 <table> 的实例，在浏览器中预览，效果如图 3-11 所示，显示了一个宽度为 400，边框为 1，边框颜色为灰色的表格，并且设置了表格的背景颜色为绿色，表格的间距为 5。

```
<html>
<head>
<meta http-equiv="Content-Type"
content="text/html; charset=gb2312" />
<title> 表格 </title>
</head>
<body>
<table width="364" border="1"
align="center" cellpadding="5"
cellspacing="1"
    bordercolor="#999999"
bgcolor="#00FF66">
    <tr>
```

```
    <td width="51" height="30" align="center" >
省份 </td>
    <td width="51" align="center"> 河南 </td>
    <td width="51" align="center"> 山东 </td>
    <td width="91" align="center"> 广东 </td>
    <td width="52" align="center"> 河北 </td>
    </tr>
    <tr>
    <td height="30" align="center"
valign="middle"> 省会 </td>
    <td align="center"> 郑州 </td>
    <td align="center"> 济南 </td>
    <td align="center"> 广州 </td>
```

```
    <td align="center"> 石家庄 </td>
    </tr>
    </table>
    </body>
    </html>
```

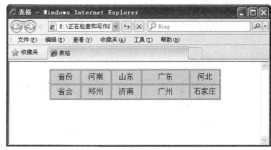

图3-11 表格实例

3.6　建立超链接

HTML 文件中最重要的应用之一就是超链接，超链接是一个网站的灵魂，Web 上的网页是互相链接的，单击被称为超链接的文本或图形就可以链接到其他页面。超文本具有的链接能力，可层层链接相关文件，这种具有超级链接能力的操作，即称为"超级链接"。超级链接除了可链接文本外，也可链接各种媒体，通过它们可享受丰富多彩的多媒体世界。

3.6.1　链接标签

超链接可以是一个字，一个词，或者一组词，也可以是一幅图像，你可以单击这些内容来跳转到新的文档或当前文档中的某个部分。

当把鼠标指针移动到网页中的某个链接上时，箭头会变为小手形状。我们通过使用 <a> 标签在 HTML 中创建链接。

在创建网页的过程中，默认情况下超链接在原来的浏览器窗口中打开，可以使用 target 属性来控制打开的目标窗口。

基本语法：

<a href=" 链接目标 " target=" 目标窗口的打开方式 ">

在该语法中，target 参数的取值有 4 种，如表 3-8 所示。

表3-8 目标窗口的设置

属 性 值	含 义
_self	在当前页面中打开链接
_blank	在一个全新的空白窗口中打开链接
_top	在顶层框架中打开链接，也可以理解为在根框架中打开链接
_parent	在当前框架的上一层里打开链接

下面是一个超链接网页实例，在浏览器中浏览，效果如图 3-12 所示。

```
<html xmlns="http://www.w3.org/1999/
xhtml">
    <head>
    <meta http-equiv="Content-Type"
content="text/html; charset=utf-8" />
    <title> 超链接 </title>
    </head>
    <body>
    <a href="http://www.baidu.com/" target="_
blank"> 百度网站！</a>
    <p> 如果把链接的 target 属性设置为 "_
blank"，该链接会在新窗口中打开。</p>
    </body>
    </html>
```

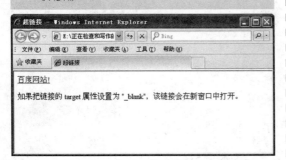

图3-12 超链接网页实例

3.6.2 创建邮件链接

在网页上创建 E-mail 链接，可以使浏览者能快速反馈浏览者的意见。当浏览者单击 E-mail 链接时，可以立即打开默认的 E-mail 处理程序，收件人的邮件地址由 E-mail 超链接中指定的地址自动填充，无须浏览者输入。

基本语法：

```
<a href="mailto: 邮件地址 ">……</a>
```

在该语法中的 mailto: 后面输入电子邮件的地址。

下面是一个电子邮件链接的实例，在浏览器中浏览，效果如图 3-13 所示。

```
<html xmlns="http://www.w3.org/1999/
xhtml">
```

```
    <head>
    <meta http-equiv="Content-Type"
content="text/html; charset=utf-8" />
    <title> 无标题文档 </title>
    </head>
    <body>
    <p> 谢谢您购买此商品，如果您有什么建
议或意见，欢迎您来信来告诉我们，谢谢合
作！</p>
    <p><a href="mailto:sdwda@163.com"> 您
可以在此告诉我们您的建议或意见 </a></p>
    </body>
    </html>
```

图3-13 电子邮件链接

3.6.3 锚点链接

网站中经常会有一些文档页面由于文本或图像内容过多，导致页面过长。访问者需要不停地拖动浏览器上的滚动条来查看文档中的内容。为了方便用户查看文档中的内容，在文档中需要进行锚点链接。

基本语法：

```
<a href=" 链接的文件地址 # 锚点名称
">……</a>
```

在该语法中，与同一页面内的锚点链接不

同的是，需要在锚点名称前增加文件所在的位置，以设置一个单独的链接页面，使其链接到前面定义的锚点页面。

下面是一个锚点链接的实例，在代码中加粗部分的标记为设置链接到其他页面中的锚点，在浏览器中预览，单击创建的锚点链接，可以链接到其他页面中相应的位置，如图 3-14 和图 3-15 所示。

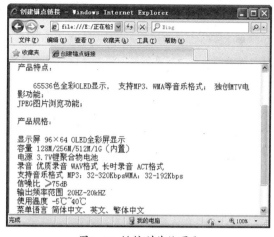

图3-15 链接到其他页面

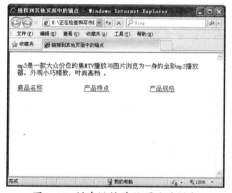

图3-14 创建链接其他页面的锚点

3.7 XHTML简介

XHTML 是 the Extensible HyperText Markup Language 的缩写。它是由国际 W3C 组织制定并公布发行的。XHTML 是一个过渡技术，结合了部分 XML 的强大功能及大多数 HTML 的简单特性。

3.7.1 什么是XHTML

HTML 是一种基本的网页设计语言，XHTML 是一个基于 XML 的语言，看起来与 HTML 有些类似，只有一些小的但重要的区别，其中使用的元素均为 HTML 中的元素（去掉了其中一些不合理的元素），同时使用更加严格的语法规范。

2000 年底，国际 W3C 组织公布发行了 XHTML 1.0 版本。XHTML 1.0 是一种在 HTML 4.0 基础上优化和改进的新语言，目的是基于 XML 应用。XHTML 是一种增强了的 HTML，它

的可扩展性和灵活性将适应未来网络应用更多的需求。XML 虽然数据转换能力力强大，完全可以替代 HTML，但面对成千上万已有的基于 HTML 语言设计的网站，直接采用 XML 还为时过早。因此，在 HTML 4.0 的基础上，用 XML 的规则对其进行扩展，得到了 XHTML。所以，建立 XHTML 的目的就是实现 HTML 向 XML 的过渡。目前国际上在网站设计中推崇的 Web 标准就是基于 XHTML 的应用（即通常所说的 CSS + Div）。

3.7.2 为什么要升级到XHTML

HTML 语言中只有有限的创建要素，因此无法处理非常规的内容，同时 HTML 不能很好地支持不断更新的显示设备，如手机等。而 XHTML 是 XML 的一种应用，因此所有 XML 的处理器都可以处理 XHTML 的文档，使语言具

有了可扩展性。使用 XHTML 具有以下优点。

● XHTML 提倡使用更加简洁和规范的代码，使代码的阅读和处理更方便，同时也便于搜索引擎的检索。

● XHTML 文档在旧的基于 HTML 的浏览器中，能够表现得和在新的基于 XHTML 的浏览器中一样出色。

● XHTML 是可扩展的语言，能够包含其他文档类型，既能够利用 HTML 的文档对象模块（DOM），又能利用 XML 的文档对象模块。所以 XHTML 可以支持更多的显示设备。

● 在 XHTML 中，推荐使用 CSS 样式定义页面的外观，并分离了页面的结构和表现，方便利用数据和更换外观。

● XML 是 Web 发展的趋势，具有更好的向后兼容性。使用 XHTML 1.0，只要遵守一些简单规则，即可设计出既适合 XML 系统，又适合当前大部分 HTML 浏览器的页面。

3.8 XHTML页面结构

首先看一个最简单的 XHTML 页面结构，其代码如下。

```
<!DOCTYPE html PUBLIC "-//W3C//DTD
XHTML 1.0 Transitional//EN"
   "http://www.w3.org/TR/xhtml1/DTD/xhtml1-
transitional.dtd">
   <html xmlns="http://www.w3.org/1999/
xhtml">
   <head>
   <meta http-equiv="Content-Type"
content="text/html; charset=gb2312" />
   <title> 标题 </title>
   </head>
   <body>
   正文 ...
   </body>
   </html>
```

在这段代码中，包含了一个 XHTML 页面必须具有的页面结构，其具体结构如下。

1. 文档类型声明部分

文档类型声明部分由 <!DOCTYPE> 元素定义，在代码的前两行，这部分在浏览器中不会显示。其对应的页面代码如下。

```
<!DOCTYPE html PUBLIC "-//W3C//DTD
XHTML 1.0 Transitional//EN"
   "http://www.w3.org/TR/xhtml1/DTD/xhtml1-
transitional.dtd">
```

2. <html> 元素和名字空间

<html> 元素是 XHTML 文档中必须使用的元素，所有的文档内容（包括文档头部内容和文档主体内容）都要包含在 <html> 元素之中。标签 <html> 表示 HTML 代码的开始，文件的最后标签就应该是 </html>。

名字空间是 <html> 元素的一个属性，写在 <html> 元素起始标签里。其在页面中的相应代码如下。

```
<html xmlns="http://www.w3.org/1999/
xhtml">
```

3. 网页头部元素

网页头部元素 <head> 也是 XHTML 文档中必须使用的元素。其作用是定义页面头部的信息，其中可以包含标题元素、<meta> 元素等，它不会显示在浏览器内。网页头部元素对应的页面代码如下。

```
<head>
```

```
<meta http-equiv="Content-Type"
content="text/html; charset=gb2312" />
<title> 标题 </title>
</head>
```

4．页面标题元素

页面标题元素 <title> 用来定义页面的标题。在 <title> 和 </title> 标签之间的文字内容是这个 HTML 文档的标题信息，出现在浏览器的标题栏。其对应的页面代码如下。

```
<title> 标题 </title>
```

5．页面主体元素

页面主体元素 <body> 用来定义页面所要显示的内容。页面的信息主要通过页面主体来传递。在 <body> 元素中，可以包含所有页面元素。在 <body> 和 </body> 标签之间的文字内容是这个 HTML 文档主要显示的信息，出现在浏览器中。其对应的页面代码如下。

```
<body>
正文 ...
</body>
```

定义了以上几个元素后，便构成了一个完整的 XHTML 页面。此时在浏览器中呈现的效果如图 3-16 所示。

图3-16　简单的XHTML页面的显示效果

3.9　XHTML与HTML的区别

HTML 与 XHTML 是一种语言还是两种语言？基本上可以认为，它们是一种语言的不同阶段，XHTML 是基于 HTML 的，它是代码更严密、更整洁的 HTML 版本。在使用 XHTML 语言进行网页制作时，必须要遵循一定的语法规范，下面进行详细讲解。这些语法规范也是 XHTML 与 HTML 之间的主要区别。

1．XHTML 元素必须是完全嵌套的

XHTML 元素必须是完全嵌套的，HTML 则并不严格，不完全嵌套的元素也能被"容错"，如下所示。

在 HTML 中一些元素可以不使用正确的相互嵌套。

```
<b><i> 这是粗体和斜体 </b></i>
```

在XHTML中所有元素必须合理地相互嵌套。

```
<b><i> 这是粗体和斜体 </i></b>
```

在使用列表嵌套的时候经常会犯一个错误，就是忘记了在列表中插入的新列表必须嵌在一个 <li> 标记中，如下所示是错误的。

```
<ul>
<li> 上海 </li>
<li> 北京
  <ul>
   <li> 海淀 </li>
   <li> 朝阳 </li>
  </ul>
<li> 广州 </li>
</ul>
```

在这段代码示例中，第 1 个 </ul> 后面少了一个 </li>，如下代码才是正确的。

```
<ul>
 <li> 上海 </li>
 <li> 北京
  <ul>
   <li> 海淀 </li>
   <li> 朝阳 </li>
  </ul>
 </li>
 <li> 广州 </li>
</ul>
```

2. XHTML 文档格式必须规范

所有的 XHTML 标记必须被嵌套使用在 <html> 根标签之中。所有其他的标签可以有自己的子标签。位于父标签之内的子标签也必须成对且正确地嵌套使用。一个网页的基本结构如下所示。

```
<html>
<head> ... </head>
<body> ... </body>
</html>
```

3. 标签名必须是小写的

对于所有 HTML 元素和属性名，XHTML 文档必须使用小写。这是因为 XHTML 文档是 XML 应用程序，XML 是区分大小写的，像 <b> 和 <B> 会被认为是两种不同的标签。

如下写法是错误的。

```
<B> 这是粗体 </B>
```

正确的写法如下。

```
<b> 这是粗体 ></b>
```

4. 所有的 XHTML 元素都必须有始有终

非空元素必须有关闭标签。

如下所示的写法是错误的。

```
<p> 这是第一段
<p> 这是第二段
```

正确的写法如下。

```
<p> 这是第一段 </p>
<p> 这是第二段 </p>
```

空的元素也必须有一个结束标签或开始标签，用 /> 结束。

如下所示的写法是错误的。

```
<img src="..." >
<input type="text" >
<meta http-equiv="Content-Type" content="text/html; charset=gb2312" >
<br>
```

正确的写法如下。

```
<img src="..." />
<input type="text" />
<link rel="stylesheet" type="text/css" href="url" />
<meta http-equiv="Content-Type" content="text/html; charset=gb2312" />
<br />
```

5. 用 id 属性代替 name 属性

HTML4.01 中　为 a、applet、frame、iframe、img 和 map 定义了一个 name 属性，在 XHTML 里除了表单（form）外，name 属性不能使用，应该用 id 来替换。

如下写法是错误的。

```
<img src= "img/pic1.jpg" name= "people"/>
```

正确的写法如下。

```
<img src= "img/pic1.jpg" id= "people"/>
```

为了使旧浏览器也能正常地执行该内容，也可以在标签中同时使用 id 和 name 属性，如下所示。

```
<img src="img/pic1.jpg" id= "people" name="people"/>
```

6. DOCTYPE 声明是不可缺少的

在 XHTML 中必须声明文档的类型，以便于浏览器知道当前浏览的文档是什么类型，声明 DOCTYPE 必须放在文档的第一行，当浏览器检测到 DOCTYPE 后就会转换到标准模式，对 HTML 和 CSS 按照标准的方式解释，不必再把时间用在弥补、解释不规范的 HTML 上了，所以页面显示的速度就会更快。如下所示为使用 DOCTYPE 声明。

```
<!DOCTYPE html PUBLIC "-//W3C//DTD XHTML 1.0 Transitional//EN"
"http://www.w3.org/TR/xhtml1/DTD/xhtml1-transitional.dtd">
<html xmlns="http://www.w3.org/1999/xhtml">
<head>
<meta http-equiv="Content-Type" content="text/html; charset=gb2312" />
<title> 无标题文档 </title>
</head>
<body>
......
</body>
</html>
```

DOCTYPE 声明不是 XHTML 的一部分，也不是文档的一个元素，所以没有必要加上结束标签。

7．属性必须加上英文双引号

XHTML 中所有的属性，包括数值都必须加上半角双引号（""），如下所示。

```
<img name="" src="" width="32" height="32" alt="" />
```

8．明确所有属性的值

XHTML 中规定每一个属性都必须有一个值。没有值的属性也必须用自己的名称作为值。例如，在 HTML 中，checked 属性是可以不取值的，但是在 XHTML 中必须用它自身的名称作为值，示例代码如下。

```
<input type="checkbox" name="sox" value="abc" checked="checked" />
```

第3章 HTML和XHTML基础

第 2 篇
CSS 控制样式基础

第4章 CSS基础

本章导读

　　CSS 是为了简化 Web 页面的更新工作而诞生的，它使网页变得更加美观，维护更加方便。CSS 在网页制作中起着非常重要的作用，对于控制网页中对象的属性、增加页面中内容的样式、精确的布局定位等都发挥了非常重要的作用，是网页设计师必须熟练掌握的技能之一。本章主要讲述了 CSS 的基础知识，包括 CSS 的基本概念、使用 CSS、CSS 基本语法、使用 Dreamweaver 编辑 CSS 等。

技术要点

- 了解 CSS
- 掌握 CSS 的使用方法
- 掌握使用 Dreamweaver 编辑 CSS 和浏览 CSS
- 掌握对页面添加 CSS 样式的方法

实例展示

CSS美化网页

4.1 CSS介绍

CSS 是 Cascading Style Sheet 的缩写，又称为"层叠样式表"，简称为"样式表"。它是一种制作网页的新技术，现在已经为大多数浏览器所支持，成为网页设计必不可少的工具之一。

4.1.1 CSS基本概念

网页最初是用 HTML 标记来定义页面文档及格式的，如标题 <h1>、段落 <p>、表格 <table> 等。但这些标记不能满足更多的文档样式需求，为了解决这个问题，在 1997 年 W3C 颁布 HTML 4 标准的同时，也公布了有关样式表的第一个标准——CSS1，自 CSS 1 的版本之后，又在 1998 年 5 月发布了 CSS 2 版本，样式表得到了更多的充实。使用 CSS 能够简化网页的格式代码，加快下载显示的速度，也减少了需要上传的代码数量，大大减少了重复劳动的工作量。

样式表首要目的是为网页上的元素精确定位；其次，它把网页上的内容结构与格式控制相分离。浏览者想要看的是网页上的内容结构，而为了让浏览者更好地看到这些信息，就要通过使用格式来控制。内容结构和格式控制相分离，使网页可以仅由内容构成，而将网页的格式通过 CSS 样式表文件来控制。

CSS 2.1 发布至今已经有 7 年的历史，在这 7 年里，互联网的发展已经发生了翻天覆地的变化。CSS 2.1 有时候难以满足快速提高性能、提升用户体验的 Web 应用的需求。CSS 3 标准的出现就是增强 CSS 2.1 的功能，减少图片的使用次数，以及解决 HTML 页面上的特殊效果。

在 HTML 5 逐渐成为 IT 界最热门话题的同时，CSS 3 也开始慢慢地普及起来。目前，

很多浏览器都开始支持 CSS 3 部分特性，特别是基于 Webkit 内核的浏览器，其支持力度非常大。在 Android 和 iOS 等移动平台下，正是由于 Apple 和 Google 两家公司大力推广 HTML 5，以及各自的 Web 浏览器的迅速发展，CSS 3 在移动 Web 浏览器下都能到很好的支持和应用。

CSS 3 作为在 HTML 页面担任页面布局和页面装饰的技术，可以更加有效地对页面布局、字体、颜色、背景或其他动画效果实现精确的控制。

目前，CSS 3 是移动 Web 开发的主要技术之一，它在界面修饰方面占有重要的地位。由于移动设备的 Web 浏览器都支持 CSS 3，对于不同浏览器之间的兼容性问题，它们之间的差异非常小。不过对于移动 Web 浏览器的某些 CSS 特性，仍然需要做一些兼容性的工作。

4.1.2 CSS的优点

掌握基于 CSS 的网页布局方式，是实现 Web 标准的基础。在网页制作时采用 CSS 技术，可以有效地对页面的布局、字体、颜色、背景和其他效果实现更加精确的控制。只要对相应的代码做一些简单的修改，就可以改变网页的外观和格式。采用 CSS 有以下优点。

● 大大缩减页面代码，提高页面浏览速度，缩减带宽成本。

● 结构清晰，容易被搜索引擎搜索到。

● 缩短改版时间，只要简单修改几个 CSS 文件就可以重新设计一个有成百上千页面的站点。

● 强大的字体控制和排版能力。

● CSS 非常容易编写，可以像写 HTML 代码

一样轻松编写 CSS。

● 提高易用性，使用 CSS 可以结构化 HTML，如 <p> 标记只用来控制段落；heading 标记只用来控制标题；table 标记只用来表现格式化的数据等。

● 表现和内容相分离，将设计部分分离出来放在一个独立样式文件中。

● 更方便搜索引擎的搜索，用只包含结构化内容的 HTML 代替嵌套的标记，搜索引擎将更有效地搜索到内容。

● table 布局灵活性不大，只能遵循 table、tr、td 的格式，而 div 可以有各种格式。

● table 中布局，垃圾代码会很多，一些修饰的样式及布局的代码混合一起，很不直观。而 div 更能体现样式和结构相分离，结构的重构性强。

● 在几乎所有的浏览器上都可以使用。

● 以前一些必须通过图片转换实现的功能，现在只要用 CSS 就可以轻松实现，从而更快地下载页面。

● 使页面的字体变得更漂亮，更容易编排，使页面真正赏心悦目。

● 可以轻松地控制页面的布局。

● 可以将许多网页的风格格式同时更新，不用再一页一页地更新了。可以将站点上所有的网页风格都使用一个 CSS 文件进行控制，只要修改这个 CSS 文件中相应的行，那么，整个站点的所有页面都会随之发生变动。

4.1.3 CSS功能

CSS 即层叠样式表（Cascading Stylesheet）。在网页制作时采用 CSS 技术，可以有效地对页面的布局、字体、颜色、背景和其他效果实现更加精确的控制。只要对相应的代码做一些简单的修改，就可以改变同一页面的不同部分，或者页数不同的网页的外观和

格式。CSS 3 是 CSS 技术的升级版本，CSS 3 语言开发是朝着模块化发展的。以前的规范作为一个模块实在是太庞大而且比较复杂，所以，把它分解为一些小的模块，更多新的模块也被加入进来。这些模块包括：盒子模型、列表模块、超链接方式、语言模块、背景和边框、文字特效、多栏布局等。

例如，如图 4-1 和图 4-2 所示的网页分别为使用 CSS 前后的效果。

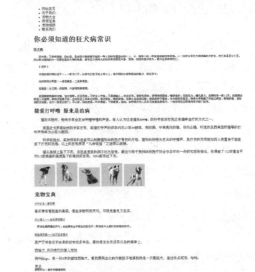

图4-1 使用CSS前

图4-2 使用CSS后

4.1.4　浏览器与CSS

　　网上的浏览器各式各样，绝大多数浏览器对 CSS 都有很好的支持，因此设计者往往不用担心其设计的 CSS 文件不被用户所支持。但目前主要的问题在于，各个浏览器之间对 CSS 很多细节的处理存在差异，设计者在一种浏览器上设计的 CSS 效果，在其他浏览器上的显示效果很可能不一样。就目前主流的两大浏览器 IE 与 Firefox 而言，在某些细节的处理上就不尽相同。IE 本身在不同的版本之间，对相同页面的浏览效果都存在一些差异。

　　使用 CSS 制作网页，一个基础的要求就是主流的浏览器之间的显示效果要基本一致。通常的做法是一边编写 HTML 和 CSS 代码，一边在两个不同的浏览器上进行预览，及时地调整各个细节，这对深入掌握 CSS 也是很有好处的。

　　另外 Dreamweaver 的"视图"模式只能作为设计时的参考来使用，绝对不能作为最终显示效果的依据，只有浏览器中的效果才是大家所看到的。

4.1.5　CSS发展历史

　　从 1990 年 HTML 被发明开始，样式表就以各种形式出现了，不同的浏览器结合了它们各自的样式语言，可以使用这些样式语言来调节网页的显示方式。一开始样式表是给浏览者用的，最初的 HTML 版本只含有很少的显示属性，浏览来决定网页应该怎样被显示。

　　但随着 HTML 的成长，为了满足设计师的要求，HTML 获得了很多显示功能。随着这些功能的增加，外来定义样式的语言越来越没有意义了。

CSS 1

1994 年，哈坤·利和伯特·波斯合作设计 CSS。他们在 1994 年首次在芝加哥的一次会议上第一次展示了 CSS 的建议。

　　1996 年 12 月发表的 CSS 1 的要求有（W3C 管理 CSS 1 要求）：

- ●支持字体的大小、字形、强调。
- ●支持字的颜色、背景的颜色和其他元素。
- ●支持文章特征如字母、词和行之间的距离。
- ●支持文字的排列、图像、表格和其他元素。
- ●支持边缘、围框和其他关于排版的元素。
- ●支持 id 和 class。

CSS 2-2.1

1998 年 5 月 W3C 发表了 CSS 2（W3C 管理 CSS 2 要求），其中包括新的内容如下：

- ●绝对的、相对的和固定的定比特素、媒体型的概念、双向文件和一个新的字体。
- ● CSS 2.1 修改了 CSS 2 中的一些错误，删除了其中基本不被支持的内容和增加了一些已有的浏览器的扩展内容。

CSS 3

CSS 3 分成了不同类型，称为 modules。而每一个 modules 都有 CSS 2 中额外增加的功能，以及向后兼容。CSS 3 早于 1999 年已开始制订，直到 2011 年 6 月 7 日。

CSS 4

W3C 于 2011 年 9 月 29 日开始了设计 CSS 4。直至现时只有极少数的功能被部分网页浏览器支持。

4.2 在HTML 5中使用CSS的方法

添加 CSS 有 4 种方法：内嵌样式、行内样式、链接样式和导入样式表，下面分别介绍。

4.2.1 内嵌样式

这种 CSS 一般位于 HTML 文件的头部，即 <head> 与 </head> 标签内，并且以 <style> 开始，以 </style> 结束。内嵌样式允许在它们所应用的 HTML 文档的顶部设置样式，然后在整个 HTML 文件中直接调用该样式，这些定义的样式就应用到页面中了。

基本语法：

```
<style type="text/css">
<!--
选择符 1（样式属性：属性值；样式属性：属性值；…）
选择符 2（样式属性：属性值；样式属性：属性值；…）
选择符 3（样式属性：属性值；样式属性：属性值；…）
…
选择符 n（样式属性：属性值；样式属性：属性值；…）
-->
```

语法说明：

❶ <style> 是用来说明所要定义的样式，type 属性是指以 CSS 的语法定义。

❷ <!--…… --> 隐藏标记：避免了因浏览器不支持 CSS 而导致错误，加上这些标记后，如果不支持 CSS 的浏览器，会自动跳过此段内容，避免一些错误。

❸ 选择符 1…选择符 n：选择符可以使用 HTML 标记的名称，所有的 HTML 标记都可以作为选择符。

❹ 样式属性指的是属性名称。

❺ 属性值设置是对应属性的值。

下面实例就是使用 <style> 标记创建的内嵌样式。

```
<head>
<style type="text/css">
<!--
body {
    margin-left: 0px;
    margin-top: 0px;
    margin-right: 0px;
    margin-bottom: 0px;
}
.style1 {
    color: #ffee44;
    font-size: 14px;
}
-->
</style>
</head>
```

4.2.2 行内样式

行内样式是混合在 HTML 标记里使用的，用这种方法，可以很简单地对某个元素单独定义样式。行内样式的使用是直接在 HTML 标记里添加 style 参数，而 style 参数的内容就是 CSS 的属性和值，在 style 参数后面的引号里的内容相当于在样式表大括号里的内容。

基本语法：

```
< 标记 style=" 样式属性：属性值；样式属性：属性值…">
```

语法说明：

❶ 标 记：HTML 标 记， 如 body、table、p 等。

❷标记的 style 定义只能影响标记本身。

❸ style 的多个属性之间用分号分隔。

❹标记本身定义的 style 优先于其他所有样式定义。

虽然这种方法比较直接，在制作页面的时候需要为很多的标签设置 style 属性，所以会导致 HTML 页面不够纯净，文件体积过大，不利于搜索引擎搜索，从而导致后期维护成本高。因此不推荐使用。

下面是一段行内样式的代码，如：

```
<table style=color:red；margin-right：
120px>
这是个表格
</p>
```

4.2.3 链接外部样式表

链接外部样式表就是在网页中调用已经定义好的样式表来实现样式表的应用，它是一个单独的文件，然后在页面中用 <link> 标记链接到这个样式表文件，这个 <link> 标记必须放到页面的 <head> 区内。这种方法最适合大型网站的 CSS 样式定义。

基本语法：

```
<link type="text/css" rel="stylesheet"
href=" 外部样式表的文件名称 ">
```

语法说明：

❶链接外部样式表时，不需要使用 style 元素，只须直接用 <link> 标记放在 <head> 标记中即可。

❷同样外部样式表的文件名称是要嵌入的样式表文件名称，后缀为 .css。

❸ CSS 文件一定是纯文本格式。

❹在修改外部样式表时，引用它的所有外部页面也会自动更新。

❺外部样式表中的 URL 相对于样式表文件在服务器上的位置。

❻外部样式表优先级低于内部样式表。

❼可以同时链接几个样式表，靠后的样式表优先于靠前的样式表。

★提示★

外部样式表可以在任何文本编辑器中进行编辑。文件不能包含任何的 HTML 标签，样式表以 .css 扩展名进行保存。

链接方式是使用频率最高、最实用的方式，一个链接样式表文件可以应用于多个页面。当改变这个样式表文件时，所有应用该样式的页面都随之改变。在制作大量相同样式页面的网站时，链接样式表非常有用，不仅减少了重复的工作量，而且有利于以后的修改、编辑，浏览时也减少了重复下载代码。

下面是一个链接外部样式表德实例。

```
<head>
…
<link rel=stylesheet type=text/css
href=slstyle.css>
…
</head>
```

上面这个例子表示浏览器从 slstyle.css 文件中以文档格式读出定义的样式表。rel=stylesheet 是指在页面中使用外部的样式表，type=text/css 是指文件的类型是样式表文件，href=slstyle.css 是文件的名称和位置。

这种方式将 HTML 文件和 CSS 文件彻底分成两个或多个文件，实现了页面框架 HTML 代码与美工 CSS 代码的完全分离，使前期制作和后期维护都十分方便，并且如果要保持页面风格统一，只需要把这些公共的 CSS 文件单独保存成一个文件，其他的页面就可以分别调用自身的 CSS 文件，如果需要改变网站风格，只需要修改公共 CSS 文件即可，相当方便。

4.2.4 导入样式

导入外部样式表是指在内部样式表的 <style> 里导入一个外部样式表，导入时用 @import。

基本语法：

```
<style type=text/css>
@import url(" 外部样式表的文件名称 ");
</style>
```

语法说明：

❶ import 语句后的 ";" 一定要加上。

❷ 外部样式表的文件名称是要嵌入的样式表文件名称，后缀为 .css。

❸ @import 应该放在 style 元素的任何其他样式规则前面。

下面是一个导入外部样式表的实例。

```
<head>
…
<style type=text/css>
<!—
@import style.css
其他样式表的声明
→
</style>
…
</head>
```

此例中 @import style.css 表示导入 style.css 样式表，注意使用时外部样式表的路径、方法和链接样式表的方法类似，但导入外部样式表

DIV＋CSS网页样式与布局完全学习手册

输入方式更有优势。实质上它是相当于存在内部样式表中的。

4.2.5 优先级问题

如果这上面的四种方式中的两种用于同一个页面后，就会出现优先级的问题。

四种样式的优先级别是（从高至低）：行内样式、内嵌样式、链接外部样式、导入样式。

例如，链接外部样式表拥有针对 h3 选择器的三个属性。

```
h3 {
 color:blue;
 text-align:right;
 font-size:10pt;
 }
```

而内嵌样式表拥有针对 h3 选择器的两个属性。

```
h3 {
 text-align:left;
 font-size:20pt;
 }
```

假如拥有内嵌样式表的这个页面同时链接外部样式，那么 h3 得到的样式是：

```
color:blue;
text-align:left;
font-size:20pt;
```

即颜色属性将被继承于外部样式表，而文字排列（text-align）和字体尺寸（font-size）会被内嵌样式表中的样式取代。

4.3 使用Dreamweaver设置CSS样式

控制网页元素外观的 CSS 样式用来定义字体、颜色、边距和字间距等属性，可以使用 Dreamweaver 来对所有的 CSS 属性进行设置。CSS 属性被分为 9 大类：类型、背景、区块、方框、边框、列表、定位、扩展和过滤，下面分别进行介绍。

4.3.1 设置文本样式

在 Dreamweaver 的 CSS 样式定义对话框左侧的"分类"列表框中选择"类型"选项，在右侧可以设置 CSS 样式的类型参数，如图 4-3 所示。可以改变文本的颜色、文本字号、对齐文本、装饰文本、行高等。

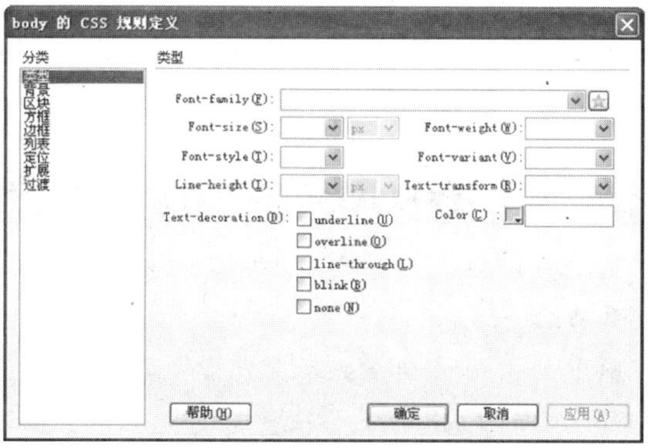

图4-3 选择"类型"选项

★知识要点★

在CSS的"类型"中的各选项参数如下。

● Font-family：用于设置当前样式所使用的字体。

● Font-size：定义文本大小。可以通过选择数字和度量单位来选择特定的大小，也可以选择相对大小。

● Font-style：将"正常"、"斜体"或"偏斜体"指定为字体样式。默认设置是"正常"。

● Line-height：设置文本所在行的高度。该设置传统上称为"前导"。选择"正常"自动计算字体大小的行高，或输入一个确切的值并选择一种度量单位。

● Text-decoration：向文本中添加下划线、上划线或删除线，或使文本闪烁。正常文本的默认设置是"无"。"链接"的默认设置是"下划线"。将"链接"设置为"无"时，可以通过定义一个特殊的类删除链接中的下划线。

● Font-weight：对字体应用特定或相对的粗体量。"正常"等于400；"粗体"等于700。

★知识要点★

● Font-variant：设置文本的小型大写字母变量。Dreamweaver不在文档窗口中显示该属性。

● Text-transform：将选定内容中的每个单词的首字母大写或将文本设置为全部大写或小写。

● Color：设置文本颜色。

下面是一个简单的设置网页文本颜色的实例，代码如下所示。

```
<!DOCTYPE html PUBLIC "-//W3C//DTD
XHTML 1.0 Transitional//EN"
    "http://www.w3.org/TR/xhtml1/DTD/xhtml1-
transitional.dtd">
    <html xmlns="http://www.w3.org/1999/
xhtml">
    <meta http-equiv="Content-Type"
content="text/html; charset=gb2312" />
    <head>
    <style type="text/css">
    body {
        color:red;
        font-size: 26px;
        font-family: "宋体";
        font-style: normal;
        font-weight: bolder;
        text-decoration: underline;
    }
    h1 {color:#00ff00}
    p.ex {color:rgb(0, 0, 255)}
    </style>
    </head>
    <body>
    <h1> 这是标题 1</h1>
```

<p> 这是一段普通的段落。请注意，该段落的文本是红色的。在 body 选择器中定义了本页面中的默认文本颜色、字号、字体、样式、下划线。</p>

<p class="ex"> 该段落定义了 class="ex"。

该段落中的文本是蓝色的。</p>

　　</body>

　　</html>

这段代码定义了文本的样式，其CSS"类型"设置如图4-4所示，在浏览器中的网页效果，如图4-5所示。

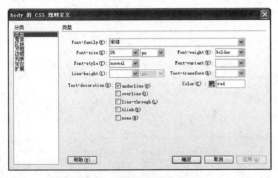

图4-4　CSS"类型"设置

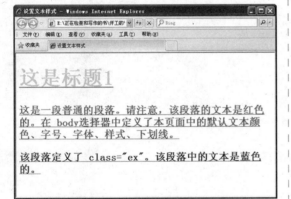

图4-5　设置CSS文本样式实例

4.3.2　设置背景样式

　　使用"CSS规则定义"对话框的"背景"类别可以定义CSS样式的背景设置。可以对网页中的任何元素应用背景属性，如图4-6所示。CSS允许应用纯色作为背景，也允许使用背景图像创建相当复杂的效果。可以为所有元素设置背景色，这包括body一直到em和a等行内元素。

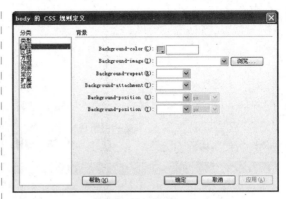

图4-6　选择"背景"选项

★知识要点★

在CSS的"背景"中的各选项参数如下。

● Background-color：设置元素的背景颜色。

● Background-image：设置元素的背景图像。可以直接输入图像的路径和文件，也可以单击"浏览"按钮选择图像文件。

● Background Repeat：确定是否及如何重复背景图像。包含4个选项："不重复"指在元素开始处显示一次图像；"重复"指在元素的后面水平和垂直方向平铺图像；"横向重复"和"纵向重复"分别显示图像的水平带区和垂直带区。图像被剪辑以适合元素的边界。

● Background Attachment：确定背景图像是固定在它的原始位置，还是随内容一起滚动。

● Background Position (X)和Background Position (Y)：指定背景图像相对于元素的初始位置，这可以用于将背景图像与页面中心垂直和水平对齐。如果附件属性为"固定"，则位置相对于文档窗口而不是元素。

　　下面是一个简单的设置网页元素背景颜色实例，代码如下所示。

```
<!DOCTYPE html PUBLIC "-//W3C//DTD
XHTML 1.0 Transitional//EN"
    "http://www.w3.org/TR/xhtml1/DTD/xhtml1-
transitional.dtd">
    <html xmlns="http://www.w3.org/1999/
```

```
xhtml">
    <head>
    <meta http-equiv="Content-Type"
content="text/html; charset=gb2312" />
    <title> 设置网页的背景 </title>
    </head>
    <style type="text/css">
    body {background-color: yellow}
    h1 {background-color: #00ff00}
    h2 {background-color: transparent}
    p {background-color: rgb(250,0,255)}
    p.no2 {background-color: gray;
padding: 20px;}
    </style>
    </head>
    <body>
    <h1> 这是标题 1，背景颜色为绿色
</h1>
    <h2> 这是标题 2，背景颜色为整个网页的
背景颜色 </h2>
    <p> 这是段落，背景颜色为粉色 </p>
    <p class="no2"> 这个段落设置了内边距。
背景颜色为灰色。</p>
    </body>
    </html>
```

这段代码为不同的元素设置了不同的背景颜色，在浏览器中的网页效果，如图 4-7 所示。

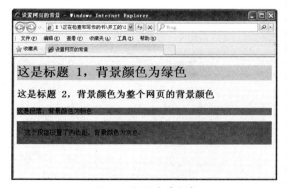

图4-7 设置背景颜色

4.3.3 设置区块样式

使用"CSS 规则定义"对话框的"区块"类别可以定义标签和属性的间距和对齐设置，在对话框中左侧的"分类"列表中选择"区块"选项，在右侧可以设置相应的 CSS 样式，如图 4-8 所示。

图4-8 选择"区块"选项

★知识要点★

在CSS的"区块"中的各选项参数如下。

● Word-spacing: 设置单词的间距，若要设置特定的值，在下拉列表中选择"值"，然后输入一个数值，在第二个下拉列表中选择度量单位。

● Letter-spacing: 增加或减小字母或字符的间距。若要减少字符间距，指定一个负值，字母间距设置覆盖对齐的文本设置。

● Vertical-align: 指定应用它的元素的垂直对齐方式。仅当应用于<img>标签时，Dreamweaver才在文档窗口中显示该属性。

● Text-align: 设置元素中的文本对齐方式。

● Text-indent: 指定第一行文本缩进的程度。可以使用负值创建凸出，但显示取决于浏览器。仅当标签应用于块级元素时，Dreamweaver才在文档窗口中显示该属性。

● white-space: 确定如何处理元素中的空白。从下面3个选项中选择："正常"指收缩空白；"保留"的处理方式与文本被括在<pre>标签中一样

DIV+CSS网页样式与布局完全学习手册

（即保留所有空白，包括空格、制表符和回车）；

"不换行"指定仅当遇到
标签时文本才换行。Dreamweaver不在文档窗口中显示该属性。

● Display：指定是否及如何显示元素。

下面是一个增加段落中单词间距离的实例，代码如下所示。

```
<!DOCTYPE html PUBLIC "-//W3C//DTD
XHTML 1.0 Transitional//EN"
    "http://www.w3.org/TR/xhtml1/DTD/xhtml1-
transitional.dtd">
    <html xmlns="http://www.w3.org/1999/
xhtml">
    <head>
    <meta http-equiv="Content-Type"
content="text/html; charset=gb2312" />
    <title> 段落中单词间的距离 </title>
    <style type="text/css">
    p. spd {word-spacing: 40px;}
    p. tht {word-spacing: 0em;}
    </style>
    </head>
    <body>
    <p class="spd">We are too busy growing up
yet we forget that they are already growing old.</
p>
    <p class="tht">We are too busy growing up
yet we forget that they are already growing old.</
p>
    </body>
    </html>
```

这段代码设置了不同的单词间的距离，在浏览器中的网页效果，如图4-9所示。

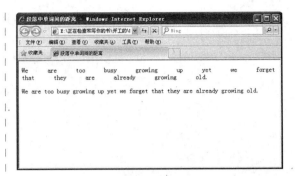

图4-9 设置单词间的距离

4.3.4 设置方框样式

使用"CSS规则定义"对话框的"方框"类别可以为用于控制元素在页面上的放置方式的标签和属性定义设置。可以在应用填充和边距设置时将设置应用于元素的各个边，也可以使用"全部相同"设置将相同的设置应用于元素的所有边。

CSS的"方框"类别可以为控制元素在页面上的放置方式的标签和属性定义设置，如图4-10所示。

图4-10 选择"方框"选项

在CSS的"方框"中的各选项参数如下。

● Width和Height：设置元素的宽度和高度。

● Float：设置其他元素在哪个边围绕元素浮动。其他元素按通常的方式环绕在浮动元素的周围。

★知识要点★

● Clear：定义不允许AP Div的边。如果清除边上出现AP Div，则待清除设置的元素将移到该AP Div的下方。

● Padding：指定元素内容与元素边框（如果没有边框，则为边距）之间的间距，也叫"内边距"。取消选择"全部相同"选项可设置元素各个边的填充；"全部相同"将相同的填充属性应用于元素的顶部、底部、左侧和右侧。

● Margin：指定一个元素的边框（如果没有边框，则为填充）与另一个元素之间的间距，也叫"外边距"。仅当应用于块级元素（段落、标题和列表等）时，Dreamweaver才在文档窗口中显示该属性。取消选择"全部相同"可设置元素各个边的边距；"全部相同"将相同的边距属性应用于元素的顶部、底部、左侧和右侧。

下面是一个设置单元格内边距的实例，代码如下所示。

```
<!DOCTYPE html PUBLIC "-//W3C//DTD
XHTML 1.0 Transitional//EN"
    "http://www.w3.org/TR/xhtml1/DTD/xhtml1-
transitional.dtd">
    <html xmlns="http://www.w3.org/1999/
xhtml">
    <head>
    <meta http-equiv="Content-Type"
content="text/html; charset=gb2312"/>
    <title> 设置方框样式 </title>
    <style type="text/css">
    td.t1 {padding: 2cm}
    td.t2 {padding: 0.5cm 2cm}
    </style>
    </head>
    <body>
    <table border="1">
    <tr>
    <td class="t1">
```

这个表格单元的每个边拥有相等的内边距。
```
    </td>
    </tr>
    </table>
    <br/>
    <table border="1">
    <tr>
    <td class="t2">
```
这个表格单元的上和下内边距是 0.5cm，左和右内边距是 3cm。
```
    </td>
    </tr>
    </table>
    </body>
    </html>
```

这段代码使用 padding 设置了不同表格单元的内边距，在浏览器中的网页效果，如图4-11 所示。

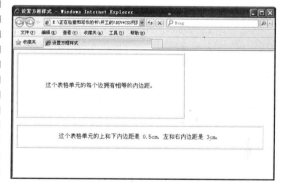

图4-11 内边距

4.3.5 设置边框样式

在 HTML 中，使用表格来创建文本周围的边框，但是通过使用 CSS 边框属性，可以创建出效果出色的边框，并且可以应用于任何元素。CSS 的"边框"类别可以定义元素周围边框的设置，如图 4-12 所示。

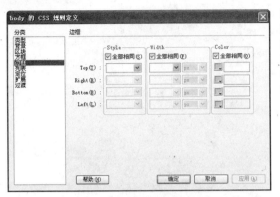

图4-12 选择"边框"选项

★知识要点★

在CSS的"边框"中的各选项参数如下。

● Style：设置边框的样式外观。样式的显示方式取决于浏览器。Dreamweaver在文档窗口中将所有样式呈现为实线。取消选择"全部相同"可设置元素各个边的边框样式；"全部相同"将相同的边框样式属性应用于元素的顶部、底部、左侧和右侧。

● Width：设置元素边框的粗细。取消选择"全部相同"可设置元素各个边的边框宽度；"全部相同"将相同的边框宽度应用于元素的顶部、底部、左侧和右侧。

● Color：设置边框的颜色。可以分别设置每个边的颜色。取消选择"全部相同"可设置元素各个边的边框颜色；"全部相同"将相同的边框颜色应用于元素的顶部、底部、左侧和右侧。

下面是一个设置四个边框的颜色实例，代码如下所示。

```
<html xmlns="http://www.w3.org/1999/xhtml">
<head>
<meta http-equiv="Content-Type" content="text/html; charset=gb2312"/>
<title> 设置边框样式 </title>
<head>
<style type="text/css">
p.one
{
border-style: solid; border-width: thin;
border-color: #0000ff;
}
p.two
{
border-style: solid; border-width: thick;
border-color: #ff0000 #0000ff
}
p.three
{
border-style: solid; border-width: thin;
border-color: #ff0000 #00ff00 #0000ff
}
p.four
{
border-style: solid;
border-color: #ff0000 #00ff00 #0000ff rgb(250,0,255)
}
</style>
</head>
<body>
<p class="one"> 第一个边框颜色和粗细 !</p>
<p class="two"> 第二个边框颜色和粗细 !</p>
<p class="three"> 第三个边框颜色和粗细 !</p>
<p class="four"> 第四个边框颜色 !</p>
</body>
</html>
```

这段代码使用border-style设置边框样式，使用border-width设置边框粗细，使用border-color设置边框颜色。"border-width"属性如果单独使用是不会起作用的。首先使用"border-style"属性来设置边框。在浏览器中的网页效

58

果，如图 4-13 所示。

图4-13 设置边框样式

4.3.6 设置列表样式

CSS 的"列表"类别为列表标签定义列表设置，如图 4-14 所示。

图4-14 选择"列表"选项

★知识要点★

在CSS的"列表"中的各选项参数如下。
● List-style-type：设置项目符号或编号的外观。
● List-style-image：可以为项目符号指定自定义图像。单击"浏览"按钮选择图像，或输入图像的路径。
● List-style-position：设置列表项文本是否换行和缩进（外部），以及文本是否换行到左边距（内部）。

下面是一个在有序列表中不同类型列表项标记的实例，代码如下所示。

```
<html xmlns="http://www.w3.org/1999/
xhtml">
    <head>
    <meta http-equiv="Content-Type"
content="text/html; charset=gb2312" />
    <title> 设置列表样式 </title>
    <head>
    <style type="text/css">
    ol.decimal {list-style-type: decimal}
    ol.lroman {list-style-type: lower-roman}
    ol.uroman {list-style-type: upper-roman}
    ol.lalpha {list-style-type: lower-alpha}
    ol.ualpha {list-style-type: upper-alpha}
    </style>
    </head>
    <body>
    <ol class="decimal">
    <li> 美国 </li>
    <li> 中国 </li>
    <li> 俄罗斯 </li>
    </ol>
    <ol class="lroman">
    <li> 美国 </li>
    <li> 中国 </li>
    <li> 俄罗斯 </li>
    </ol>
    <ol class="uroman">
    <li> 美国 </li>
    <li> 中国 </li>
    <li> 俄罗斯 </li>
    </ol>
    <ol class="lalpha">
    <li> 美国 </li>
    <li> 中国 </li>
    <li> 俄罗斯 </li>
    </ol>
    <ol class="ualpha">
```

```
    <li> 美国 </li>
    <li> 中国 </li>
    <li> 俄罗斯 </li>
    </ol>
    </body>
    </html>
```

这段代码使用 list-style-type 设置不同类型的列表项标记,在浏览器中的网页效果,如图4-15 所示。

图4-15 设置不同类型的列表项

4.3.7 设置定位样式

定位属性控制网页所显示的整个元素的位置。例如,如果一个 <Div> 元素既包含文本又包含图片,则可用 CSS 文本属性控制 <Div> 元素中字母和段落间隔;同时,可用 CSS 定位属性控制整个 <Div> 元素的位置,包括图片。可将元素放置在网页中的绝对位置处,也可相对于其他元素放置。还可控制元素的高度和宽度,并设置它的 Z 索引,使其显示在其他元素的前面或后面,如图 4-16 所示。

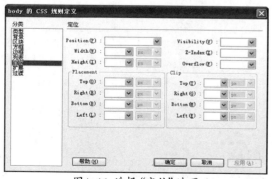

图4-16 选择"定位"选项

★知识要点★

在CSS的"定位"中的选项各参数如下。

● Position:在CSS布局中,Position发挥着非常重要的作用,很多容器的定位都是用Position来完成的。Position属性有4个可选值,它们分别是 static、absolute、fixed和relative。

"static":该属性值是所有元素定位的默认情况,在一般情况下,我们不需要特别地去声明它,但有时候遇到继承的情况,我们不愿意见到元素所继承的属性影响本身,因而可以用position:static取消继承,即还原元素定位的默认值。

"absolute":能够很准确地将元素移动到你想要的位置,绝对定位元素的位置。

"fixed":相对于窗口的固定定位。

"relative":相对定位是相对于元素默认位置的定位。

● Visibility:如果不指定可见性属性,则默认情况下大多数浏览器都继承父级的值。

● Placement:指定AP Div的位置和大小。

● Clip:定义AP Div的可见部分。如果指定了剪辑区域,可以通过脚本语言访问它,并操作属性以创建像擦除这样的特殊效果。通过使用"改变属性"行为可以设置这些擦除效果。

下面是一个使用绝对值来对元素进行定位的实例,代码如下所示。

```
    <!DOCTYPE html PUBLIC "-//W3C//DTD XHTML 1.0 Transitional//EN"
    "http://www.w3.org/TR/xhtml1/DTD/xhtml1-transitional.dtd">
    <html xmlns="http://www.w3.org/1999/xhtml">
    <head>
    <meta http-equiv="Content-Type" content="text/html; charset=gb2312" />
    <title> 设置绝对定位 </title>
    <head>
```

```
<style type="text/css">
h2.abs
{
position:absolute;
left:200px;
top:200px
}
</style>
</head>
<body>
<h2 class="abs"> 这是带有绝对定位的标
题 </h2>
<p> 通过绝对定位，元素可以放置到页
面上的任何位置。下面的标题距离页面左侧
200px，距离页面顶部200px。</p>
</body>
</html>
```

这段代码使用 position:absolute 设置了元素的绝对定位，在浏览器中网页效果，如图 4-17 所示。

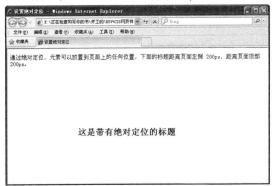

图4-17 设置绝对定位

4.3.8 设置扩展样式

"扩展"样式属性包含分页和视觉效果两部分，如图 4-18 所示。

图4-18 选择"扩展"选项

★知识要点★

在CSS的"扩展"中的选项各参数如下。
● Page-break-before: 这个属性的作用是为打印的页面设置分页符。
● Page-break-after: 检索或设置对象后出现的页分割符。
● Cursor: 指针位于样式所控制的对象上时改变指针图像。
● Filter: 对样式所控制的对象应用特殊滤镜效果。

4.3.9 过渡样式的定义

在过去的几年中，大多数都是使用 JavaScript 来实现过渡效果。使用 CSS 可以实现同样的过渡效果。"过渡"样式属性如图 4-19 所示。过渡效果最明显的表现就是当用户把鼠标悬停在某个元素上时高亮显示它们，如链接、表格、表单域、按钮等。过渡可以给页面增加一种非常平滑的外观。

图4-19 选择"过渡"选项

4.4 选择器类型

选择器（Selector）是 CSS 中很重要的概念，所有 HTML 语言中的标签都是通过不同的 CSS 选择器进行控制的。用户只需要通过选择器对不同的 HTML 标签进行控制，并赋予各种样式声明，即可实现各种效果。在 CSS 中，有各种不同类型的选择器，基本选择器有标签选择器、类选择器和 ID 选择器 3 种，下面详细介绍。

4.4.1 标签选择器

一个完整的 HTML 页面是由很多不同标签组成的。标签选择器是直接将 HTML 标签作为选择器，可以是 p、h1、dl、strong 等 HTML 标签。例如，P 选择器，下面就是用于声明页面中所有 <p> 标签的样式风格。

```
p{
font-size:14px;
color:093;
}
```

以上这段代码声明了页面中所有的 p 标签，文字大小均是 14px，颜色为 #093（绿色），这在后期维护中，如果想改变整个网站中 p 标签文字的颜色，只需要修改 color 属性就可以了，就这么容易！

每一个CSS选择器都包含了选择器本身、属性和值，其中属性和值可以设置多个，从而实现对同一个标签声明多种样式风格，如图 4-20 所示。

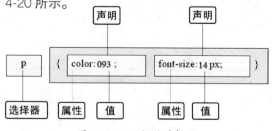

图4-20 CSS标签选择器

4.4.2 类选择器

类选择器能够把相同的元素分类定义成不同的样式，对 XHTML 标签均可以使用 class="" 的形式对类进行名称指派。定义类型选择器时，在自定义类的名称前面要加一个"."号。

标记选择器一旦声明，则页面中所有的该标记都会相应地产生变化，如声明了 <p> 标记为红色时，则页面中所有的 <p> 标记都将显示为红色，如果希望其中的某一个标记不是红色，而是蓝色，则仅依靠标记选择器是远远不够的，所以还需要引入类（class）选择器。定义类选择器时，在自定义类的名称前面要加一个"."号。

类选择器的名称可以由用户自定义，属性和值标记选择器一样，也必须符合 CSS 规范，如图 4-21 所示。

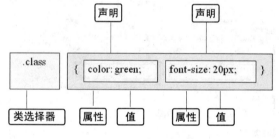

图4-21 CSS类选择器

例如，当页面同时出现 3 个 <P> 标签时，如果想让它们的颜色各不相同，就可以通过设置不同的 class 选择器来实现。一个完整的案例如下所示。

```
<html xmlns="http://www.w3.org/1999/xhtml">
<head>
<meta http-equiv="Content-Type" content="text/html; charset=gb2312" />
```

```
<title>class 选择器 </title>
<style type="text/css">
.red{ color:red; font-size:18px;}
.green{ color:green; font-size:20px;}
</style>
</head>
<body>
<p class="red">class 选择器 1</p>
<p class="green">class 选择器 2</p>
<h3 class="green">h3 同样适用 </h3>
</body>
</html>
```

其显示效果如图 4-22 所示。从图中可以看到两个 <P> 标记分别呈现出了不同的颜色和字体大小，而且任何一个 class 选择器都适用于所有 HTML 标记，只需要用 HTML 标记的 class 属性声明即可，例如，<H3> 标记同样适用了 .green 这个类别。

图4-22 类选择器实例

在上面的例子中仔细观察还会发现，最后一行 <H3> 标记显示效果为粗字，这是因为在没有定义字体的粗细属性的情况下，浏览器采用默认的显示方式，<P> 默认为正常粗细，<H3> 默认为粗字体。

4.4.3 ID选择器

在 HTML 页面中 ID 参数指定了某一个元素，ID 选择器是用来对这个单一元素定义单独的样式。对于一个网页而言，其中的每一个标签均可以使用 id=""的形式对 id 属性进行名称的指派。ID 可以理解为一个标识，每个标识只能用一次。在定义 ID 选择器时，要在 ID 名称前加上 # 号。

ID 选择器的使用方法与 class 选择器基本相同，不同之处在于 ID 选择器只能在 HTML 页面中使用一次，因此其针对性更强。在 HTML 的标记中只需要利用 id 属性，就可以直接调用 CSS 中的 ID 选择器，其格式如图 4-23 所示。

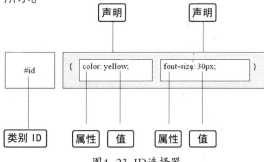

图4-23 ID选择器

类选择器和 ID 选择器一般情况下是区分大小写的，这取决于文档的语言。HTML 和 XHTML 将类和 ID 值定义为区分大小写，所以类和 ID 值的大小写必须与文档中的相应值匹配。

★提示★

类选择器与ID选择器区别？

区别1：只能在文档中使用一次。

与类不同，在一个HTML文档中，ID选择器会使用一次，而且仅一次。

区别2：不能使用ID词列表。

不同于类选择器，ID选择器不能结合使用，因为ID属性不允许有以空格分隔的词列表。

区别3：ID能包含更多含义。

类似于类，可以独立于元素来选择ID。

下面举一个实际案例，其代码如下。

```
<html xmlns="http://www.w3.org/1999/xhtml">
  <head>
  <title>ID 选择器 </title>
```

```
<style type="text/css">
<!--
#one{
    font-weight:bold; /* 粗体 */
}
#two{
    font-size:30px;/* 字体大小 */
    color:#009900;/* 颜色 */
}
-->
</style>
  </head>

<body>
    <p id="one">ID 选择器 1</p>
    <p id="two">ID 选择器 2</p>
    <p id="two">ID 选择器 3</p>
    <p id="one two">ID 选择器 3</p>
</body>
</html>
```

显示效果如图 4-24 所示，第 2 行与第 3 行都显示的 CSS 的方案。可以看出，在很多浏览器下，ID 选择器可以用于多个标记，即每个标记定义的 id 不只是 CSS 可调用，JavaScript 等其他脚本语言同样也可以调用。

因为这个特性，所以不要将 ID 选择器用于多个标记，否则会出现意想不到的错误。如果一个 HTML 中有两个相同的 id 标记，那么，将会导致 JavaScript 在查找 id 时出错，例如，函数 getElementById()。

图4-24 ID选择器实例

正因为 JavaScript 等脚本语言也能调用 HTML 中设置的 id，所以 ID 选择器一直被广泛的使用。网站建设者在编写 CSS 代码时，应该养成良好的编写习惯，一个 id 最多只能赋予一个 HTML 标记。

另外从图 4-24 可以看到，最后一行没有任何 CSS 样式风格显示，这意味着 ID 选择器不支持像 class 选择器那样的多风格同时使用，类似 id="one two" 这样的写法是完全错误的语。

4.5   编辑和浏览CSS

CSS 的文件与 HTML 文件一样，都是纯文本文件，因此一般的文字处理软件都可以对 CSS 进行编辑。记事本和 Dreamweaver 等最常用的文本编辑工具对 CSS 的初学者都很有帮助。

4.5.1   手工编写CSS

CSS 是内嵌在 HTML 文档内的。所以，

编写 CSS 的方法和编写 HTML 文档的方法是一样的。可以用任何一种文本编辑工具来编写 CSS。如 Windows 下的记事本和写字板都可以用来编辑 CSS 文档。如图 4-25 为所示在记事本中手工编写 CSS。

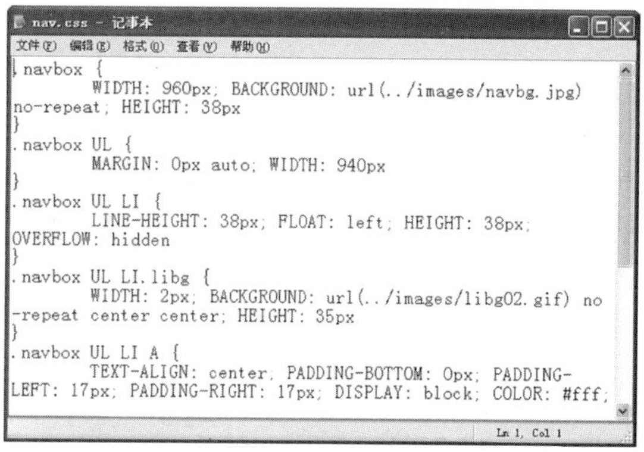

图4-25 在记事本中手工编写CSS

4.5.2 Dreamweaver编写CSS

Dreamweaver CS6 提供了对 CSS 的全面支持，在 Dreamweaver 中可以方便地创建和应用 CSS 样式表，设置样式表属性。

要在 Dreamweaver 中添加 CSS 语法，先在 Dreamweaver 的主界面中，将编辑界面切换成"拆分"视图，使用"拆分"视图能同时查看代码和设计效果。编辑语法在"代码"视图中进行。

Dreamweaver 这款专业的网页设计软件在代码模式下对 HMTL、CSS 和 JavaScript 等代码有着非常好的语法着色，以及语法提示功能，对 CSS 的学习很有帮助。

在 Dreamweaver 编辑器中，对于 CSS 代码，在默认情况下都采用粉红色进行语法着色，而 HTML 代码中的标记则是蓝色，正文内容在默认情况下为黑色。而且对于每行代码，前面都有行号进行标记，方便对代码的整体规划。

无论是 CSS 代码还是 HTML 代码，都有很好的语法提示。在编写具体 CSS 代码时，

按回车键或空格键都可以触发语法提示。例如，当光标移动到 color :#000000; 一句的末尾时，按空格键或回车键，都可以触发语法提示的功能。如图 4-26 所示，Dreamweaver 会列出所有可以供选择的 CSS 样式属性，方便设计者快速进行选择，从而提高工作效率。

图4-26 代码提示

当已经选定某个 CSS 样式，例如上例中的 color 样式，在其冒号后面再按空格键时，Dreamweaver 会弹出新的详细提示框，让用户对相应 CSS 的值进行直接选择。如图 4-27 所示的调色板就是其中的一种情况。

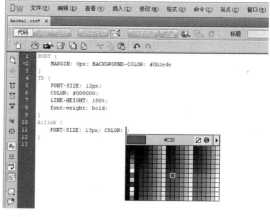

图4-27 调色板

4.6 综合实战——对网页添加CSS样式

利用 CSS 可以固定字体大小，使网页中的文本始终不随浏览器改变而发生变化，总是保持着原有的大小。利用 CCS 固定字体大小的效果如图 4-28 所示。

图4-28　固定文字大小

❶打开网页文档，如图 4-29 所示。

图4-29 打开网页文档

❷执行"窗口"|"CSS样式"命令，打开"CSS样式"面板，在"样式"面板中单击右键，在弹出的菜单中选择"新建"选项，如图 4-30 所示。

图4-30 选择"新建"选项

❸弹出"新建 CSS 规则"对话框，在对话框中将"选择器类型"设置为"类（可用

于任何标签）"，在"选择器名称"文本框中输入 .daxiao，将"规则定义"设置为"仅对该文档"，如图 4-31 所示。

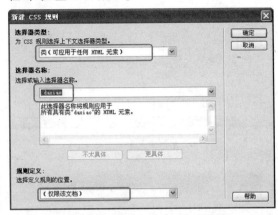

图4-31　"新建CSS规则"对话框

❹单击"确定"按钮，弹出".daxiao 的 CSS 规则定义"对话框，在对话框中将 Font-family 设置为"宋体"，Font-size 设置为 12 像素，Line-height 设置为 200%，color 设置为 #38B738，如图 4-32 所示。

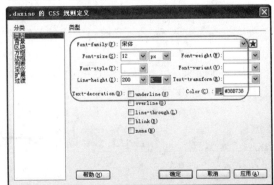

图4-32　".daxiao的CSS规则定义"对话框

❺单击"确定"按钮，新建样式，其CSS代码如下，如图 4-33 所示。

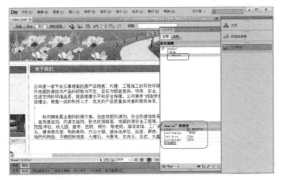

图 4-33 应用样式

```
.daxiao {font-family: " 宋体 ";
        font-size: 12px;
        line-height: 200%;
        color: #38B738;}
```

❻选中要应用样式的文本，在 CSS 面板中单击新建的样式，在弹出的下拉列表中选择"应用"，如图 4-34 所示。

图4-34 选择"应用"选项

❼保存文档，按 F12 键在浏览器中预览效果，如图 4-28 所示。

第5章 使用CSS设计网页文本和段落样式

本章导读

浏览网页时，获取信息最直接、最直观的方式就是通过文本。文本是基本的信息载体，不管网页内容如何丰富，文本自始至终都是网页中最基本的元素，因此掌握好文本和段落的使用，对于网页制作来说是最基本的。在网页中添加文字并不困难，可主要问题是如何编排这些文字，以及控制这些文字的显示方式，让文字看上去编排有序、整齐美观。本章主要讲述使用 CSS 设计丰富的文字特效，以及使用 CSS 排版文本。

技术要点

- 掌握 CSS 控制文本样式
- 掌握 CSS 控制段落格式
- CSS 字体样式综合演练

实例展示

带有下划线的网页导航

右侧导航文本左对齐

5.1 通过CSS控制文本样式

使用 CSS 样式表可以定义丰富多彩的文字格式。文字的属性主要有字体、字号、粗体与斜体等。如图 5-1 所示的网页中应用了多种样式的文字，在颜色、大小及形式上富于变化，但同时也保持了页面的整洁与美观，给人以美的享受。

图5-1 采用CSS定义网页文字

5.1.1 字体font-family

font-family 属性用来定义相关元素使用的字体。

基本语法：

font-family: " 字体1"," 字体 2",…

语法说明：

font-family 属性中指定的字体要受到用户环境的影响。打开网页时，浏览器会先从用户计算机中寻找 font-family 中的第一个字体，如果计算机中没有这个字体，会向右继续寻找第二个字体，依此类推。如果浏览页面的用户的在浏览环境中没有设置相关的字体，则定义的字体将失去作用。

在 Dreamweaver 的 CSS 样式规则定义中将 HTML CSS JavaScript 字体设置为经典超圆简，如图 5-2 所示。

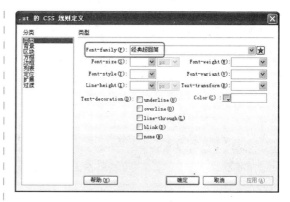

图5-2 设置字体

```
<style type="text/css">
.zt {
    font-family: " 经典超圆简 ";
}
</style>
```

在浏览器中浏览网页，效果如图 5-3 所示。

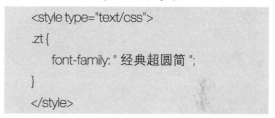

图5-3 浏览网页效果

但是在实际应用中，由于大部分中文操作系统的计算机中并没有安装很多字体，因此建议在设置中文字体属性时，不要选择特殊字体，应选择宋体或黑体。否则当浏览者的计算机中没有安装该字体时，显示会不正常，如果需要安装装饰性的字体，可以使用图片来代替纯文本的显示，如图 5-4 和图 5-5 所示。

图5-4　用图片来代替纯文本的显示

图5-5　用图片来代替文本的显示

5.1.2　字号font-size

字体的大小属性font-size用来定义字体的大小。

基本语法：

font-size: 大小的取值

语法说明：

font-size属性的取值既可以使用长度值，也可以使用百分比值。其中百分比值是相对于父元素的字体大小来计算的。

在CSS中，有两种单位。一种是绝对长度单位，包括英寸(in)、厘米(cm)、毫米(mm)、点(pt)和派卡(pc)；另一种是相对长度单位，包括em、ex和像素(pixel)。ex由于在实际应用中需要获取x大小，因浏览器对此处理方式非常粗糙而被抛弃，所以现在的网页设计中对大小距离的控制使用的单位是em和px（当然还有百分数值，但它必须是相对于另外一个值的）。

Points是确定文字尺寸非常好的单位，因为它在所有的浏览器和操作平台上都适用。从网页设计的角度来说，Pixel（像素）是一个非常熟悉的单位，它最大的优点就在于所有的操作平台都支持Pixel单位（而对于其他的单位

来说，PC计算机的文字总是显得比MAC计算机中大一些。而其不利之处在于，当你使用Pixels单位时，网页的屏幕显示不稳定，字体时大时小，甚至有时根本不显示，而Points单位则没有这种问题。

字体的大小属性font-size，也可以在Dreamweaver中进行可视化操作。在Font-size后面的第1个下拉列表中选择表示字体大小的值，第2个下拉列表中选择单位，如图5-6和图5-7所示。

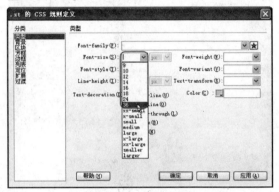

图5-6　设置字体大小

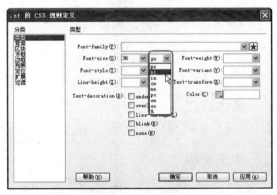

图5-7　选择单位

此时CSS代码如下所示，使用font-size: 36pt设置字号为36pt，在浏览器中浏览文字，效果如图5-8所示。通过像素设置文本大小，可以对文本大小进行完全控制。

```
<style type="text/css">
.zt {
    font-family: " 经典超圆简 ";
    font-size: 36pt;
```

```
    }
  </style>
```

图5-8 设置字体后的效果

一般网页常用的字号大小为 12 磅左右。较大的字体可用于标题或其他需要强调的地方，小一些的字体可以用于页脚和辅助信息。需要注意的是，小字号容易产生整体感和精致感，但可读性较差。在网页应用中经常使用不同的字号来排版网页，如图 5-9 所示。

图5-9 使用不同的字号来排版网页

5.1.3　加粗字体font-weight

在 CSS 中利用 font-weight 属性来设置字体的粗细。

基本语法：

font-weight: 字体粗度值

语法说明：

font-weight 的取值范围包括：normal、bold、bolder、lighter、number。其中 normal 表示正常粗细；bold 表示粗体；bolder 表示特粗体；lighter 表示特细体；number 不是真正的取值，其范围是 100 ~ 900，一般情况下都是整百的数字，如 200、300 等。

字体的加粗属性 font-weight 也可以在 Dreamweaver 中进行可视化操作。在 Font-weight 下拉列表中可以选择具体值，如图 5-10 所示。

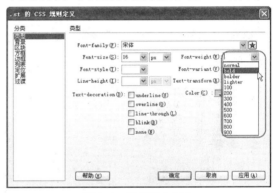

图5-10 设置字体粗细

网页中的标题，比较醒目的文字或需要重点突出的内容一般都会用粗体字，如图 5-11 所示。

图5-11 标题或醒目的文字使用粗体字

5.1.4　字体风格font-style

font-style 属性用来设置字体是否为斜体。

基本语法：

font-style: 样式的取值

语法说明：

样式的取值有 3 种：normal 是默认正常的字体；italic 以斜体显示文字；oblique 属于中间状态，以偏斜体显示。

font-style 属性也可以在 Dreamweaver 中进行可视化操作。在 style 下拉列表中可以选择具体值，如图 5-12 所示。

图5-12 设置字体样式为斜体

其 CSS 代码如下，使用 font-style: italic 设置字体为斜体，在浏览器中浏览，效果如图 5-13 所示。

```
<style type="text/css">
.st {
```

```
    font-family: " 经典超圆简 ";
    font-size: 36px;
    font-style: italic;
    font-weight: bold;
}
</style>
```

图5-13 设置为斜体效果

斜体文字在网页中应用也比较多，多用于注释、说明、日期或其他信息，如图 5-14 所示的网页右侧的文字使用了斜体字。

图5-14 使用斜体字的网页

5.1.5　小写字母转为大写字母font-variant

使用 font-variant 属性可以将小写的英文字母转变为大写，而且在大写的同时，能够让字母大小保持与小写时一样的高度。

基本语法：

font-variant: 变体属性值

第2篇

语法说明：

font-variant 属性值，如表 5-1 所示。

表5-1 font-variant属性

属性值	描述
normal	正常值
small-caps	将小写英文字体转换为大写英文字体

font-variant 属性也可以在 Dreamweaver 中进行可视化操作。在"变体"下拉列表中可以选择具体值，如图 5-15 所示。

图5-15 设置font-variant属性

其 CSS 代码如下所示，使用 font-variant: small-caps 设置英文字母全部大写，而且在大写的同时，能够让字母大小保持与小写时一样的高度。在浏览器中浏览，效果如图 5-16 所示。

```
<style type="text/css">
.st {
    font-family: "经典超圆简";
    font-size: 36px;
    font-style: italic;
    font-weight: bold;
    font-variant: small-caps;
}
</style>
```

大写英文字母在英文网站中的应用很广，如导航栏、LOGO、标题等，如图 5-17 和图 5-18 所示。

图5-16 将小写英文字体转换为大写英文字体

图5-17 LOGO为大写的英文字母

图5-18 导航栏为大写的英文字母

第 5 章 使用CSS设计网页文本和段落样式

5.2 通过CSS控制段落格式

文本的段落样式定义整段的文本特性。在CSS中，主要包括单词间距、字母间距、垂直对齐、文本对齐、文字缩进和行高等。

5.2.1 单词间隔word-spacing

word-spacing 可以设置英文单词之间的距离。

基本语法：

word-spacing: 取值

语法说明：

可以使用 normal，也可以使用长度值。normal 指正常的间隔，是默认选项；长度是设置单词间隔的数值及单位，可以使用负值。

在如图 5-19 所示的"区块"分类中的word-spacing 下拉列表中可以设置间距的值，设置间距后的效果，如图 5-20 所示。

图5-19 设置"单词间距"

```
<style type="text/css">
.zt {
    font-family: " 经典超圆简 ";
    font-size: 36pt;
    word-spacing: 5em;
}
</style>
```

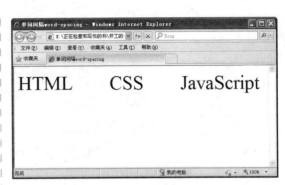

图5-20 设置间距后

单词间隔在实际网页中也比较常见，如图 5-21 所示的网页下半部分的各个区块中就使用了 word-spacing: 10px; 来设置单词间隔。

图5-21 设置单词间隔

5.2.2 字符间隔letter-spacing

使用字符间隔可以控制字符之间的间隔距离。

基本语法：

letter-spacing: 取值

语法说明：

可以使用 normal，也可以使用长度值。normal 指正常的间隔，是默认选项；长度是设置字符间隔的数值及单位，可以使用负值。

在如图 5-22 所示的"区块"分类中的 letter-spacing 下拉列表中可以设置字符间隔的值，设置字符间隔的效果，如图 5-23 所示。

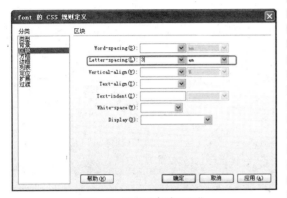

图5-22 设置"字符间隔"

图5-23 字符间隔效果

其 CSS 代码如下所示。

```css
<style type="text/css">
.font {
    letter-spacing: 3em;
}
</style>
```

5.2.3 文字修饰text-decoration

使用文字修饰 text-decoration 属性可以对文本进行修饰，如设置下画线、删除线等。

基本语法：

text-decoration: 取值

语法说明：

text-decoration 属性值，如表 5-2 所示。

表5-2 text-decoration属性

属性值	描述
none	默认值
underline	对文字添加下划线
overline	对文字添加上划线
line-through	对文字添加删除线
blink	闪烁文字效果

text-decoration 属 性 也 可 以 在 Dreamweaver 中进行可视化操作。在 Text-decoration 复选框中可以选择具体选项，如图 5-24 所示。

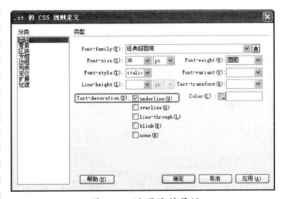

图5-24 设置修饰属性

其 CSS 代 码 如 下 所 示， 使用 text-decoration: underline 设置文字带有下划线。在浏览器中浏览，效果如图 5-25 所示。

```css
<style type="text/css">
.zt {
    font-family: " 经典超圆简 ";
    font-size: 36pt;
    font-style: italic;
    font-weight: bold;
    text-decoration: underline;
}
</style>
```

带有下划线的文字在网页中应用得也比较多，如图 5-26 所示右侧下半部分的网页导航文字带有下划线。

图5-25 设置下划线

图5-26 带有下划线的文字导航

5.2.4 垂直对齐方式vertial-align

使用垂直对齐方式可以设置文字的垂直对齐方式。

基本语法：

vertical-align: 排列取值

语法说明：

vertical-align 包括以下取值：

● baseline：浏览器默认的垂直对齐方式。

● sub：文字的下标。

● super：文字的上标。

● top：垂直靠上对齐。

● text-top：使元素和上级元素的字体向上对齐。

● middle：垂直居中对齐。

● text-bottom：使元素和上级元素的字体向下对齐。

在如图 5-27 所示的"区块"分类中的 vertial-align 下拉列表中可以设垂直对齐方式，在浏览器中浏览，效果如图 5-28 所示。

其 CSS 代码如下所示。

```
<style type="text/css">
.ch{vertical-align: super;
    font-family: " 宋体 ";
    font-size: 12px;
}
</style>
```

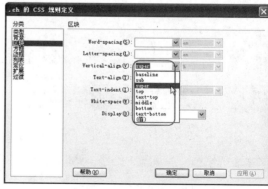

图5-27 设置"垂直对齐方式"

CSS控制样式基础

图5-28 纵向排列效果

5.2.5 文本转换text-transform

text-transform 用来转换英文字母的大小写。

基本语法：

text-transform: 转换值

语法说明：

text-transform 包括以下取值范围：

● none：表示使用原始值。

● lowercase：表示使每个单词的第一个字母大写。

● uppercase：表示使每个单词的所有字母大写。

● capitalize：表示使每个字的所有字母小写。

在 text-transform 下拉列表中可以选择 uppercase 选项，如图 5-29 所示。

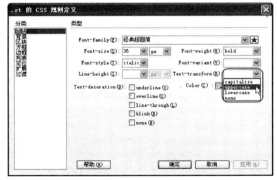

图5-29 设置大小写转换

对网页应用"大写"后可以看到网页中上半部分的段落英文字母都为大写的了，如图 5-30 所示。

图5-30 转换为"大写"字母

5.2.6 水平对齐方式text-align

text-align 用于设置文本的水平对齐方式。

基本语法：

text-align: 排列值

语法说明：

水平对齐方式取值范围包括 left、right、center 和 justify 四种对齐方式。

● Left：左对齐。

● Right：右对齐。

● Center：居中对齐。

● Justify：两端对齐。

在如图 5-31 所示的"区块"分类中的 text-align 下拉列表中可以设置文本对齐方式，这里设置为 Left，设置完成后的效果，如图 5-32 所示。

其 CSS 代码如下所示。

```
<style type="text/css">
.code{
    font-family: " 经典超圆简 ";
    font-size:36px;
    font-weight:bold;
    color:#F00;
    text-decoration: underline;
```

```
    text-align:Left;
    }
</style>
```

图5-31 设置文本对齐

图5-32 设置文本左对齐后的效果

在网页中，文本的对齐方式一般采用左对齐，标题或导航有时也用居中对齐的方式，如图5-33所示，右侧的导航采用左对齐的方式。

图5-33 右侧的导航采用左对齐

5.2.7　文本缩进text-indent

在HTML中只能控制段落的整体向右缩进，如果不进行设置，浏览器则默认为不缩进，而在CSS中可以控制段落的首行缩进及缩进的距离。

基本语法：

text-indent: 缩进值

语法说明：

文本的缩进值可以是长度值或百分比。

在如图5-34所示的"区块"分类中的text-indent下拉列表中可以设置缩进的值，设置完成后的效果，如图5-35所示。

其CSS代码如下所示。

```
<style type="text/css">
.code {
    font-family: " 经典超圆简 ";
    font-size: 36px;
    font-weight: bold;
    color: #F00;
    text-decoration: underline;
    text-indent: 50pt;
}
</style>
```

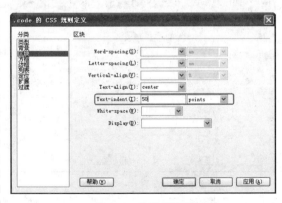

图5-34 设置缩进值

78

图5-35 文字缩进后的效果

文本缩进在网页中比较常见，一般用在网页中段落的开头，如图5-36所示的段落使用text-indent: 30px; 设置了文本缩进。

图5-36 设置了文本缩进

5.2.8 文本行高line-height

line-height 属性可以设置对象的行高，行高值可以为长度、倍数和百分比。

基本语法：

line-height: 行高值

语法说明：

Line-height 可以取的值如下所示。

● Normal：默认。设置合理的行间距。

● Number：设置数字，此数字会与当前的字体尺寸相乘来设置行间距。

● Length：设置固定的行间距。

● %：基于当前字体尺寸的百分比行间距。

● Inherit：规定应该从父元素继承 line-height 属性的值。

line-height 属性也可以在 Dreamweaver 中进行可视化操作。在 line-height 后面的第 1 个下拉列表中可以输入具体数值，在第 2 个下拉列表中可以选择单位，如图 5-37 所示。

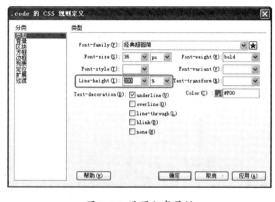

图5-37 设置行高属性

其 CSS 代码如下所示，使用 line-height: 设置行高为 200%，设置行高前后在浏览器中浏览，效果分别如图 5-38 和图 5-39 所示。

```
<style type="text/css">
.code {
    font-family: " 经典超圆简 ";
    font-size: 36px;
    font-weight: bold;
    color: #F00;
    text-decoration: underline;
    line-height: 200%;
}
</style>
```

图5-38 设置行高前

图5-39 设置行高后

行距的变化会对文本的可读性产生很大影响,一般情况下,接近字体尺寸的行距设置比较适合正文。行距的常规比例为10∶12,即用字10点,则行距12点。如(line-height:20pt)、(line-height:150%)。在网页中,行高属性是必不可少的,如图5-40所示的网页中的段落文本采用了行距设置。

图5-40 段落采用了行距

5.2.9 处理空白white-space

white-space 属性用于设置页面内空白的处理方式。

基本语法:

white-space: 值

语法说明:

white-space 可以取的值如下。

● normal:是默认属性,即将连续的多个空格合并。

● Pre:会导致源代码中的空格和换行符被保留,但这一选项只有在 Internet Explorer 6 中才能正确显示。

● nowrap:强制在同一行内显示所有文本,直到文本结束或遇到
 标签。

● pre-wrap:保留空白符序列,但是正常地进行换行。

● pre-line:合并空白符序列,但是保留换行符。

● Inherit:规定应该从父元素继承 white-space 属性的值。

如图 5-41 所示的"区块"分类中的 white-space 下拉列表中可以设置属性为 pre、white-space,用来处理空白。

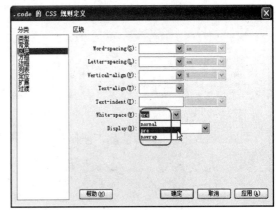

图5-41 设置处理空白

其 CSS 代码如下所示，浏览效果如图 5-42 所示。

```
<style type="text/css">
.code {
    font-family: " 经典超圆简 ";
    font-size: 36px;
    font-weight: bold;
    color: #F00;
    text-decoration: underline;
    white-space: pre;
}
</style>
```

图5-42 设置处理空白

5.3 综合实战——CSS字体样式综合演练

前面对 CSS 设置文字的各种效果进行了详细的介绍，下面通过实例，讲述文字效果的综合使用，如图 5-43 所示。

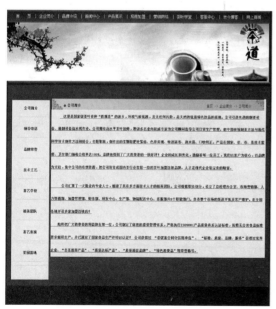

图5-43 用CSS设置网页文字样式

文字是人类语言最基本的表达方式，文本的控制与布局在网页设计中占了很大比例，文本与段落也可以说是最重要的组成部分。

❶打开网页文档，如图 5-44 所示。

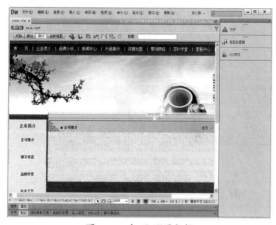

图5-44 打开网页文档

❷执行"窗口"｜"CSS 样式"命令，打开"CSS 样式"面板，在面板中单击鼠标右键，在弹出的菜单中选择"新建"选项，弹出"新建 CSS 规则"对话框，"选择器类型"选择"类"，"选择器名称"设置为 .h，"规则定义"选择"仅对该文档"，如图 5-45 所示。

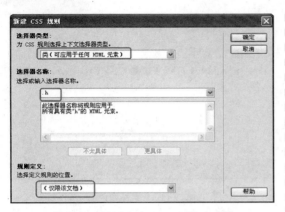

图5-45 设置"新建CSS规则"对话框

❸单击"确定"按钮。弹出".h 的 CSS 规则定义"对话框，在"分类"列表中选择"类型"选项，将 Font-family 设置为"宋体"，Font-size 设置为 12 像素，color 设置为 #8F000C，Line-height 设置为 350%，Text-decoration 设置为下划线，Font-weight 设置为粗体，如图 5-46 所示。

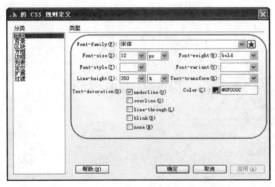

图5-46 ".h的CSS规则定义"对话框

❹设置完毕，单击"确定"按钮。其 CSS 代码如下。

```
.h {
    font-family: " 宋体 ";
    font-size: 12px;
    line-height: 350%;
    color: #8F000C;
    font-weight: bold;
    text-decoration: underline;
}
```

❺设置完毕，单击"确定"按钮。选择文档中的文字，执行"窗口"ICSS命令，打开 CSS 面板，单击新建的 CSS 样式，在弹出的下拉列表中选择 .h，如图 5-47 所示。

图5-47 对文本应用样式

❻保存文档，在浏览器中预览，效果如图 5-43 所示。

第6章 通过CSS定义具有特色的超链接效果

本章导读

为了把互联网上众多的网站和网页联系起来，构成一个整体，就要在网页中加入链接，通过单击网页上的链接才能找到自己所需的信息。正是因为有了网页之间的链接才形成了这纷繁复杂的网络世界。本章的重点是掌握超链接标记、背景色变换链接、图像翻转链接、边框变换链接等，最后通过典型实例讲述各种超链接特殊效果的创建。

技术要点

- 了解超链接的基本概念
- 熟悉链接标记
- 掌握各种形式的超链接的创建

实例展示

边框变换前效果　　　　　　　边框变换后效果

图像翻转链接效果

为超链接文字加上质感边框

使用CSS实现鼠标指针形状改变

鼠标指针移到链接文字上时改变文字大小或颜色

6.1 超链接基础

超链接是从一个网页或文件到另一个网页或文件的链接，包括图像或多媒体文件，还可以指向电子邮件地址或程序。

6.1.1 超链接的基本概念

要正确地创建链接，就必须了解链接与被链接文档之间的路径。下面介绍网页超级链接中常见的两种路径。

1. 绝对路径

绝对路径是包括服务器规范在内的完全路径。不管源文件在什么位置，通过绝对路径都可以非常精确地将目标文档找到，除非它的位置发生变化，否则链接不会失败。

采用绝对路径的好处是，它与链接的源端点无关。只要网站的地址不变，则无论文档在站点中如何移动，都可以正常实现跳转而不会发生错误。另外，如果希望链接到其他站点上的文件，就必须使用绝对路径。

采用绝对路径的缺点在于，这种方式的链接不利于测试。如果在站点中使用绝对路径，要想测试链接是否有效，就必须在互联网服务器端对链接进行测试。

2. 相对路径

相对路径也叫"文档相对路径"，对于大多数的本地链接来说，是最适用的路径。在当前文档与所链接的文档处于同一文件夹内时，文档相对路径特别有用。文档相对路径还可用来链接到其他的文件夹中的文档，方法是利用文件夹的层次结构，指定从当前文档到所链接文档的路径。

6.1.2 使用页面属性设置超链接

在页面属性对话框中可以快速设置网页超链接的样式。启动 Dreamweaver，执行"修改" | "页面属性"命令，弹出"页面属性"对话框，在"页面属性"对话框中的"分类"列表中选择"链接（CSS）"选项，在其中可以定义默认的链接字体、字体大小，以及链接、访问过的链接和活动链接的颜色，如图6-1所示。

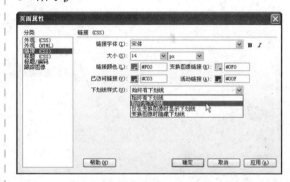

图6-1 使用页面属性设置超链接

★知识要点★

在"链接（CSS）"页面属性中可以进行如下设置。

● 在"链接字体"右边的文本框中，可以设置页面中超链接文本的字体。

● 在"大小"右边的文本框中，可以设置页面中超链接文本的字体大小。

● 在"链接颜色"右边的文本框中，可以设置页面中超链接的颜色。

● 在"变换图像链接"右边的文本框中，可以设置页面中变换图像后的超链接文本颜色。

● 在"已访问链接"右边的文本框中，可以设置网页中访问过的超链接颜色。

● 在"活动链接"右边的文本框中，可以设置网页中激活的超链接颜色。

● 在"下划线样式"右边的文本框中，可以自定义网页中鼠标上滚时采用的下划线样式。

设置完相关参数后，单击"确定"按钮，可以看到其 CSS 代码如下所示，主要定义了网页中超链接的颜色。

```
<style type="text/css">
a {
    font-family: " 宋体 ";
    font-size: 14px;
    color: #F00;
}
a:link {
    text-decoration: none;
}
a:visited {
    text-decoration: none;
    color: #C03;
}
a:hover {
    text-decoration: none;
    color: #0F0;
}
a:active {
    text-decoration: none;
    color: #00F;
}
</style>
```

6.2   链接标记

CSS 提供了 4 种 a 对象的伪类，它表示链接的 4 种不同状态，即 link（未访问的链接）、visited（已访问的链接）、active（激活链接）、hover（鼠标停留在链接上），分别对这 4 种状态进行定义，就完成了对超链接样式的控制。

6.2.1   a:link

a:link 表示未访问过的链接的状态，其使用方法如下。

❶打开"CSS 样式"面板，单击"新建 CSS 规则"按钮 🗗，如图 6-2 所示，弹出"新建 CSS 规则"对话框，在弹出对话框的"选择器类型"中选择"复合内容（基于选择的内容）"，在"选择器名称"下拉列表中有 a:link、a: visited、a: active 和 a: hover 4 个选项，如图 6-3 所示。

图6-2 新建CSS规则

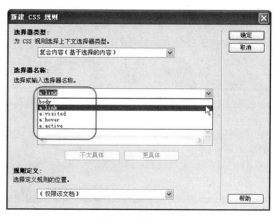

图6-3 选择a:link

❷ 在 "选择器名称" 下拉列表中选择 "a:link"，则会打开 "a:link 的 CSS 规则定义" 对话框，在该对话框上设置 Font-family、Font-size、Line-height 和 color，如图 6-4 所示。

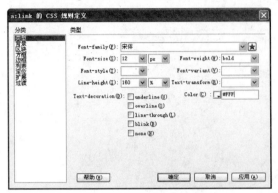

图6-4 设置a:link属性

❸ 单击 "确定" 按钮，生成的 CSS 代码如下。

```
a:link {   /* 设置未访问过的链接样式 */
font-family: " 宋体 ";         /* 字体 */
font-size: 12px;              /* 字号大小 */
line-height: 160%;           /* 行高 */
font-weight: bold;           /* 字体粗细 */
color: #FFF;                 /* 颜色 */
}
```

❹ 在浏览器中浏览，可以看到未访问的超链接文字的效果，如图 6-5 所示。

图6-5 未访问的超链接效果

在网页中经常把超级链接的各个不同状态设置成不同样式，如图 6-6 所示顶部的网页导航文字未访问过的链接的状态，其 CSS 代码如下。

```
a{
    display:block;
    padding:0 16px;              /* 设置内边距 */
    font:bold 11px/30px Arial, Helvetica, sans-serif;  /* 设置文本样式 */
    color:#fff;                  /* 设置文本颜色 */
    background-color:inherit;    /* 设置背景颜色 */
    text-decoration:none;        /* 设置无下划线 */
}
```

图6-6 未访问过的超链接导航

6.2.2 a:visited

a:visited 表示超链接被访问过后的样式，对于浏览器而言，通常都是访问过的链接比没有访问过的链接颜色稍浅，以便提示浏览者该链接已经被单击过。设置 a:visited 操作步骤如下。

86

① 在"选择器名称"下拉列表中选择 a:visited，则会打开"a:visited 的 CSS 规则定义"对话框，在该对话框上设置相关属性，如图6-7 所示。

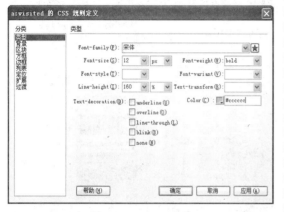

图6-7 a:visited设置

② 单击"确定"按钮，生成的 CSS 代码如下。

```
a:visited{  /* 设置访问后的链接样式 */
    font-family: " 宋体 ";
    font-size: 12px;
    line-height: 160%;
    font-weight: bold;
    color: #CCCCCC;
}
```

③ 在浏览器中浏览，可以看到访问过的链接颜色，如图 6-8 所示。

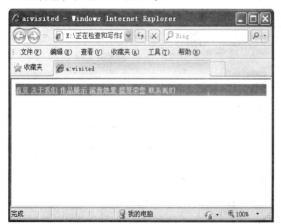

图6-8 超链接文字访问问后的样式

在网页中超链接访问后的文字样式与访问前往往不一致，这样便于浏览者阅读。在如图 6-9 所示的网页中，访问过的链接颜色就改变了。

图6-9 超链接文字访问后的样式

6.2.3 a:active

a:active 表示超链接的激活状态，用来定义鼠标单击链接但还没有释放之前的样式。设置 a:active 操作步骤如下。

① 在"选择器"下拉列表中选择 a:active，则会打开"a:active 的 CSS 规则定义"对话框，在该对话框上设置相关属性，如图 6-10 和图 6-11 所示。

图6-10 设置文本颜色

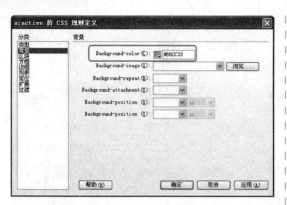

图6-11 设置背景颜色

❷单击"确定"按钮，生成如下所示的
CSS 代码。

```
a:active {
    font-family: " 宋体 ";
    font-size: 12px;
    line-height: 160%;
    font-weight: bold;
    color: #FF0000;
    background-color: #66CC33;
}
```

❸在浏览器中单击链接文字且不释放鼠
标，可以看到如图 6-12 所示的效果，有绿色
的背景和红色的文字。

图6-12 超链接效果

在网页上，超链接的激活状态一般使用较
少，因为用户鼠标单击与释放的时间非常短，
但是也有的网页设计超链接的激活状态，如图
6-13 所示。

图6-13 超链接的激活状态样式

6.2.4 a:hover

有时需要对一个网页中的链接文字设置不
同的效果，并且让鼠标移上时也有不同效果。
a:hover 指的是当鼠标移动到链接上时的样式，
设置 a:hover 具体操作步骤如下。

❶在"选择器"下拉列表中选择 a:hover，
如图 6-14 所示，则会打开"a:hover 的 CSS 规
则定义"对话框，在该对话框上设置相关属
性，如图 6-15 所示。

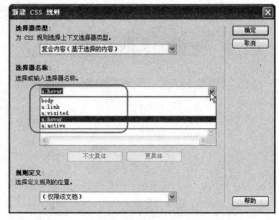

图6-14 选择a:hover

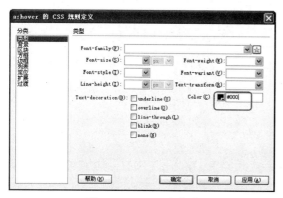

图6-15 a:hover的设置

❷单击"确定"按钮,生成如下所示的CSS代码。

```css
a:hover {
color: #000;
}
```

❸在浏览器中浏览,效果如图 6-16 所示,由于设置了 a:hover 的颜色为 #000000,则鼠标指针经过链接的时候,会改变文本的颜色。

6.3 定义丰富的超链接特效

超链接在本质上属于网页的一部分,它是一种允许同其他网页或站点之间进行链接的元素,各个网页链接在一起后,才能真正构成一个网站。链接样式的美观与否直接关系到网站的整体品质。

6.3.1 背景色变换链接

下面使用 CSS 制作一个背景色变换的超链接,如图 6-18 所示,具体操作步骤如下。

图6-18 背景色变换的超链接

首页 关于我们 作品展示 演奏效果 提琴荣誉 联系我们

图6-16 鼠标指针经过超链接时效果

网页中经常会看到的是鼠标指针移动到超链接上时改变颜色或改变下划线状态,这些都是通过 a:hover 状态的样式设置的,如图 6-17 所示。

图6-17 鼠标指针经过超链接改变颜色

❶前面介绍了使用 ul 列表建立网站导航,下面就使用 ul 列表建立超链接文字的导航框架,代码如下所示,这里给每个链接文字设置了空链接,此时效果如图 6-19 所示。

```html
<ul class="leftmenu">
<li><a target="_blank" href="#"> 公司简介 </a>
<li><a target="_blank" href="#"> 产品展示 </a>
<li><a target="_blank" href="#"> 人才招聘 </a>
<li><a target="_blank" href="#"> 联系我们 </a>
</ul>
```

公司简介
新闻动态
招贤纳士
联系我们

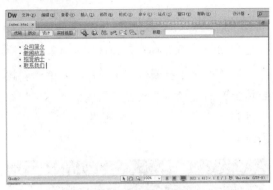

图6-19 创建ul列表

❷下面使用 body 样式定义网页中文字的字体和字号，其 CSS 代码如下所示。

```
body {
    font-family: " 宋体 ";
    font-size: 12pt
}
```

❸下面定义 ul 列表的宽度为 130px，文本居中对齐，文字显示在 ul 内，不换行。

```
.leftmenu {
    width:130px;
    text-align: center;
}
.leftmenu li {
    display: inline;
    white-space: nowrap;
}
```

❹下面定义 ul 列表的边界、填充和列表内链接文字的样式。

```
.leftmenu span,.leftmenu a:active,.leftmenu
a:visited,.leftmenu a:link {
    display: block;
    text-decoration: none;
    margin: 6px 10px 6px 0px;
    padding: 2px 6px 2px 6px;
    color: #000000;
    background-color: #FFCC33;
    border: 1px solid #FF0000;
}
.leftmenu a:hover {
    color: #FFFF00;
    background-color: #CC3300;
}
.leftmenu span {
    color: #a13100;
}
```

定义完 CSS 后在浏览器中浏览，当鼠标单击链接文字时效果如图 6-20 所示。

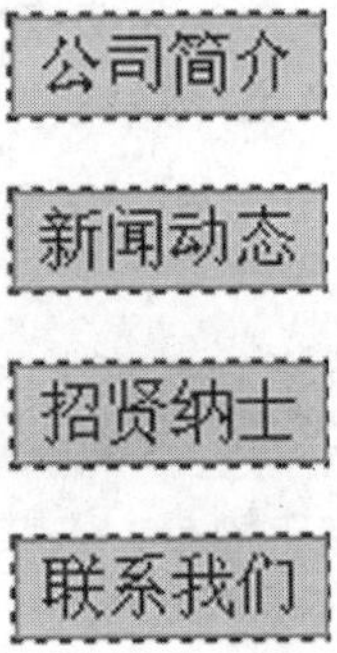

公司简介
新闻动态
招贤纳士
联系我们

图6-20 定义完CSS后效果

背景色改变的超链接在网页中非常常见。如图 6-21 所示，当单击链接文字时，背景颜色就改变了。

zGanto
HOME
BLOG
GALLERY
ABOUT
CONTACT

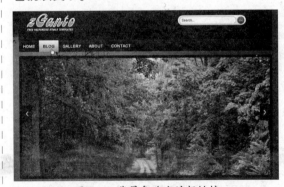

图6-21 背景色改变的超链接

6.3.2 多姿多彩的下划线链接

CSS 本身没有直接提供变换 HTML 链接下划线的功能，但只要运用一些技巧，可以让单调的网页链接下划线变得丰富多彩。如图 6-22 所示为制作的多姿多彩的下划线链接。

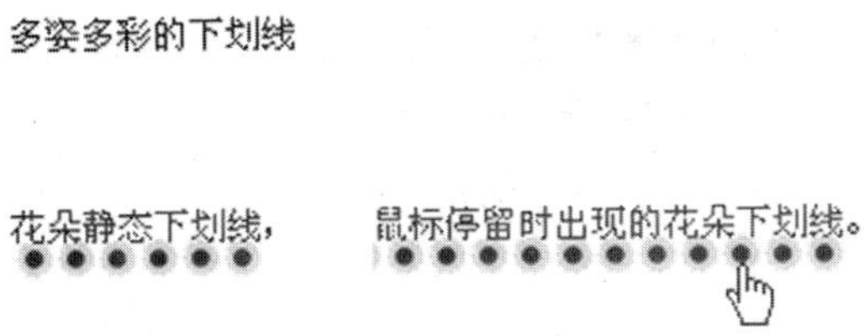

多姿多彩的下划线

花朵静态下划线，　　鼠标停留时出现的花朵下划线。

图6-22　多姿多彩的下划线链接

❶首先，自定义 HTML 链接下划线的第一步是创建一个图形，在水平方向重复放置这个图形即形成下划线效果。如果要显示出下划线背后的网页背景，可以使用透明的 huaduo.gif 图形。

❷定义鼠标没有单击时，带有花朵下划线的 CSS 代码如下。

```
a#examplea {
        text-decoration: none;
        background: url(huaduo.gif) repeat-x
100% 100%;
        white-space: nowrap;
        padding-bottom: 10px;
        }
```

在上面的 CSS 代码中，为显示出自定义的下划线，首先必须隐藏默认的下划线，即 a {text-decoration: none; }。 使用 background: url(huaduo.gif) 定义自定义的图像下划线。使用 repeat-x 让下划线图形在水平方向反复出现，但不能在垂直方向重复出现。使用 padding-bottom: 10px 在链接文本的下方给自定义图形留出空间，加入适当的空白。

❸如果要让自定义下划线只在鼠标停留时出现，只要把原来直接设置在链接元素上的 CSS background 属性改为 :hover 即可。

```
a#exampleb {
        text-decoration: none;
        white-space: nowrap;
        padding-bottom: 10px;
        }
```

```
a#exampleb:hover {
        background: url(huaduo.gif) repeat-x
100% 100%;
        }
```

❹在正文中输入如下代码，保存网页，在浏览器中浏览可以看到带有花朵的下划线效果，如图 6-22 所示。

```
<p><a href="#" id="examplea"> 花朵静态下
划线 </a>,
      <a href="#" id="exampleb"> 鼠标停留时出
现的花朵下划线 </a>。</p>
```

在网页中超链接文字下划线有各种各样的样式，如图 6-23 所示的网页左侧的导航链接文字下划线为虚线。

图6-23　导航链接文字下划线为虚线

6.3.3　图像翻转链接

采用 CSS 可以制作图像翻转链接，其制作原理就是 a:link 和 a:hover 在不同状态下，利用 background-images 显示不同的图像制作而成，具体制作方法如下。

❶首先要准备好两幅图片，一幅表示链接背景图像，另一幅表示鼠标指针经过链接时的背景图像，如图 6-24 所示。

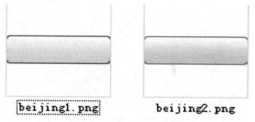

图6-24　两幅背景图像

❷使用如下样式整体布局声明，Font-size 为 12px ，Font-family 为宋体，color 为深黑色（#333333），并居中对齐。

```
* {
    font-size:12px;
    text-align:center;
    font-family: " 宋体 ";
    color: #333333;
}
```

❸使用如下样式将 a 元素设置为块元素，宽度与高度分别定义为 100px 和 30px，设置文字颜色，设置 Line-height 为 30px，指定背景图片为 beijing2.png，设置背景图片不重复，定位在 0，0 的位置。

```
a{
    display:block;
    width:100px;
    height:30px;
    color:#353535;
    line-height:30px;
    background:url(beijing2.png) no-repeat 0 0;
}
```

❹使用如下样式定义当鼠标指针移到链接文字时的背景图像为 beijing1.png，设置背景图片不重复，定位在 0，0 的位置。

```
a:hover {
    color:#000;
    background:url(beijing1.png) no-repeat 0 0;
}
```

❺在正文中输入链接文字，代码如下所示，在浏览器中浏览，效果如图 6-25 所示。

```
<a href="#"> 文本特效 </a>
<a href="#"> 导航菜单 </a>
<a href="#"> 背景特效 </a>
<a href="#"> 页面特效 </a>
<a href="#"> 鼠标特效 </a>
<a href="#"> 按钮特效 </a>
```

图6-25　图像翻转链接效果

在前面的实例中使用了两幅翻转图像，通过 CSS 的背景定位完全可以使用一幅图像来实现上述效果，具体方法如下。

首先要将上面制作的两幅图像合二为一，做成一幅图像，这个图像宽为 100，高为 60，如图 6-26 所示。

图6-26　将两幅图像合二为一

可以通过改变背景图像的垂直位移来实现图像的翻转效果。使用如下的 CSS 代码定义鼠标指针经过前显示的背景图像部分，其实就是显示背景图像的上半部分。链接的背景图片为 100×60px，在链接状态，显示上半部分，即坐标为 0, 0。

```
a{
    display:block;
    width:100px;
    height:30px;
    color:#353535;
    line-height:30px;
    background:url(beijing.png) no-repeat 0 0;
}
```

在 a:hover 中将背景图像向上移动 30px 即可显示图像的下半部分，所以坐标为 0 -30px。其 CSS 代码如下所示。

```
a:hover{
    color:#000;
    background:url(beijing.png) no-repeat 0 -30px;
}
```

在正文中输入链接文字后，浏览效果如图 6-27 所示，可以看到与图 6-25 实现的效果一模一样。

图6-27 图像翻转链接效果

图像翻转链接是指当鼠标指针经过链接时，链接对象的背景图像发生变化，这种链接在网站中的应用非常普遍，如图 6-28 所示的网站页面就采用了图像翻转链接。

图6-28 图像翻转链接

6.3.4 边框变换链接

边框变换链接时指当鼠标指针经过链接时改变链接对象边框的样式，包括边框颜色、样式和边框宽度。

在网页中可能会经常用到边框变换链接的效果，在传统的做法中，这一效果的实现是比较困难或繁琐的，现在通过 CSS 实现鼠标移至链接图片，边框发生变换的效果，是非常容易的，具体实现方法如下。

❶ 首先在 body 正文中插入一个名称为 outer 的 div，在这个 div 中再插入一个链接图像，其 xhtml 源代码如下。

```
<h1> 将鼠标移至图片，将看到效果。</h1>
<div id="outer">
<a href="#"><img src="pic.jpg" width="430" height="323" /></a>
</div>
```

❷ 建立一个样式 div#outer，在"方框"属性中设置 width 为 430，height 为 323，其他设置如图 6-29 所示，其 CSS 代码如下所示。

```
div#outer {
    margin:0 auto;
    width:430px;
    height:323px;
}
```

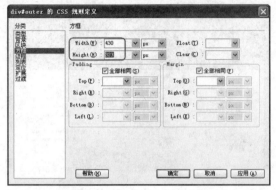

图6-29 设置div#outer的方框属性

❸新建一个样式 #outer a，在"边框"属性中设置边框的 style、width 和 color，如图 6-30 所示，其 CSS 代码如下所示。

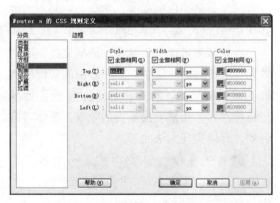

图6-30 设置#outer a的边框属性

```
#outer a {
    margin:0px;
    display:block;
    position: relative;
    border:5px solid #009900;
}
```

❹新建一个样式 #outer a:hover，在"边框"属性中设置当鼠标指针移到链接图像时的

color、width 和 style，如图 6-31 所示，其 CSS 代码如下所示。

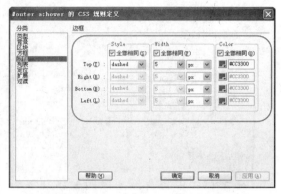

图6-31 设置#outer a:hover的边框属性

```
#outer a:hover {
    border:5px dashed #CC3300;
}
```

在浏览器中浏览，效果如图 6-32 所示，当鼠标指针移到图片时，效果如图 6-33 所示。

图6-32 边框变换链接

图6-33 边框变换后效果

CSS控制样式基础

在网页中边框变换的链接也是比较常见的，包括图像边框变换，也包括文字边框变换。在如图 6-34 所示的网页中，就采用了图像边框变换。

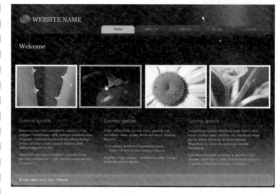

图6-34 图像边框变换链接

6.4 综合实战

现代网页制作离不开 CSS 技术，采用 CSS 技术，可以有效地对页面链接实现更加精确的控制。用 CSS 不仅可以做出令浏览者赏心悦目的网页，还能给网页添加许多特效。

6.4.1 实战——使用CSS实现鼠标指针形状改变

在默认状态下，Windows 定义了一套鼠标指针图标，用于表现移动到不同功能区、执行不同的命令或系统处于不同的状态。在网页中往往只有当鼠标在超级链接上时才显示为手形，在其他地方似乎没有什么变化，不过使用 CSS 样式可以自由定义各种鼠标样式。

❶ 打开网页文档，如图 6-35 所示。

图6-35 打开网页文档

❷ 执行"窗口"|"CSS 样式"命令，打开"CSS 样式"面板，在面板中单击鼠标右

键，在弹出的菜单中选择"新建"选项，弹出"新建 CSS 规则"对话框。在"选择器类型"中选择"类"选项，在"选择器名称"中输入 .shubiao，"规则定义"选择"仅限该文档"，如图 6-36 所示。

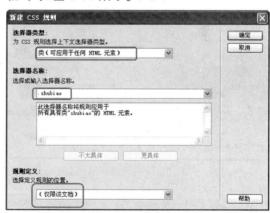

图6-36 "新建CSS规则"对话框

❸ 单击"确定"按钮，弹出".shubiao 的 CSS 样式定义"对话框，选择"分类"中的"扩展"选项，在 cursor 下拉列表框中选

择 help，如图 6-37 所示，其生成的 CSS 代码如下所示。

```
<style type=text/css>
.shubiao {
    cursor: help;
}
</style>
```

图6-37 ".shubiao的CSS样式定义"对话框

❹ 单击"确定"按钮，在文档中选中 images/index_2.jpg 图像，在属性面板中选择 "类"右边的下拉列表中的 shubiao 样式，如图 6-38 所示。

图6-38 对图像运用样式

❺ 保存文档，在浏览器中预览，效果如图 6-39 所示。

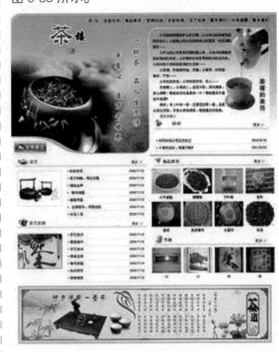

图6-39 使用CSS实现鼠标指针形状改变

6.4.2 实战——为超链接文字加上质感边框

一般在网页中看到的有边框装饰的文字，做法通常是将文字制作成图片，或者再加上随鼠标指针变换的效果。可以使用 CSS 语法，不用经过这些麻烦的制图过程，就可以轻松制作不同样式的文字边框，甚至也能加上超链接效果。

DIV+CSS网页样式与布局完全学习手册

CSS控制样式基础

① 打开网页文档，如图 6-40 所示。

图6-40 打开网页文档

② 执行"窗口" | "CSS 样式"命令，打开"CSS 样式"面板，在面板中单击鼠标右键，在弹出的菜单中选择"新建"选项，弹出"新建 CSS 规则"对话框，将"选择器类型"选择为"类"，"选择器名称"设置为 .a1，"规则定义"选择"仅限该文档"，如图 6-41 所示。

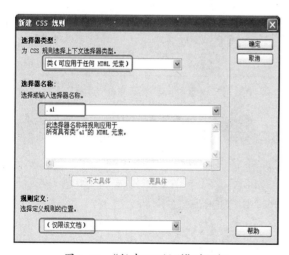

图6-41 "新建CSS规则"对话框

③ 单击"确定"按钮，弹出".a1 的 CSS 规则定义"对话框，在"分类"列表中选择"类型"选项，将 Font-family 设置为"宋体"，Font-size 设置为 12 像素，color 设置为 #72CB54，Text-decoration 中勾选 None，如图 6-42 所示。

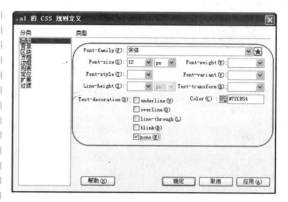

图6-42 ".a1的CSS规则定义"对话框

④ 选择"分类"列表中的"方框"选项，设置 padding 区域，将 top 和 bottom 设置为 1 像素，right 和 left 设置为 10 像素，如图 6-43 所示。

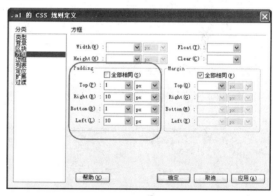

图6-43 设置"分类"列表中的"方框"选项

⑤ 选择"分类"列表中的"边框"选项，style 中勾选"全部相同"，设置为 solid；width 设置为 1 像素，勾选"全部相同"；color 设置为 #FF0000，勾选"全部相同"，如图 6-44 所示。其 CSS 代码如下：

```
.a1 {
    font-family: " 宋体 ";
    font-size: 12px;
    color: #72CB54;
    text-decoration: none;
    padding-top: 1px;
    padding-right: 10px;
    padding-bottom: 1px;
```

```
padding-left: 10px;
border: 1px solid #F00;
}
```

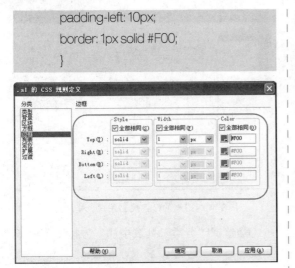

图6-44 设置"分类"列表中的"边框"选项

❻设置完毕单击"确定"按钮。在"CSS样式"面板中单击鼠标右键，在弹出的菜单中选择"新建"选项，弹出"新建CSS规则"对话框，将"选择器类型"选择为"类"，"选择器名称"设置为.a1hover，"规则定义"选择"仅限该文档"，如图6-45所示。

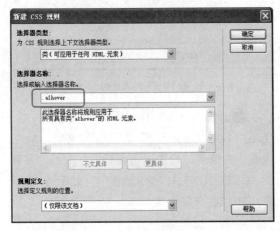

图6-45 "新建CSS规则"对话框

❼单击"确定"按钮，弹出".a1hover的CSS规则定义"对话框，在"分类"列表中选择"类型"选项，将Font-family设置为"宋体"，Font-size设置为14像素，color设置为#FF00FF，Text-decoration中勾选none，如图6-46所示。

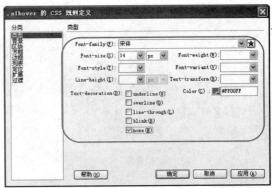

图6-46 ".a1hover的CSS规则定义"对话框

❽选择"分类"列表中的"方框"选项，设置padding区域，将top和bottom设置为1像素，right和left设置为10像素，如图6-47所示。

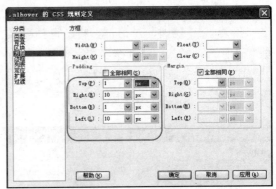

图6-47 设置"分类"列表中的"方框"选项

❾选择"分类"列表中的"边框"选项，style勾选"全部相同"，设置为solid；width设置为1像素，勾选"全部相同"；color设置为#339933，勾选"全部相同"，如图6-48所示。其CSS代码如下。

```
.a1hover {
    font-family: "宋体";
    font-size: 14px;
    color: #FF00FF;
    text-decoration: none;
    padding-top: 1px;
    padding-right: 10px;
    padding-bottom: 1px;
```

```
padding-left: 10px;
border: 1px solid #339933;
}
```

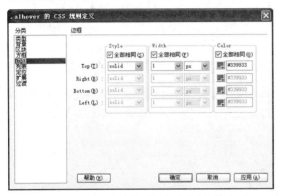

图6-48 设置"分类"列表中的"边框"选项

❿ 选择文档中的"公司简介"文字,在属性面板中"样式"下拉列表中选择a1,如图6-49所示。

图6-49 对文本运用样式

⓫ 用同样的方法对其他文本运用样式,如图6-50所示。

图6-50 对文本运用样式

⓬ 保存文档,在浏览器中预览,效果如图6-51所示。

图6-51 为超链接文字加上质感边框

6.4.3 实战——鼠标指针移到链接文字上时改变文字大小或颜色

使用CSS可以制作鼠标指针移到链接文字上时改变文字大小或颜色,具体操作步骤如下。

❶ 打开网页文档,如图6-52所示。

❷ 执行"窗口"|"CSS样式"命令,打开"CSS样式"面板,在面板中单击鼠标右键,在弹出的菜单中选择"新建"选项,弹出"新建CSS规则"对话框,将"选择器类型"选择为"类","选择器名称"设置为.h1,"规则定义"选择"仅限该文档",如图6-53所示。

❸ 单击"确定"按钮,弹出".h1的CSS规则定义"对话框,在"分类"列表中选择"类型"选项,将Font-family设置为"宋体",Font-size设置为12像素,color设置为

#FF00FF, Text-decoration 中勾选 n o n e，如图 6-54 所示。其 CSS 代码如下。

```
.h1 {
    font-family: " 宋体 ";
    font-size: 12px;
    color: #FF0000;
    text-decoration: none;
}
```

图6-52 打开网页文档

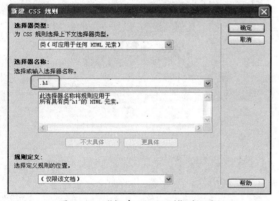

图6-53 "新建CSS规则"对话框

图6-54 ".h1的CSS规则定义"对话框

❹设置完毕，单击"确定"按钮。在"CSS 样式"面板中单击鼠标右键，在弹出的菜单中选择"新建"选项，弹出"新建CSS 规则"对话框，将"选择器类型"选择"类"，"选择器名称"设置为 h1：hover，"定义在"选择"仅限该文档"，如图 6-55 所示。

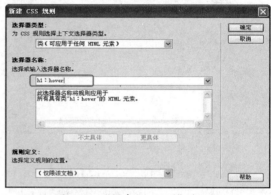

图6-55 "新建CSS规则"对话框

❺单击"确定"按钮，弹出".h1：hover 的 CSS 规则定义"对话框，在"分类"列表中选择"类型"选项，将 Font-family 设置为"宋体"，Font-size 设置为 16 像素，color 设置为 #a60000，Text-decoration 中勾选 none，
如图 6-56 所示。其 CSS 代码如下。

```
.h1：hover {
    font-family: " 宋体 ";
    font-size: 16px;
    color: #a60000;
    text-decoration: none;
}
```

图6-56 ".h1：hover的CSS规则定义"对话框

❻设置完毕，单击"确定"按钮。在文档中选择"户外灯"文本，在属性面板的"样式"下拉列表中选择h1，如图 6-57 所示。

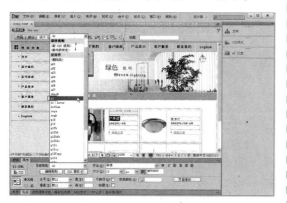

图6-57 对文本运用样式

❼用同样的方法对其他文本运用样式，如图 6-58 所示。

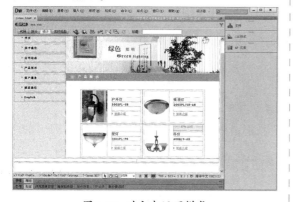

图6-58 对文本运用样式

❽保存文档，在浏览器中预览，效果如图 6-59 所示。

图6-59 鼠标指针移到链接文字上时改变文字大小或颜色

6.4.4 实战——给超链接添加提示文字

如果要让网页在鼠标移动到超链接上时，旁边出现提示文字，一般网页的做法都是采用 JavaScript 语句。其实，使用 CSS 也可以实现这种效果，具体操作步骤如下。

❶打开网页文档，如图 6-60 所示。

图6-60 打开网页文档

❷执行"窗口"｜"CSS样式"命令，打开"CSS样式"面板，在面板中单击鼠标右键，在弹出的菜单中选择"新建"选项，弹出"新建CSS规则"对话框，将"选择器类型"选择"类"，"选择器名称"设置为.tip，"规则定义"选择"仅限该文档"，如图6-61所示。

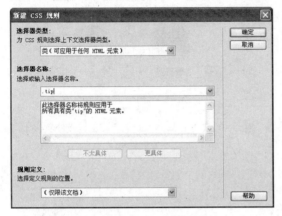

图6-61 "新建CSS规则"对话框

❸单击"确定"按钮，弹出".tip的CSS规则定义"对话框，选择"分类"列表中的"类型"选项，将color设置为#1A772D，Text-decoration中选择none选项，如图6-62所示。其CSS代码如下。

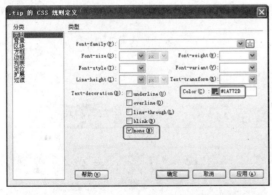

图6-62 ".tip的CSS规则定义"对话框

```
.tip {color: #1A772D;
      text-decoration: none; }
```

❹设置完毕，单击"确定"按钮。再新建一个名称为.tip:hover的CSS样式，将"color"设置为#E5DC99，如图6-63所示。

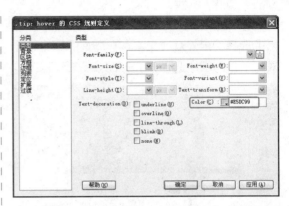

图6-63 ".tip:hover的CSS规则定义"对话框

❺设置完毕，单击"确定"按钮。再新建一个名称为.tip span的CSS样式，选择"分类"列表中的"区块"选项，将Display设置为none，如图6-64所示。

图6-64 设置.tip span样式

❻设置完毕，单击"确定"按钮。再新建一个名称为.tip:hover span的CSS样式，选择"分类"列表中的"区块"选项，将Display设置为block，如图6-65所示。

图6-65 设置.tip:hover span样式

⑦选择分类列表中的"边框"选项,将 style 中的 right 和 Bottom 选择 solid 选项,将 width 中的 right 和 Bottom 设置为 2 像素,将 color 中的 right 和 Bottom 设置为 #eee,如图 6-66 所示。

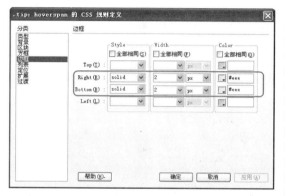

图6-66 设置.tip:hover span样式

⑧选择分类列表中的"定位"选项,将 position 选择为 absolute, 将 placement 中的 Top 和 Right 分别设置为 26 像素和 10 像素, 如图 6-67 所示。

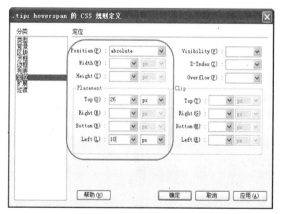

图6-67 设置.tip:hover span样式

⑨设置完毕,单击"确定"按钮。再新建一个名称为 .tip:hover span p 的 CSS 样式,选择"分类"列表中的"类型"选项,将 color 设置为 #0066FF,如图 6-68 所示。

⑩选择"分类"列表中的"背景"选项,将 Background-color 设置为 #459A3E, 如图 6-69 所示。

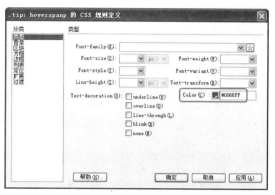

图6-68 设置.tip:hover span p样式

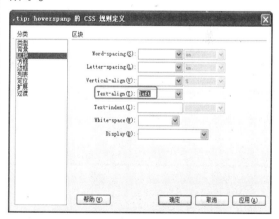

图6-69 设置.tip:hover span p样式

⑪选择"分类"列表中的"区块"选项, 将 Text-align 设置为 left, 如图 6-70 所示。

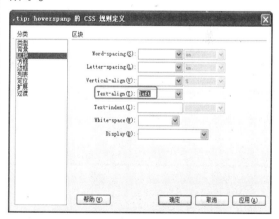

图6-70 设置.tip:hover span p样式

⑫选择"分类"列表中的"方框"选项,在 padding 中勾选"全部相同"并设置为 5 像素,如图 6-71 所示。

第6章 通过CSS定义具有特色的超链接效果

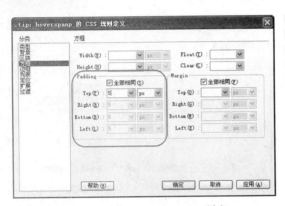

图6-71 设置.tip:hover span p样式

⑬选择"分类"列表中的"边框"选项，在 Style 中勾选"全部相同"，并设置为 solid，在 width 中勾选"全部相同"并设置为1像素，在 color 中勾选"全部相同"，并设置为 #999999，如图 6-72 所示。其 CSS 代码如下。

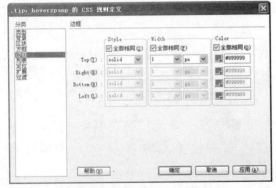

图6-72 设置.tip:hover span p样式

```
.tip : hoverspanp {
    color: #0066FF;
    background-color: #459A3E;
    text-align: left;
    padding: 5px;
    border: 1px solid #999999;
}
```

⑭设置完毕，单击"确定"按钮，对文本应用样式，其代码如下，如图 6-73 所示。

```
<table width="91%" border="0" align="center"
cellpadding="0" cellspacing="0"
    background="images/menubg.gif"
menuname="Menu_cn">
```

```
<tbody>
<tr>
    <td height="26"><div align="center"><a
class="tip" href="#"> 公司首页 <span><p> 公司简
介 </p>
    </span></a></td>
    </tr>
    <tr>
    <td height="26"><div align="center"><a
class="tip" href="#"> 装 修 <span><p> 承 接 </
p></span></a></div>
    </td>
    </tr>
    <tr>
    <td height="26"><div align="center"><a
class="tip" href="#"> 充气模型 <span><p> 观看
</p></span></a></div>
    </td>
    </tr>
    <tr>
    <td height="26"><div align="center"><a
class="tip" href="#"> 彩 旗 <span><p> 观 看 </
p></span></a></div></td>
    </tr>
    <tr>
    <td height="26"><div align="center"><a
class="tip" href="#"> 舞台背板 <span><p> 观看
</p></span></a></div></td>
    </tr>
    <tr>
    <td height="26"><div align="center"><a
class="tip" href="#"> 服务项目 <span><p> 为您
服务 </p></span></a></div></td>
    </tr>
    <tr>
    <td height="26"><div align="center"><a
class="tip" href="#"> 联系方式 <span><p> 查看
```

```
</p></span></a></div></td>
        </tr>
      </tbody>
    </table>
```

图6-73 对文本应用样式

⓯保存文档，在浏览器中预览，效果如图 6-74 所示。

图6-74 给超链接添加提示文字

第7章 用CSS设计图像和背景

本章导读

图像是网页中最重要的元素之一，图像不但能美化网页，而且与文本相比能够更直观地说明问题。美观的网页是图文并茂的，一幅幅图像和一个个漂亮的按钮，不但使网页更加美观、生动，而且使网页中的内容更加丰富。可见，图像在网页中的作用是非常重要的。本章主要介绍 CSS 设置图像和背景图片的方法。

技术要点

- 熟悉设置网页的背景
- 熟悉设置背景图像的属性
- 掌握设置网页图像样式的方法
- 掌握应用 CSS 滤镜设计图像特效的方法

实例展示

网页背景图片与背景颜色
类似

图片和文字混排

给图片添加边框

图文绕排效果

7.1 设置网页的背景

背景属性是网页设计中应用非常广泛的一种技术。通过背景颜色或背景图像，能给网页带来丰富的视觉效果。HTML 的各种元素基本上都支持 background 属性。

7.1.1 背景颜色

在 HTML 中，利用 <body> 标记中的 bgcolor 属性可以设置网页的背景颜色，而在 CSS 中使用 background-color 属性不但可以设置网页的背景颜色，还可以设置文字的背景颜色。

基本语法：

background-color: 颜色取值

语法说明：

background-color 用于设置对象的背景颜色。背景颜色的默认值是透明色，大多数情况下可以不用此方法进行设置。

可取的值如下：

● 颜色名称：规定颜色值为颜色名称的背景颜色，如 red。

● 颜色值：规定颜色值为十六进制值的背景颜色，如 #ff00ff。

● Rgb 名称：规定颜色值为 rgb 代码的背景颜色，如 rgb(255,0,0)。

● Transparent：默认，背景颜色为透明。

使用"CSS 规则定义"对话框的"背景"，可以对网页的任何元素应用背景属性。例如，定义一个表格对象的背景颜色，如图 7-1 所示。背景颜色效果，如图 7-2 所示。

其 CSS 代码如下：

```
.table{
    background-color: #FFCC66;
}
```

图 7-1 设置背景颜色

图 7-2 背景颜色效果

background-color 属性为元素设置一种纯色。这种颜色会填充元素的内容、内边距和边框区域，扩展到元素边框的外边界，如图 7-3 所示。网页中经常使用 background-color 设置背景颜色。

图 7-3 网页背景颜色

7.1.2 背景图片

CSS 的背景属性 background 提供了众多属性值，如颜色、图像、定位等，为网页背景图像的定义提供了极大的便利。背景图片和背景颜色的设置基本相同，使用 background-image 属性可以设置元素的背景图片。

基本语法：

background-image:url（图片地址）

语法说明：

图片地址可以是绝对地址，也可以是相对地址。使用"CSS 规则定义"对话框的"背景"类别中的 background-image 可以定义 CSS 样式的背景图片。也可以对页面中的任何元素应用背景属性。

例如，定义一个 Div 对象的背景图片，如图 7-4 所示，背景图片效果如图 7-5 所示。

图 7-4 设置背景图片

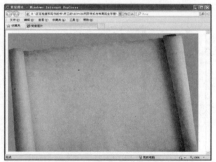

图 7-5 背景图片效果

其 CSS 代码如下：

```
#apdiv1{
    background-image: url(right1.jpg);
}
```

了解并熟悉了以上 background 属性及属性值之后，很容易地就可以对网页的背景图片做出合适的处理。但是在这里有一个小技巧，那就是在定义了 background-image 属性之后，应该定义一个与背景图片颜色相近的 background-color 值，这样在网速缓慢背景图片未加载完成或背景图片丢失时，仍然可以提供很好的文字可识别性。如图 7-6 所示的网页背景图片是一张黄色的底图，那么文字的颜色自然而然会选择浅色调的绿色，如果此时背景图片未加载完成或者图片丢失，那么就需要定义一个浅黄色的背景颜色，才可以保持文字的可识别性。

图 7-6 网页背景图片与背景颜色类似

7.2 设置背景图片的样式

利用 CSS 可以精确地控制背景图片的各项设置。可以决定是否铺平及如何铺平，背景图片应该滚动还是保持固定，以及将其放在什么位置。

7.2.1 背景图片重复

使用 CSS 来设置背景图片同传统的做法一样简单，但相对于传统控制方式，CSS 提供了更多的可控选项。图片的重复方式，共有4 种，分别是 no-repeat、repeat、repeat-x、repeat-y。

基本语法：

background-repeat: no-repeat | repeat| repeat-x| repeat-y;

语法说明：

background-repeat 的属性值如表 7-1 所示。

表7-1 background-repeat的属性值

属性值	描述
no-repeat	背景图像不重复
repeat	背景图像重复排满整个网页
repeat-x	背景图像只在水平方向上重复
repeat-y	背景图像只在垂直方向上重复

背景重复用于设置对象的背景图片是否铺平及如何铺排。必须先指定对象的背景图片，在"背景"类别中的"background-repeat"下拉列表中选择属性值，如图 7-7 所示，效果如图 7-8 所示。

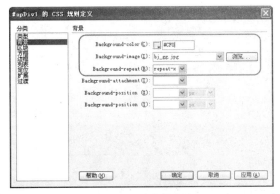

图7-7 设置重复属性

图7-8 横向重复效果

其 CSS 代码如下：

```
#apDiv1 {
    background-color: #CF0;
    background-image: url(bj_gg.jpg);
    background-repeat: repeat-x;
}
```

★提示★

在设置背景图像时，最好同时指定一种背景色。这样在下载背景图像时，背景色会首先出现在屏幕上，而且它会透过背景图像上的透明区域显示出来。

平铺选项是在网页设计中能够经常使用到的一个选项，例如，网页中常用的渐变式背景。采用传统方式制作渐变式背景，往往需要宽度为 1px 的背景进行平铺，但为了使纵向不再进行平铺，往往高度设为高于 1000px。如

DIV +CSS网页样式与布局完全学习手册

果采用 repeat-x 方式，只需要将渐变背景按需要高度设计即可，不再需要使用超高的图片来平铺了，如图 7-9 所示。

图7-9　平铺背景图片

7.2.2　背景图片附件

在网页中，背景图片通常会随网页的滚动而一起滚动。background-attachment 属性设置背景图片是否固定，或者随着页面的其余部分滚动。

基本语法：

background-attachment: scroll|fixed;

语法说明：

background-attachment 的属性值，如表7-2 所示。

表7-2　background-attachment的属性值

属性值	描述
scroll	背景图片随对象内容滚动
fixed	当页面的其余部分滚动时,背景图片不会移动

固定背景属性一般都是用于整个网页的背景图片，即 <body> 标签内容设定的背景图片。在"body 的 CSS 规则定义"对话框的

"背景"类别中的 background-attachment 下拉列表中选择 fixed，即可实现页面滚动时背景图片保持固定，如图 7-10 所示。

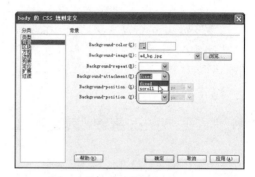

图7-10　选择fixed

其 CSS 代码如下：

```
.body {
    background-attachment: fixed;
}
```

固定背景属性在网站中经常用到，一般都是将一幅大的背景图片固定，在页面滚动时，网页中的内容可以浮动在背景图片的不同位置上。如图 7-11 所示，在浏览器中可以看到页面滚动时，背景图片仍保持固定。

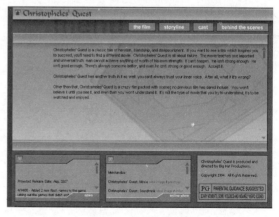

图7-11　固定背景网页

7.2.3　背景定位

除了图片重复方式的设置，CSS 还提供了背景图片定位功能。在传统的表格式布局中，

即使使用图片，也没有办法提供精确到像素级的定位方式，一般是通过透明 GIF 图片来强迫图片到目标位置上的。background-position 属性用来设置背景图像的起始位置。

基本语法：

background-position: 取值；

语法说明：

background- position 的属性值，如表 7-3 所示。

表7-3 background- position的属性值

属性值	描述
background−position(X)	设置图片水平位置
background− position(Y)	设置图片垂直位置

这个属性设置背景原图片（由 background-image 定义）的位置，背景图像如果要重复，将从这一点开始。在"背景"类别中的 background- position(X) 和 background-position(Y) 处设置其属性，如图 7-12 所示，效果如图 7-13 所示。

图 7−12 设置水平垂直属性

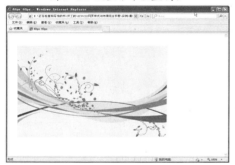

图 7−13 背景定位

其 CSS 代码如下：

```
body {
    background-attachment: fixed;
    background-image: url(bj.gif);
    background-repeat: no-repeat;
    background-position: 40px 60px;
}
```

背景图片定位功能可以用于图像和文字的混合排版中，将背景图片定位在适合的位置上，以获得最佳的效果，如图 7-14 所示的网页就是采用背景图片的定位功能，将图片和文字混排。

图7−14 图片和文字混排

background-position(X) 和 background-position(Y) 属性的单位可以使用 pixels、points、inches、em 等，也可以使用比例值来设定背景图片的位置，如图 7-15 所示。这里设置 background-position 为 50% 和 5%，实例效果如图 7-16 所示。

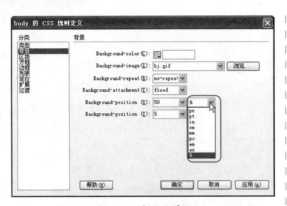

图 7-15　属性的单位

图7-16　50%和 5%的效果

其 CSS 代码如下：

```
body{
    background-attachment: fixed;
    background-image: url(bj.gif);
    background-repeat: no-repeat;
    background-position: 50% 5%;
}
```

代码 background-position: 50% 5%; 表明背景图像在水平距离左侧 50%，垂直距离顶部 5% 的位置显示。

在背景定位属性的下拉列表中也提供了 top、center、bottom 参数值。在"背景"类别中的"background- position(X) 和 background- position(Y) 下拉列表处可以设置这些参数，如图 7-17 所示。这里设置为 background-position: 50% center，实例效果如图 7-18 所示。

图 7-17　背景定位属性

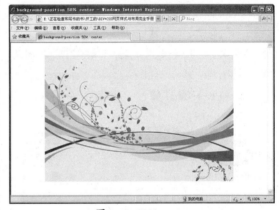

图7-18　50% center

其 CSS 代码如下：

```
body{
    background-attachment: fixed;
    background-image: url(bj.gif);
    background-repeat: no-repeat;
    background-position: 50% center;
}
```

7.3　设置网页图片的样式

在网页中恰当地使用图像，能够充分展现网页的主题和增强网页的美感，同时能够极大地吸引浏览者的目光。网页中的图像包括：Logo、Banner、广告、按钮及各种装饰性的图标等。

CSS 提供了强大的图像样式控制能力，以帮助用户设计专业、美观的网页。

7.3.1　设置图片边框

默认情况下，图像是没有边框的，通过"边框"属性可以为图像添加边框线。新建样式 #apDiv1，在"边框"分类中进行设置，如图 7-19 所示。定义图像的边框属性后，在图像四周出现了 4px 宽的实线边框，效果如图7-20 所示。

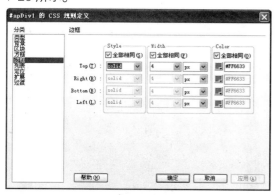

图 7-19　设置边框属性

图7-20　图像边框效果

其 CSS 代码如下：

#apDiv1 {border: 4px solid #FF6633;}

在边框分类中的"样式"下拉列表中可以选择边框的样式外观。Dreamweaver 在文档窗口中将所有样式呈现为实线。取消选择"全部相同"可设置元素各个边的边框样式。width

设置元素边框的粗细；color 设置边框的颜色。可以分别设置每条边框的颜色。

例如，设置 4px 的虚线边框，如图 7-21 所示，实际效果如图 7-22 所示。

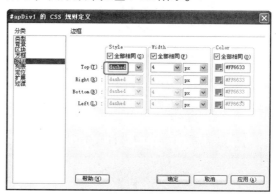

图 7-21　设置边框属性

图 7-22　虚线效果图

其 CSS 代码如下：

#apDiv1 {border: 4px dashed #FF6633;}

通过改变边框 style、width 和 color，可以得到下列各种不同效果。

❶ 设置"border: 4px dotted #FF6633;"，效果如图 7-23 所示。

❷ 设置"border: 8px double #FF6633;"，效果如图 7-24 所示。

图 7-23 点状边框效果

图 7-24 双线边框效果

❸设置"border: 30px groove #FF6633;"，效果如图 7-25 所示。

图 7-25 3D凹槽边框

❹设置"border:30px ridge #FF6633;"，效果如图 7-26 所示。

图 7-26 3D垄状边框

❺设置"border: 30px inset #FF6633;"，效果如图 7-27 所示。

图 7-27 3D凹陷效果

❻设置"border: 30px outset #FF6633;"，效果如图 7-28 所示。

图7-28 3D凸出效果

如图 7-29 所示的网页中图片就使用了边框样式。

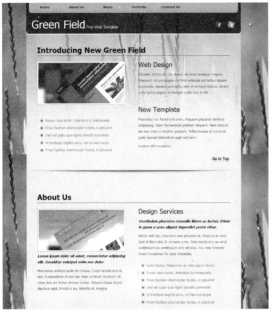

图7-29 图片就使用了边框样式

7.3.2 图文混合排版

在网页中只有文字是非常单调的，因此在段落中经常会插入图像。在网页构成的诸多要素中，图像是形成设计风格和吸引视觉的重要因素之一。如图 7-30 所示的网页就是图文混排的网页。

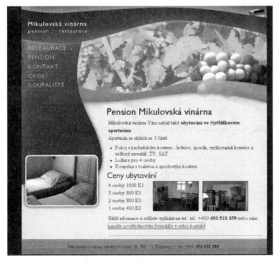

图7-30 图文混排网页

可以先插入一个 Div 标签，然后再将图像插入 Div 对象中。新建样式 .pic，设置 Float 属性为 right，使文字内容显示在 img 对象旁边，从而实现文字环绕图像的排版效果，如图 7-31 所示。

图 7-31 方框属性设置

为了使文字和图像之间保留一定的内边距，还要定义 .pic 的 Padding 属性，预览效果如图 7-32 所示，其 CSS 如下：

```
.pic {
    float: right;
    padding: 10px;}
```

图 7-32 图像居右效果

如果要使图像居左，用同样的方法设置 float: left 其代码如下：

```
.pic {
    float: left;
    padding: 10px;}
```

7.4 应用CSS过滤器设计图像特效

应用 CSS 滤镜可以做出很多精美的效果，而且不会增加网页文件的大小。下面就使用这些样式设计网页图像特效。

7.4.1 控制图像和背景的透明度(Alpha)

Alpha 滤镜可以设置图像或文字的不透明度。

基本语法：

filter:alpha（参数 1 = 参数值，参数 2 = 参数值，…）

语法说明：

alpha 滤镜的参数，如表 7-4 所示。

表7-4 alpha属性的参数

参数	描述
Opacity	设置对象的不透明度，取值范围为0~100，默认值为0，即完全透明，100为完全不透明
finishopacity	可选项，设置对象透明渐变的结束透明度。取值范围为0~100
style	用于指定渐进的形状，其中0表示无渐进；1为直线渐进；2为圆形渐进；3为矩形渐进
startx	设置透明渐变开始点的水平坐标。其数值作为对象宽度的百分比值处理，默认值为0
starty	设置透明渐变开始点的垂直坐标
finishx	设置透明渐变结束点的水平坐标
finishy	设置透明渐变结束点的垂直坐标

下面通过实例说明 Alpha 滤镜的使用。

在网页中新建一个样式 .a，在"扩展"分类上的 Filter 下拉列表中选择 Aipha，并输入参数值 "Alpha(Opacity=0, FinishOpacity=100, Style=2)"，如图 7-33 所示。

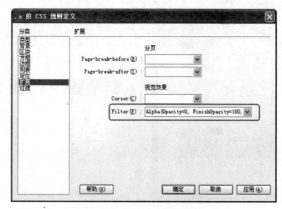

图 7-33 Alpha滤镜属性

原始的图像文件如图 7-34 所示，当样式创建成功后的效果，如图 7-35 所示。

图7-34 原始图像

图 7-35 设置Style=2的效果

设置参数为 Alpha(Opacity=0, Finish Opacity=100, Style=3) 时，图像效果，如图 7-36 所示。

图7-36 设置Style=3的效果

设置参数为 Alpha(Opacity=100, Finish Opacity=0, Style=3) 时，图像效果，如图 7-37 所示。

图7-37 设置Opacity=100的效果

7.4.2 灰度(Gray)

Gray 滤镜可以把一幅图片变成灰度图，它的语法如下。

```
filter: Gray;
```

新建一个样式 #apDiv1，在 CSS 规则定义对话框中选择"扩展"分类。在扩展面板上的 Filter 下拉列表中选择 Gray，如图 7-38 所示。

图 7-38 定义过滤器属性

其 CSS 代码如下。

```
#apDiv1 {
    filter: Gray;
}
</style>
```

样式创建成功后，即可应用样式，应用样式前后的效果分别如图 7-39 和图 7-40 所示。

DIV+CSS网页样式与布局完全学习手册

图 7-39 灰度处理前

图 7-40 灰度处理后

7.4.3　反色(Invert)

Invert 可以把对象的可视化属性全部翻转，包括色彩、亮度值和饱和度。它的语法如下。

`filter: Invert;`

在扩展面板上的 Filter 下拉列表中选择 Invert 后，效果如图 7-41 所示。

图 7-41　反色处理效果

7.5　综合实战

前面几节我们学习了图像和背景的设置，下面我们通过一些实例来具体讲述操作步骤，以达到学以致用的目的。

7.5.1　实战——给图片添加边框

图像是网页中最重要的元素之一，美观的图像会为网站增添生命力，同时也加深用户对网站的印象。下面讲述图像边框的添加方法，

具体操作步骤如下。

❶打开网页文档，将光标置于网页文档中要插入图像的位置，如图 7-42 所示。

❷执行"插入"|"图像"命令，弹出"选择图像源文件"对话框，从中选择需要的图像文件，如图 7-43 所示。

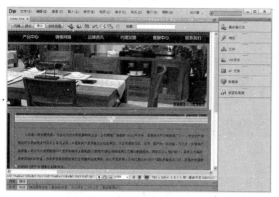

图7-42 打开网页文档

图7-43 "选择图像源文件"对话框

❸单击"确定"按钮，图像就插入到网页中了，如图 7-44 所示。

图7-44 插入图像

❹新建 CSS 样式，在".tu 的 CSS 规则定义"对话框中选择"边框"分类选项，在对话框中将 Style 样式设置为 solid，width 设置为 thin，color 设置为 #8E5A2B，如图 7-45 所示。

<style type="text/css">

```
.tu {
    border: thin solid #8E5A2B;
}
</style>
```

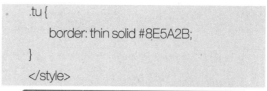

图 7-45 设置边框属性

❺选中图像，然后单击新建的 .tu 样式，在弹出的下拉菜单中执行"应用"命令，如图 7-46 所示。

图7-46 应用样式

❻应用样式后，可以清晰看到图像的线框，预览效果如图 7-47 所示。

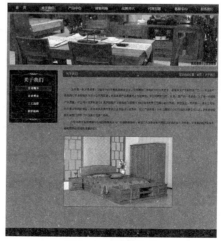

图 7-47 边框效果

7.5.2 实战——图文绕排效果

利用 Dreamweaver 制作网页时，在插入图片后，文字会强迫移动到图片的下一列，留得空白过多。可以用 CSS 语法让文字直接环绕图片而不需要使用图层。

❶打开网页文档，如图 7-48 所示。

图7-48 打开网页文档

❷新建样式 .tw1，打开".tw1 的 CSS 规则定义"对话框，在对话框中选择"方框"选项，在对话框中将 Float 属性设置为 right，为了使文字和图像之间保留一定的内边距，将 padding 设置为"全部相同"，如图 7-49 所示。

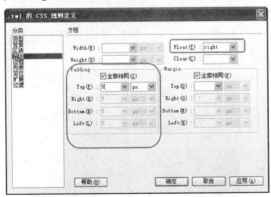

图7-49 ".tw1的CSS规则定义"对话框

其 CSS 代码如下：

```
.tw1{
    padding: 5px;
    float: right;
}
```

❸选中要设置图文绕排的图片，在 CSS 面板中单击新建的样式，在弹出的下拉菜单中选择"应用"选项，如图 7-50 所示。

图7-50 应用样式

❹新建样式 .tw2，打开".tw2 的 CSS 规则定义"对话框，在对话框中选择"方框"选项，将 Float 属性设置为 left，为了使文字和图像之间保留一定的内边距，将 padding 设置为"全部相同"，如图 7-51 所示。

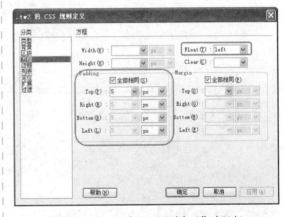

图7-51 "tw2的CSS规则定义"对话框

其 CSS 代码如下：

```
.tw2{
    padding: 5px;
    float: left;
}
```

❺同样也选中第二个图片，设置其图文绕排，如图 7-52 所示。

图7-52 设置图片属性

❻保存文档，按 F12 键，在浏览器中预览，效果如图 7-53 所示。

图 7-53 图文绕排效果

7.5.3 实战——文字与图片上下垂直居中

一般情况下文字与图片并排时，图片后面跟着的是文字段，虽然图片与文字在同一行，但是文字未上下垂直居中，明显图片垂直居上，文字垂直居下，如图 7-54 所示。

图7-54 文字与图片不能上下垂直居中

怎样才能让文字与图片上下垂直居中呢？

❶首先查看原网页的 DIV+CSS 实例代码。这里设置此网页 body 内文字 CSS 样式为12px，然后在 HTML 引入图片及在图片后跟几个测试文字。

```
<!DOCTYPE html PUBLIC "-//W3C//DTD
XHTML 1.0 Transitional//EN"
"http://www.w3.org/TR/xhtml1/DTD/xhtml1-
transitional.dtd">
<html xmlns="http://www.w3.org/1999/
xhtml">
<head>
<meta http-equiv="Content-Type"
content="text/html; charset=utf-8" />
<title> 文字与图片上下垂直居中 </title>
<style type="text/css">
body{ font-size:25px;}
</style>
</head>
<body>
<img src="index. jpg"
    alt="文字与图片上下垂直居中"
width="610" height="536" />文字与图片上
下垂直居中
</body>
</html>
```

❷设置 CSS，使文字和图片同排同行时上下垂直居中，只需要在 CSS 样式中，加入如下 CSS 代码。此网页在浏览器中浏览，如图 7-55 所示。可以看到图片与文字上下垂直居中对齐了。

```
img{ vertical-align:middle;}
```

图7-55 图片与文字上下垂直居中对齐

7.5.4 实战——CSS实现背景半透明效果

如何用 CSS 实现背景半透明效果？一般的做法是用两个层，一个用于放文字，另一个用于做透明背景，具体制作步骤如下。

❶首先输入基本的 HTML 框架结构代码，如下所示。

```
<div class="alpha1">
<div class="ap2">
<p> 背景为红色 (#FF0000)，透明度 30%。</p>
</div>
</div>
```

❷接着定义 CSS 代码，如下所示。这样基本就可以实现了，也不用担心定位和自适应问题，最大的问题是仅 IE 支持。如图 7-56 所示。

```
<style type="text/css">
.alpha1{
width:300px;
height:200px;
background-color:#FF0000;
filter: Alpha(Opacity=30);
}
.ap2{
position:relative;
```

```
}
</style>
```

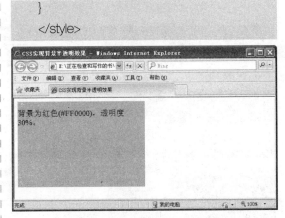

图7-56 IE中背景半透明效果

❸假如兼容 FF、OP 怎么写呢？首先，上面这种定法是不行的，那就只能用两个层重叠的方法。改下页面结构与 CSS 样式，页面结构如下所示。

```
<div class="alpha1">
<div class="ap2">
<p> 背景为红色 (#FF0000)，透明度 30%。</p>
</div>
<!--[if IE]><![if !IE]><![endif]-->
<div class="alpha2"></div>
<!--[if IE]><![endif]><![endif]-->
</div>
```

④ CSS 样式代码改为如下所示。

```
<style type="text/css">
.alpha1,.alpha2{
width:100%;
height:auto;
min-height:250px;/* 必需 */
_height:250px;/* 必需 */
overflow:hidden;
background-color:#FF0000;/* 背景色 */
}
.alpha1{
filter:alpha(opacity=30); /* IE 透明度 30% */
}
.alpha2{
background-color:#FFFFFF;
-moz-opacity:0.7; /* Moz FF 透明度 30%*/
    opacity: 0.7; /* 支持 CSS3 的浏览器（FF 1.5
也支持）透明度 30%*/
}
.ap2{
position:absolute;
}
</style>
```

⑤ 在其他浏览器中浏览，效果如图 7-57 所示。

图7-57 背景半透明效果

7.5.5 实战——可控的左右滚动图片

可单击左右滚动焦点图片，让图片对象左右滚动切换，鼠标经过左右可单击控制按钮时按钮图片有变化。本特效本身是从左向右自动滚动，但可单击左右按钮控制滚动方向，如图 7-58 所示，具体制作步骤如下。

图7-58 可控的左右滚动图片

❶首先使用如下 HTML 代码搭建整体架构，这里主要使用 ul 列表插入了 6 幅图像。

```
<html xmlns="http://www.w3.org/1999/
xhtml">
  <head>
  <meta http-equiv="content-type"
content="text/html; charset=gb2312" />
  <title> 可控的左右滚动图片 </title>
  <script src="js/tbhb.js" type=text/
javascript></script>
  <link href="css/css.css" type=text/css
rel=stylesheet>
  </head>
  <body>
  <div class=main-wrap>
    <div id=slide-box>
    <b class=corner></b>
    <div class=slide-content id=j_slide>
```

```
<div class=wrap>
<ul class=ks-switchable-content>
 <li><a href="#" target=_blank><img src="images/01.jpg"></a></li>
 <li><a href="#" target=_blank><img src="images/02.jpg"></a></li>
 <li><a href="#" target=_blank><img src="images/03.jpg"></a></li>
 <li><a href="#" target=_blank><img src="images/04.jpg"></a></li>
 <li><a href="#" target=_blank><img src="images/05.jpg"></a></li>
 <li><a href="#" target=_blank><img src="images/06.jpg"></a></li>
</ul>
</div>
<div class=ks-switchable-triggers>
<a class=prev id=j_prev href="javascript:void(0);">
<b class=corner></b><span>&#8249;</span><b class=corner></b></a>
<a class=next id=j_next href="javascript:void(0);">
<b class=corner></b><span>&#8250;</span><b class=corner></b></a>
</div>
<b class=corner></b></div>
</div>
</body>
</html>
```

❷接着在网页的 body 内输入如下 JavaScript 代码，实现单击时可左右滚动。

```
<script type=text/javascript>
var d=yahoo.util.dom, e=yahoo.util.event;
kissy().use("*", function(s) {
    var el = d.get('j_slide'),
            activeindex = parseint(el.getattribute('data-active-index')) || 0;
            var carousel = new s.carousel(el, {
                    hastriggers: false,
                    navcls: 'ks-switchable-nav',
                    contentcls: 'ks-switchable-content',
                    activetriggercls: 'current',
                    effect: "scrollx",
                    steps: 2,
                    viewsize: [680],
                    activeindex: activeindex
            });
```

```
                e.on('j_prev', 'click', carousel.prev, carousel, true);
                e.on('j_next', 'click', carousel.next, carousel, true);
        });
        kissy().use("*", function(s) {
                var el = d.get('j_shoppingguide');
                if(!el){
                        return;
                }
        var      activeindex = parseint(el.getattribute('data-active-index')) || 0;
                var carousel = new s.carousel(el, {
                        navcls: 'ks-switchable-nav',
                        contentcls: 'ks-switchable-content',
                        activetriggercls: 'current',
                        effect: "scrollx",
                        steps: 4,
                        viewsize: [720],
                        activeindex: activeindex
                });
                e.on('j_shoppingguideprev', 'click', carousel.prev, carousel, true);
                e.on('j_shoppingguidenext', 'click', carousel.next, carousel, true);
        });
</script>
```

❸最后使用 CSS 代码定义网页图片的样式外观，CSS 代码如下所示。

```
body, h1, h2, h3, h4, h5, h6, p, ul, ol, li, form, img, dl, dt, dd, table, th, td, blockquote, fieldset, div, strong,
label, em { margin:0; padding:0; border:0; }
ul, ol, li { list-style:none; }
input, button { margin:0; font-size:12px; vertical-align:middle; }
body { font-size:12px; font-family:arial, helvetica, sans-serif; }
#n{margin:10px auto; width:920px; border:1px solid #ccc;font-size:12px; line-height:30px;}
#n a{ padding:0 4px; color:#333}
table { border-collapse:collapse; border-spacing:0; }
#slide-box { margin: 20px auto; width: 690px; position: relative; height: 472px }
#slide-box .corner { clear: both; border-top: #333 1px solid; display: block; margin: 0px 1px; overflow:
hidden; height: 0px }
#slide-box .slide-content { background: #333 }
#slide-box .ks-switchable-triggers a { display: block; z-index: 99; width: 37px; color: #b4b4b4;
position: absolute; top: 205px; height: 65px; text-decoration: none }
```

```
#slide-box .ks-switchable-triggers span { display: block; background: #4b4b4b; font: 700 53px/57px arial; width: 37px; cursor: pointer; height: 63px; text-align: center }

#slide-box .ks-switchable-triggers .corner { border-left-color: #4b4b4b; border-bottom-color: #4b4b4b; border-top-color: #4b4b4b; border-right-color: #4b4b4b }

#slide-box .ks-switchable-triggers .prev { left: -10px }

#slide-box .ks-switchable-triggers .next { right: -10px }

#slide-box .ks-switchable-triggers a:hover { color: #f43d1e }

#slide-box .ks-switchable-triggers a:hover span { color: #f43d1e }

#slide-box .slide-content { padding-right: 10px; padding-left: 10px; padding-bottom: 10px; padding-top: 10px }

#slide-box .wrap { overflow: hidden; width: 670px; height: 450px }

#slide-box ul { width: 10000px }

#slide-box li { float: left; width: 340px; height: 450px }

#slide-box li img { width: 330px; height: 450px }
```

第3篇
CSS 控制样式进阶

第8章 设计更富灵活性的表格

本章导读

　　表格是网页设计制作时不可缺少的重要元素，它以简洁明了、高效快捷的方式将数据、文本、图像、表单等元素有序地显示在页面上，从而设计出版式漂亮的页面。它归根到底是一种显示数据的方式，使用表格还可以清晰地显示列表数据，可以将各种数据排成行和列，从而更容易阅读信息。本章就来讲述表格的使用，以及结合 CSS 实现各种特效技巧。

技术要点

- 了解表格基础
- 掌握用 CSS 设置表格的样式
- 掌握表格颜色的设置
- 掌握表格边框样式的设置
- 掌握设置表格的阴影
- 掌握设置表格的渐变背景

实例展示

表格的渐变背景

阴影表格

阴影表格

圆角表格

8.1　表格基础

表格是网页中对文本和图像布局的强有力工具。一个表格通常由行、列和单元格组成，每行由一个或多个单元格组成。表格中的横向称为"行"，表格中的纵向称为"列"，表格中一行与一列相交所产生的区域称为单元格。

表格由行、列和单元格3部分组成，如图8-1所示，表格的行、列和单元格都可以进行复制、粘贴，在表格中还可以插入表格，表格嵌套使设计更加方便。

图8-1　表格的基本组成

● 行：表格中的水平间隔。

● 列：表格中的垂直间隔。

● 单元格：表格中一行与一列相交所产生的区域。

表格一般通过3个标记来创建，分别是表格标记 table、行标记 tr 和单元格标记 td。表格的其他各种属性都要在表格的开始标记 <table> 和表格的结束标记 </table> 之间才有效。

基本语法：

```
<table>
<tr>
<td> 单元格中的文字 </td>
<td> 单元格中的文字 </td>
</tr>
<tr>
<td> 单元格中的文字 </td>
<td> 单元格中的文字 </td>
</tr>
</table>
```

语法说明：

<table> 标记和 </table> 标记分别表示表格的开始和结束，而 <tr> 和 </tr> 则分别表示行的开始和结束，在表格中包含几组 <tr>…</tr>，就表示该表格为几行，<td> 和 </td> 表示单元格的起始和结束。

图8-1的3行3列表格的HTML代码如下所示。

```
<table width="400" border="1" cellpadding="0" cellspacing="0" bordercolor="#000000"
    bgcolor="#339900">
  <tr>
    <td height="37"> </td>
    <td> </td>
    <td> </td>
  </tr>
  <tr>
    <td height="48"> </td>
    <td bgcolor="#FFFF00"> </td>
    <td> </td>
  </tr>
  <tr>
    <td height="42"> </td>
    <td> </td>
    <td> </td>
  </tr>
</table>
```

此外表格还有 caption、tbody、thead 和 th 标记。

● Caption：可以通过 <caption> 来设置标题单元格，一个 <table> 表格只能含有一个 <caption> 标记定义表格标题。

● Tbody：用于定义表格的内容区，如果一个表格由多个内容区构成，可以使用多个 tbody 组合。

● thead 和 th：thead 用于定义表格的页眉，th 定义页眉的单元格，通过适当地标出表格的页眉可以使表格更加美观。

8.2 用CSS设置表格的样式

Web 2.0 提倡使用 Div 布局，但不是要完全放弃使用表格，表格在数据展现方面还是不错的选择。现在介绍使用 CSS 样式表来控制、美化表格的方法。

8.2.1 设置表格的颜色

表格的颜色设置比较简单，通过 color 属性设置表格中文字的颜色，通过 background 属性设置表格的背景颜色等。如下所示的 CSS 代码定义了表格的颜色。

```
<style>
<!--
body{
    background-color: #FDF5FE;
            /* 页面背景色 */
    margin:0px; padding:5px;
    text-align:center;
            /* 居中对齐（IE 有效）*/
}
.datalist{
    color: #FFFF00;
            /* 表格文字颜色 */
    background-color: #CC6600;
            /* 表格背景色 */
    font-family: Arial;
            /* 表格字体 */
}
.datalist caption{
    font-size:19px;
            /* 标题文字大小 */
```

```
    font-weight:bold;
            /* 标题文字粗体 */
}
.datalist th{
    color: #FFFFFF;
            /* 行、列名称颜色 */
    background-color: #FF3366;
            /* 行、列名称的背景色 */
}
.STYLE1 {color: #000000}
-->
</style>
```

在浏览器中浏览，效果如图 8-2 所示。

图8-2 表格颜色

在网页中，利用表格的背景颜色可以区分不同的栏目板块，如图 8-3 所示的网页中利用设置表格的背景颜色来区分不同的栏目。

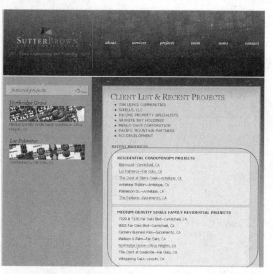

图8-3 利用表格的背景颜色来区分不同的栏目

8.2.2 设置表格的边框样式

边框作为表格的分界在显示时往往必不可少。根据不同的需求，可以对表格和单元格应用不同的边框。可以定义整个表格的边框也可以对单独的单元格分别进行定义。CSS 的边框属性是美化表格的一个关键元素，利用 CSS 可以定义各种边框样式。

对于需要重复使用的样式都是使用类（class）选择符来定义样式的。类选择符可以在同一页面中重复使用，大大提高了设计效率，简化了 CSS 代码的复杂性，在实际的网页设计中类样式的应用非常普遍。

在"CSS 规则定义"对话框中的"边框"分类中进行设置，如图 8-4 所示，把 style 设置为 solid，Width 设置为 1，color 设置为 #0000FF，在浏览器中预览，效果如图 8-5 所示。

```
<style type="text/css">
.bottomborder {
    border: 1px solid #0000FF;
}
</style>
```

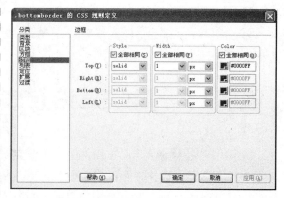

图8-4 把"样式"设置为solid

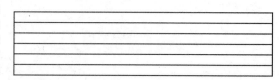

图8-5 实线表格

此外还可以制作虚线表格，只要在"CSS 规则定义"对话框中的"边框"分类中进行如图 8-6 所示的设置，把 style 设置为 dashed 即可，在浏览器中浏览，效果如图 8-7 所示。

```
<style type="text/css">
.bottomborder {
    border-top-width: 1px;
    border-right-width: 1px;
    border-bottom-width: 1px;
    border-left-width: 1px;
    border-top-style: dashed;
    border-right-style: dashed;
    border-bottom-style: dashed;
    border-left-style: dashed;
    border-top-color: #0000FF;
    border-right-color: #0000FF;
    border-bottom-color: #0000FF;
    border-left-color: #0000FF;
}
</style>
```

图8-6 把"样式"设置为dashed

图8-7 虚线表格

在网页中有许多虚线和圆角表格，可以起到很好的修饰作用，如图8-8和图8-9所示。

图8-8 虚线表格

图8-9 圆角表格

8.2.3 设置表格的阴影

利用CSS可以为表格制作出阴影效果，新建一个样式boldtable，在"CSS规则定义"对话框中选择"边框"分类，设置如图8-10所示。将样式应用于表格，如图8-11所示。

图8-10 设置"边框"样式

图8-11 将样式应用于表格

其CSS代码如下所示，分别定义了表格的上下左右边框的color、style和width，在浏览器中浏览，效果如图8-12所示。

```
.boldtable {border-top-width: 1px;
        border-right-width: 6px;
        border-bottom-width: 6px;
        border-left-width: 1px;
        border-top-style: solid;
        border-right-style: solid;
        border-bottom-style: solid;
        border-left-style: solid;
        border-top-color: #FFFFFF;
```

```
border-right-color: #999999;
border-bottom-color: #999999;
border-left-color: #999999;}
```

图8-12 阴影表格

上面表格的阴影没有渐变，要制作比较生动的阴影效果还要依赖于CSS滤镜。其CSS代码如下所示。

```
.bj{
filter: progid:DXImageTransform.
microsoft.Shadow(Color=#cccccc,
Direction=120,strength=8);
}
```

将上述样式应用到表格后，效果如图8-13所示。

图8-13 阴影表格

在网页中，阴影表格比较常见，如图8-14所示，整个外部使用一个大的阴影表格。

图8-14 阴影表格

8.2.4 设置表格的渐变背景

表格渐变背景的具体制作步骤如下。

❶新建一个名称为 .bj 的样式表文件，在"CSS 规则定义"对话框中选择"背景"选项，设置 background-colo 为 #FF0066，如图8-15 所示。

图8-15 设置background-colo

❷选择"扩展"分类选项，在 Filter 中选择 Alpha(Opacity=25, FinishOpacity=100, Style=1, StartX=80, StartY=80, FinishX=0, FinishY=0)，如图 8-16 所示。其 CSS 代码如下所示。

图8-16 设置Filter

```
.bj{
    background-color: #FF0066;
    filter: Alpha(Opacity=25,
FinishOpacity=100, Style=1, StartX=80,
    StartY=80, FinishX=, FinishY=);
}
```

❸将所建的样式应用于表格中的单元格，效果如图 8-17 所示。

图8-17 渐变背景

❹当将 style=1 修改为 2 时，效果如图 8-18 所示。

图8-18 渐变背景

在网页中渐变背景经常用到，如图 8-19 所示的网页中就采用了表格的渐变背景。

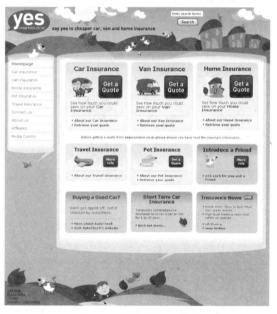

图8-19 表格的渐变背景

8.2.5　制作条纹数据表格样式

下面使用 JavaScript+ CSS 制作条纹数据表格样式，也就是大家知道的隔行换色功能，这样会使表格结构更加清晰，有利于阅读，同时表格也会变得漂亮起来。

❶首先使用如下代码入表格，如图 8-20 所示。

```
<div style="width: 480px;">
<h3> 样式 1</h3>
<table class="datagrid1">
```

```
    <tr>
        <th> 合约 </th>
        <th> 最新价 </th>
        <th> 涨跌 </th>
    </tr>
    <tr>
        <td> 纽期所原油 </td>
        <td>54.39</td>
        <td>-0.56</td>
    </tr>
    <tr>
        <td> 纽约期金 </td>
        <td>738.5</td>
        <td>5.8</td>
    </tr>
    <tr>
        <td>CBOT 大豆 </td>
        <td>905.25</td>
        <td>3.25</td>
    </tr>
</table>
<h3> 样式 2</h3>
<table class="datagrid2">
    <tr>
        <th> 合约 </th>
        <th> 最新价 </th>
        <th> 涨跌 </th>
    </tr>
    <tr>
        <td>CBOT 大豆 </td>
        <td>905.25</td>
        <td>3.25</td>
    </tr>
    <tr>
        <td>ideawu.net</td>
        <td>381.25</td>
        <td>1.25</td>
```

```
        </tr>
        <tr>
                <td>CBOT 小麦 </td>
                <td>548.5</td>
                <td>-1</td>
        </tr>
</table>
<h3> 样式 3</h3>
<div class="datagrid_div">
<table class="datagrid3">
        <tr>
                <th> 合约 </th>
                <th> 最新价 </th>
                <th> 涨跌 </th>
        </tr>
        <tr>
                <td>CBOT 大豆 </td>
                <td>905.25</td>
                <td>3.25</td>
        </tr>
        <tr>
                <td>ideawu.net</td>
                <td>381.25</td>
                <td>1.25</td>
        </tr>
        <tr>
                <td>CBOT 小麦 </td>
                <td>548.5</td>
                <td>-1</td>
        </tr>
</table>
</div>
<h3> 样式 4</h3>
<div class="datagrid_div">
<table class="datagrid4">
        <tr>
                <th> 合约 </th>
```

```
                <th> 最新价 </th>
                <th> 涨跌 </th>
        </tr>
        <tr>
                <td>CBOT 大豆 </td>
                <td>905.25</td>
                <td>3.25</td>
        </tr>
        <tr>
                <td>ideawu.net</td>
                <td>381.25</td>
                <td>1.25</td>
        </tr>
        <tr>
                <td>CBOT 小麦 </td>
                <td>548.5</td>
                <td>-1</td>
        </tr>
</table>
</div>
</div>
```

图8-20 插入表格

❷ 使用如下 CSS 定义样式外观，如图 8-21 所示。

```
<style type="text/css">
body{        margin: 6px;
             padding: 0;
             font-size: 12px;
```

```
                font-family: tahoma, arial;
                background: #fff;}
table{
                width: 100%;
        }
tr.odd{
                background: #fff;
        }
    tr.even{
                background: #eee;
        }
div.datagrid_div{
        width: 100%;
        border: 1px solid #999;
        }
/**************** 样式 1*******************/
    table.datagrid1{
                border-collapse: collapse;
                border-bottom: 1px solid #666;
        }
    table.datagrid1 th{
                color: #333;
                padding: 3px;
                font-family: monospace;
                background: #9cf;
                text-align: left;
                border-top: 1px solid #666;
                border-bottom: 1px solid #666;
        }
    table.datagrid1 td{
                padding: 3px;
                border-top: 1px solid #ccc;
        }
    /**************** 样式 2*******************/
    table.datagrid2{
                border-collapse: collapse;
        }
```

```
table.datagrid2 th{
                text-align: left;
                background: #9cf;
                padding: 3px;
                border: 1px #333 solid;
        }
    table.datagrid2 td{
                padding: 3px;
                border: none;
                border:1px #333 solid;
        }
/**************** 样式 3*******************/
table.datagrid3{
                border-collapse: separate;
        }
    table.datagrid3 th{
                text-align: left;
                background: #ddd;
                padding: 3px;
                border: 0px solid #fff;
        }
    table.datagrid3 td{
                padding: 3px;
                border: 0px solid #fff;
        }
/**************** 样式 4*******************/
    table.datagrid4{
                border-collapse: collapse;
        }
    table.datagrid4 th{
                text-align: left;
                background: #ddd;
                padding: 3px;
                border: none;
        }
    table.datagrid4 td{
                padding: 3px;
```

```
        border: none;
        border-top: 1px solid #fff;
}
tr:hover,
tr.hover{
        background: #9cf;
}
</style>
```

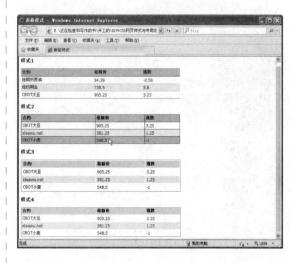

图8-21 定义表格样式

❸输入如下 JavaScript 代码，实现当单击表格行时改变行的背景颜色，如图 8-22 所示。

```
<script type="text/javascript">
        function add_event(tr){
                tr.onmouseover =
function(){
                        tr.className
+= ' hover';
                };
                tr.onmouseout =
function(){
                        tr.className =
tr.className.replace(' hover', '');
                };
        }
        function stripe(table) {
                var trs = table.
getElementsByTagName("tr");
```

```
                for(var i=1; i<trs.length;
i++){
                        var tr = trs[i];
                        tr.className
= i%2 != 0? 'odd' : 'even';
                        add_event(tr);
                }
        }
        window.onload = function(){
                var tables = document.
getElementsByTagName('table');
                for(var i=0; i<tables.
length; i++){
                        var table =
tables[i];
                        if(table.className == 'datagrid1'
|| table.className == 'datagrid2'
                        || table.className == 'datagrid3'
|| table.className == 'datagrid4'){stripe(tables[i]);
                        }
                }
        }
</script>
```

图8-22 条纹数据表格样式

8.3 综合实战

表格最基本的作用就是让复杂的数据变得更有条理，让人容易看懂。在设计页面时，往往要利用表格来排列网页元素。下面通过几个实例掌握表格的使用技巧。

8.3.1 实战——制作变换背景色的表格

如果希望浏览者特别留意某个表格，可以在设计表格时添加简单的 CSS 语法，当浏览者将鼠标指针移到表格上时，就会自动变换表格的背景色；当鼠标指针离开表格时，即会恢复原来的背景色（或是换成另一种颜色）。

❶打开网页文档，如图 8-23 所示。

图8-23 打开网页文档

❷选择要变换颜色的表格，切换到"拆分"视图，如图 8-24 所示。

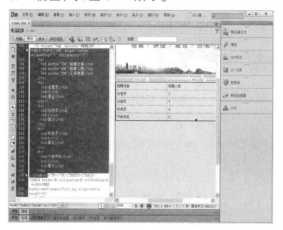

图8-24 "拆分"视图

❸在 <table> 标记中输入以下代码，如图 8-25 所示。

```
onMouseOver="this.style.back
ground='#E9FEB9'"
onMouseOut="this.style.back
ground='#9FE417'"
```

图8-25 输入代码

❹保存文档在浏览器中预览，光标没有移到表格上时如图 8-26 所示，光标移到表格上时如图 8-27 所示。

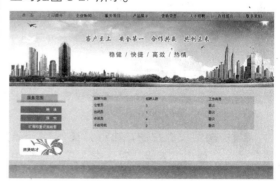

图8-26 光标没有移到表格上时

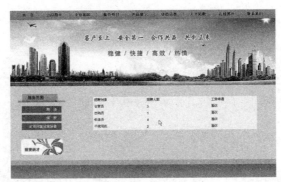

图8-27 变换背景色的表格

8.3.2 实战——用CSS制作漂亮的彩色背景表格

利用CSS制作漂亮的彩色背景表格，具体操作步骤如下。

❶打开网页文档，切换到拆分视图，在<head>与</head>之间输入以下代码，如图8-28所示。

```
<style type="text/css">
<!--
td{border:4px dotted white;width:99;height:111;}
//设置表格的样式
-->
</style>
```

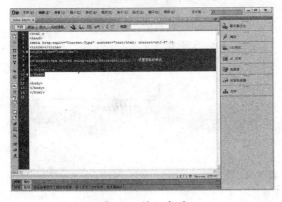

图8-28 输入代码

❷切换到设计视图，执行"插入"|"表格"命令，弹出"表格"对话框，在对话框中进行相应的设置，如图8-29所示。

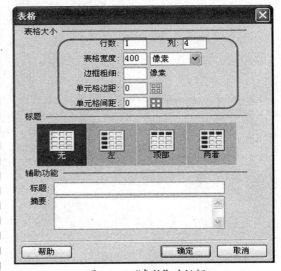

图8-29 "表格"对话框

❸单击"确定"按钮，插入表格，在属性面板中将"间距"设置为8，"对齐"设置为"居中对齐"，如图8-30所示。

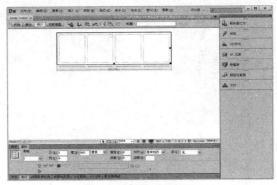

图8-30 设置表格属性

❹选中插入的表格，切换到拆分视图，在 <table> 语句中输入代码 style="border:8px double #027DFF;"，如图 8-31 所示。

图8-31 输入代码

❺将光标放置在第1列单元格中，切换到拆分视图，在 <td> 中输入代码，如图 8-32 所示。

style="FILTER: progid:DXImageTransform.
Microsoft.Gradient(startColorStr='#ff0000',
endColorStr='#99cc00', gradientType='0');" 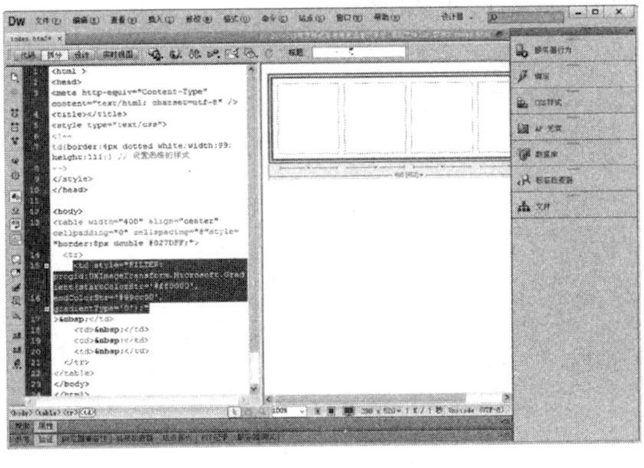

图8-32 输入代码

❻切换到设计视图，在第1列单元格中输入文字，在属性面板中将"大小"设置为14像素，如图 8-33 所示。

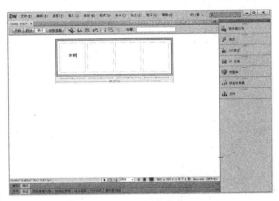

图8-33 输入文字

❼将光标放置在第2列单元格中，切换到拆分视图，在 <td> 中输入代码，如图 8-34 所示。

style="FILTER: progid:DXImageTransform.
Microsoft.Gradient(startColorStr='#99229B',
endColorStr='#09fada', gradientType='0');"

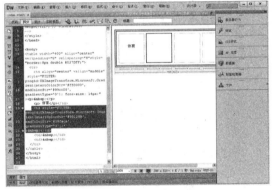

图8-34 输入代码

❽切换到设计视图，在第2列单元格中输入文字，并应用样式，如图 8-35 所示。

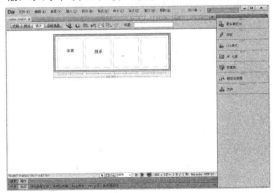

图8-35 输入文字

⑨在拆分视图中，用同样的方法在其他的单元格中输入相应的代码，并在设计视图中输入相应的文字，如图8-36所示。

图8-36 输入文字

⑩保存文档，按F12键在浏览器中预览，效果如图8-37所示。

图8-37 用CSS制作漂亮的彩色背景表格

8.3.3 实战——制作阴影表格

利用Shadow滤镜创建阴影表格效果，具体操作步骤如下。

❶打开网页文档，如图8-38所示。

图8-38 打开网页文档

❷切换至拆分视图，在<head>和</head>之间相应的位置输入以下代码，如图8-39所示。

```
<style type="text/css">
<!--
.yy {
    filter:progid:DXImageTransform.Microsoft.Shadow(Color=#C88045,Direction=120);
}
-->
</style>
```

图8-39 输入代码

❸对要设置为阴影的表格套用样式。保存网页，在浏览器中预览，效果如图8-40所示。

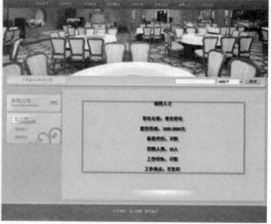

图8-40 阴影表格

8.3.4 实战——制作圆角表格

做网页时为了美化，常常把表格边框的拐

角处做成圆角，这样可以避免直接使用表格直角的生硬，使网页整体更加美观。下面就介绍制作圆角表格的两种常用的办法。

传统的方法是用图片制作圆角表格，具体操作步骤如下。

❶ 先用 Photoshop 等绘图软件绘制一个圆角矩形，再用"矩形选框工具"选取左上角的圆角部分复制它，如图 8-41 所示。

图8-41 使用Photoshop绘制圆角

❷ 不要取消选取，直接新建一幅图像，Photoshop 会根据选取部分的高度、宽度自动设置新建图像的大小，粘贴后保存为 Web 所用格式即可。

❸ 重复上一步，分别用将图像"水平翻转"和"垂直翻转"，保存另外 3 个方向的圆角图像，如图 8-42 所示。

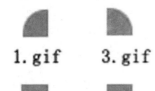

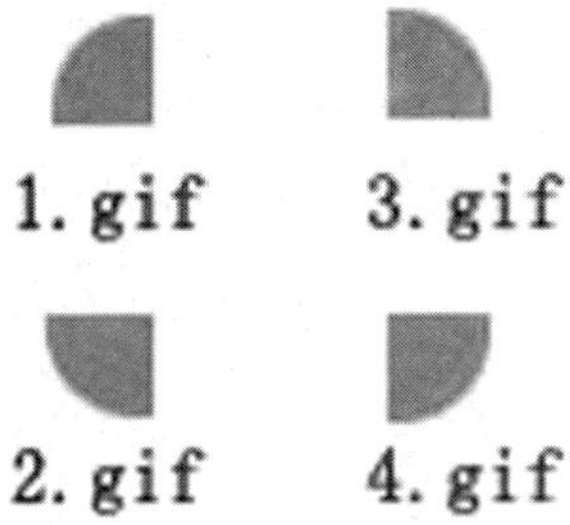

图8-42 制作其他圆角

❹ 打开网页制作软件，这里以 Dreamweaver 为例。插入一个 1 行 3 列的表格，设置其 CellPad、CellSpace 和 Border 属性值都为 0。在第 1 列插入图片 1.gif，第 3 列插入图片 3.gif，并设置单元格的高度和宽度与图片一致。设置第 2 列的背景颜色为与圆角图片

一致的颜色，设置宽度为整个表格的宽度减去两个图片的宽度，并打开源代码，删除这列中的字符 。使用同样的方法，制作下半部分的圆角。

❺ 在已插入的两个表格中间再插入一个 1 行 3 列同宽的表格，CellPad、CellSpace 和 Border 属性值都为 0，宽度为 100%。设置第 1 列和第 3 列背景颜色为与圆角图片一致的颜色，宽度为 1 像素，并打开源代码，删除这两列中的字符 。此时圆角表格就做好了，可以在第 2 列中添加想要的内容，如图 8-43 所示。

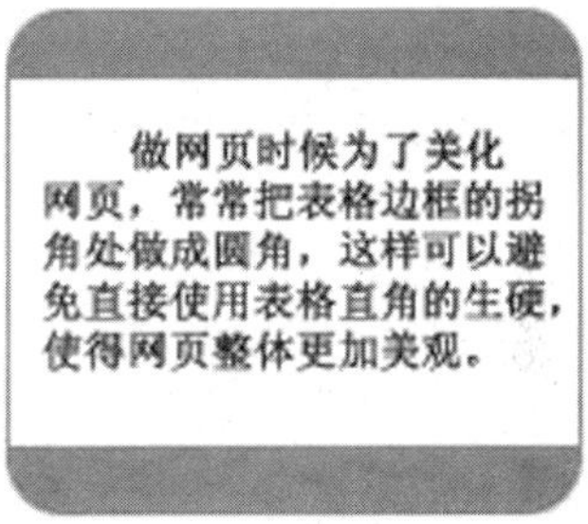

做网页时候为了美化网页，常常把表格边框的拐角处做成圆角，这样可以避免直接使用表格直角的生硬，使得网页整体更加美观。

图8-43 圆角表格

使用 CSS 不仅能制作圆角表格，还能使它们具有灵活性，减少不必要的代码，将外观和需要表示的内容分离。使用 CSS 制作的具体方法如下。

❶ 使用 Dreamweaver 新建文档，在代码视图中的 <head> 与 </head> 之间输入如下 CSS 代码，如图 8-44 所示。

图8-44 输入CSS代码

★疑难解析★

从图可以看出，可以看出由b1、b2、b3、b4表示边框上边框，b1b、b2b、b3b、b4b表示边框下边框，b表示中间部分，如下图所示。

如果要实现如上所示的圆角。上面需要4条线b1、b2、b3、b4，下面需要4条线，b1b、b2b、b3b、b4b。因为互相的衔接，因此采用block现实方式，因为block的方式会为对象添加新行，保持它们的层次。所以上边框的顺序是b1、b2、b3、b4，下边框的顺序b4b、b3b、b2b、b1b。

```css
<style>
.b1,.b2,.b3,.b4,.b1b,.b2b,.b3b,.b4b,.b{display:block;overflow:hidden;}
.b1,.b2,.b3,.b1b,.b2b,.b3b{height:1px;}
.b2,.b3,.b4,.b2b,.b3b,.b4b,.b{border-left:1px solid #999;border-right:1px solid #999;}
.b1,.b1b{margin:0 5px;background:#999;}
.b2,.b2b{margin:0 3px;border-width:2px;}
.b3,.b3b{margin:0 2px;}
.b4,.b4b{height:2px;margin:0 1px;}
.d1{background:#F7F8F9;}
</style>
```

★疑难解析★

如果设整个边框宽度为1，圆角宽度为5

b1则左右边距为5

b2左右边距为3，则宽度为2

b3左右边距为2，宽度为1

b4左右边距为1，宽度为5-2-1-1=1，高度为5-1-1-1=2。

---

❷在 `<body>` 与 `</body>` 正文之间，输入如下 xhtml 代码，如图 8-45 所示。

图8-45 输入xhtml代码

❸在文档中输入文字，保存网页，在浏览器中浏览，效果如图 8-46 所示。

> 是一家集客房、餐饮、会议为一体的豪华五星级标准休闲度假型酒店。酒店由主楼、贵宾楼、西楼三部分组成，有163间客房及各种风格迥异的中西式餐厅。酒店各式菜品以营养、健康为主题，可以满足宾客的不同需求，最大的宴会厅可容纳600余人同时用餐。酒店有国际一流的会议设施，可以满足多种高规格会议的需求。酒店还配备富丽吧、私人酒窖、游泳池、美发中心、商务中心等多功能设施。并配套国际马术俱乐部及4个国际标准型的网球场馆，融合浪漫多元的地中海风格园林水景，将西欧风格与大自然有机地结合在一起，成为一家拥有特定主题定位的休闲度假型酒店，是当代精英人士追求格调生活的理想下榻场所。

图8-46 圆角表格

圆角表格在网页上是比较常见的，如图 8-47 和图 8-48 所示的网页中就使用了大量的圆角表格。

图8-47 圆角表格

图8-48 圆角表格

第9章　设计更酷更炫的表单

本章导读

　　表单是浏览者与网站之间实现交互的工具，几乎所有的网站都离不开表单。表单可以把用户信息提交给服务器，服务器根据表单处理程序再将这些数据进行处理并反馈给用户，从而实现用户与网站之间的交互。在传统的 HTML 中对表单元素的样式控制很少，仅仅局限于功能的实现，本章将介绍利用 CSS 控制表单的样式和外观。

技术要点

- ● 了解表单对象
- ● 熟悉表单标记
- ● 掌握通过 CSS 设置各元素的外观
- ● 掌握设置边框样式
- ● 掌握设置背景样式
- ● 掌握设置输入文本的样式
- ● 掌握用 Div + CSS 设计表单

实例展示

边框样式为虚线

3D效果登录表单

改变按钮的背景颜色
和文字颜色

制作透明的表单
背景效果

设计文本框中的文字样式

为下拉列表变换颜色

9.1 网页中的表单

表单的作用是可以与站点的访问者进行交互，或收集信息，然后提交至服务器进行处理，表单中可以包含各种表单对象。

9.1.1 表单对象

表单由两个重要的部分组成，一是在页面中看到的表单界面；二是处理表单数据的程序，它可以是客户端应用程序，也可以是服务器端的程序。

在网页中 <form></form> 标记对用来创建一个表单，即定义表单的开始和结束位置，在标记对之间的一切都属于表单的内容。在表单的 <form> 标记中，可以设置表单的基本属性，包括表单的名称、处理程序和传送方法等。一般情况下，表单的处理程序 action 和传送方法 method 是必不可少的参数。

基本语法：

```
<form action=" 表单的处理程序 " method=
" 传送方法 " name=" 表单名称 " target=" 目标窗
口的打开方式 ">
    ……
</form>
```

语法说明：

表单的处理程序是表单要提交的地址，也就是表单中收集到的资料将要传递的程序地址。这一地址可以是绝对地址，也可以是相对地址，还可以是一些其他形式的地址。

传送方法的值只有两种，即 get 和 post。

目标窗口的打开方式有 4 个选项：_blank、_parent、_self 和 _top。其中 _blank 为将链接的文件载入一个未命名的新浏览器窗口中；_parent 为将链接的文件载入含有该链接框架的父框架集或父窗口中；_self 为将链接的文件载入该链接所在的同一框架或窗口中；_top 为在整个浏览器窗口中载入所链接的文件，因而会删除所有框架。

如图 9-1 所示为网页中的表单。

图9-1　网页中的表单

9.1.2 输入域标签<input>

基本语法：

```
<input type="value" name=" 表单对象的名
称 ">
```

语法说明：

对于大量通常的表单控件，可以使用 <input> 标签来进行定义，其中包括文本字段、多选列表、可单击的图像和提交按钮等。虽然 <input> 标签中有许多属性，但是对每个元素来说，只有 type 属性和 name 属性是必需的（提交或重置按钮只有 type 属性）。

type 所包含的属性值，如表 9-1 所示。

表9-1　type所包含的属性值

属性值	说明
text	文本字段
password	密码域
radio	单选按钮
checkbox	复选框
button	普通按钮

属性值	说明
submit	提交按钮
reset	重置按钮
image	图像域
hidden	隐藏域
file	文件域

<input> 标签可定义输入域的开始，在其中用户可输入数据。如图 9-2 所示。在浏览器中预览，效果如图 9-3 所示。

```
<form action="form_action.asp"
method="get">
    <p> 姓名 ：
        <input type="text" name="fname" /></p>
    <p> 电话号码 ：
        <input type="text" name="lname" /></p>
        <input type="submit" value=" 提交 " />
</form>
```

图9-2 输入域标签

图9-3 输入域标签效果

9.1.3 文本域标签<textarea>

当需要让浏览者填入多行文本时，就应该使用文本域而不是文字字段。与其他大多数表单对象不同，文本域使用的是 textarea 标记，而不是 input 标记。

基本语法：

<textarea name=" 文本域名称 "cols=" 列数 " "rows=" 行数 "></textarea>

语法说明：

在语法中，不能使用 value 属性来建立一个在文本域中显示的初始值。相反，应当在 textarea 标记的开头和结尾之间包含想要在文本域内显示的任何文本。

```
<form name="form1" method="post"
action="">
    <p> 反馈内容 ：
        <label for="textarea"></label>
        <textarea name="textarea" id="textarea"
cols="45" rows="8"></textarea>
    </p>
</form>
```

在代码中加粗部分的标记用来设置文本域，在浏览器中预览，效果如图 9-4 所示。

图9-4 文本域效果

第 9 章 设计更酷更炫的表单

145

9.1.4　选择域标签<select>和<option>

菜单和列表主要用来选择给定答案中的一种，这类选择中往往答案比较多。菜单和列表主要是为了节省页面的空间，它们都是通过<select>和<option>标记来实现的。

基本语法：

```
<select name=" 下拉列表名称 ">
<option value=" 选项值 "selected> 选项显示内容
……
</select>
```

语法说明：

在语法中，选项值是提交表单时的值，而选项显示内容才是真正在页面中显示的选项内容。selected 表示该选项在默认情况下是选中的，一个下拉列表中只能有一个默认选项被选中。

```
<form id="form1" name="form1" method="post" action="">
交货时间：
<label for="select"></label>
<select name="select" id="select">
<option> 一 </option>
<option> 二 </option>
<option> 三 </option>
<option> 四 </option>
<option> 五 </option>
<option> 六 </option>
<option> 七 </option>
<option> 八 </option>
<option> 九 </option>
<option> 十 </option>
<option> 十一 </option>
<option> 十二 </option>
</select>
```

在代码中加粗部分的标记用来设置下拉列表，在浏览器中预览，效果如图 9-5 所示。

图9-5　下拉列表效果

★提示★

下拉列表的宽度是由<option>标记中包含的最长文本的宽度来决定的。

在页面中列表项可以显示出几条信息，一旦超出这个信息量，在列表项右侧会出现滚动条，拖动滚动条可以看到所有的选项。

基本语法：

```
<select name=" 列表项名称 " size=" 显示的列表项数 " multiple>
<option value=" 选项值 "selected> 选项显示内容
……
</select>
```

语法说明：

在语法中，size 用于设置在页面中显示的最多列表项数，当超过这个值时会出现滚动条。

```
月
<label for="select2"></label>
<select name="select2" size="5" id="select2">
<option>1</option>
<option>2</option>
<option>3</option>
```

```
<option>4</option>
<option>5</option>
<option>6</option>
<option>7</option>
<option>8</option>
<option>9</option>
<option>10</option>
<option>11</option>
<option>12</option>
<option>13</option>
<option>14</option>
<option>15</option>
<option>16</option>
<option>17</option>
<option>18</option>
<option>19</option>
<option>20</option>
<option>21</option>
<option>22</option>
<option>23</option>
<option>24</option>
<option>25</option>
<option>26</option>
<option>27</option>
<option>28</option>
<option>29</option>
<option>30</option>
<option>31</option>
</select>
号
</form>
```

在代码中加粗部分的标记用来设置列表项，在浏览器中预览，效果如图9-6所示。

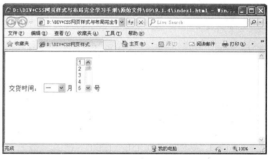

图9-6 列表项效果

★提示★

对每个option标记都使用value属性是为了在处理表单时尽可能地避免混淆。

9.1.5 设置边框样式

表单对象支持边框属性，边框属性提供了10多种样式，通过设置边框的样式、宽度和颜色，可以获得各种不同的效果。下面通过实例讲述边框样式的设置，具体操作步骤如下。

❶新建一个 .formstyle 样式，在"边框"分类列表中设置边框的 style、width 和 color，如图 9-7 所示。

图9-7 设置边框样式

❷单击"确定"按钮，其 CSS 代码如下所示。

```
.formstyle {
    border: 1px solid #F03;
}
```

❸选中要应用样式的表单元素，这里选择"联系人"文本框，打开属性面板，在面板中的"类"下拉列表中选择样式 .formstyle，即可应用该样式，如图9-8所示。

图9-8 对文本框应用样式

❹同理，再定义其他的表单对象的样式，在浏览器中浏览，效果如图9-9所示。

图9-9 定义其他表单对象的样式

❺前面定义了表单元素边框的样式为实线，下面在"CSS规则定义"对话框的"边框"分类选项中，定义表单对象的边框样式为虚线，如图9-10所示。

图9-10 定义边框样式为虚线

❻单击"确定"按钮，其CSS代码如下所示。

```
.formstyle {
    border: 1px dashed #F03;
}
```

❼重新将表单对象应用样式后，在浏览器中浏览，效果如图9-11所示。

图9-11 边框样式为虚线

❽在边框属性应用中，还可以定义 bottom 为1px，其他边框为0px，具体设置如图9-12所示。

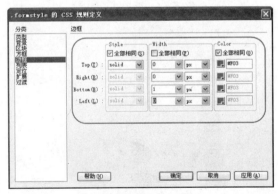

图9-12 定义bottom为1px

❾单击"确定"按钮，其CSS代码如下所示。

```
.formstyle {
    border-top-width: 0px;
    border-right-width: 0px;
    border-bottom-width: 1px;
    border-left-width: 0px;
```

```
    border-top-style: solid;
    border-right-style: solid;
    border-bottom-style: solid;
    border-left-style: solid;
    border-top-color: #F03;
    border-right-color: #F03;
    border-bottom-color: #F03;
    border-left-color: #F03;
}
```

将此样式应用于表单对象，在浏览器中浏览效果如图9-13所示。

图9-13 定义bottom为1px效果

⑩在网页中，常常利用CSS样式表对表单添加各种样式，如图9-14所示。

图9-14 对表单添加各种样式

9.2 通过CSS设置各元素的外观

通过CSS进行恰当的设置，可以改变表单元素的外观。

9.2.1 设置背景样式

还可以设置表单对象的背景颜色和背景图像。如图9-15所示，在"背景"分类中可以设置Background-color为#F9F。在浏览器中浏览，效果如图9-16所示。

其CSS代码如下所示：

```
.formstyle {
    border: 1px solid #F03;
    background-color: #F9F;
}
```

图9-15 设置背景颜色

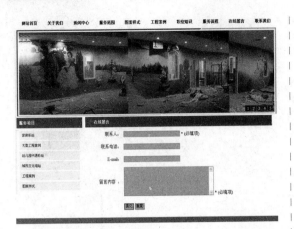

图9-16　设置Background-color效果

由于背景颜色比较单一，还可以设置更生动的背景图像效果，具体操作步骤如下。

❶首先制作或从网上找到一幅背景图像，如图 9-17 所示。

图9-17　背景图像

❷打开上一节创建的网页，执行"窗口"|"CSS样式"命令，打开"CSS样式"面板，右键单击 .formstyle 样式，在弹出菜单中选择"编辑"选项，如图 9-18 所示。打开"CSS规则定义"对话框，在对话框中选择"背景"分类，设置 Background-image 为 bj.jpg（背景图像），如图 9-19 所示。

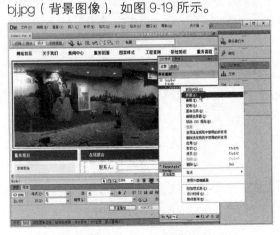

图9-18　编辑CSS样式

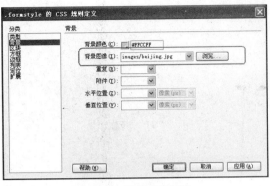

图9-19　设置背景图像

❸单击"确定"按钮，其 CSS 代码如下所示，在浏览器中浏览网页效果，如图 9-20 所示。

```
.formstyle {
    border: 1px solid #F03;
    background-color: #F9F;
    background-image: url(images/bj.jpg);
}
```

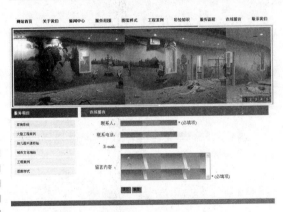

图9-20　设置表单对象背景图像后的效果

❹在"CSS规则定义"对话框中可以设置 background-repeat 为 no-repeat，如图 9-21 所示，将此样式表应用于表单对象，在浏览器中浏览，效果如图 9-22 所示。其 CSS 代码如下。

```
.formstyle {
    border: 1px solid #F03;
    background-color: #F9F;
```

```
background-image: url(images/bj.jpg);
background-repeat: no-repeat;
}
```

图9-23 设置背景横向重复

图9-21 设置背景不重复

图9-24 设置背景横向重复效果

图9-22 设置背景不重复效果

❺在"CSS规则定义"对话框中，可以设置 background-repeat 为 repeat-x，如图9-23所示，将此样式表应用于表单对象，在浏览器中浏览，效果如图9-24所示。本例中背景图像高度比较适合于单行文本框和按钮，对于多行文本框可以采用尺寸适当大一些的图像作为背景。其CSS代码如下。

```
.formstyle {
    border: 1px solid #F03;
    background-color: #F9F;
    background-image: url(images/bj.jpg);
    background-repeat: repeat-x;
}
```

9.2.2 设置输入文本的样式

利用CSS样式可以控制浏览者输入文本的样式，起到美化表单的作用。

在"类型"分类中可以设置输入文本的属性，如图9-25所示。

图9-25 设置文本属性

还可以设置输入文本的颜色，如图9-26所示。

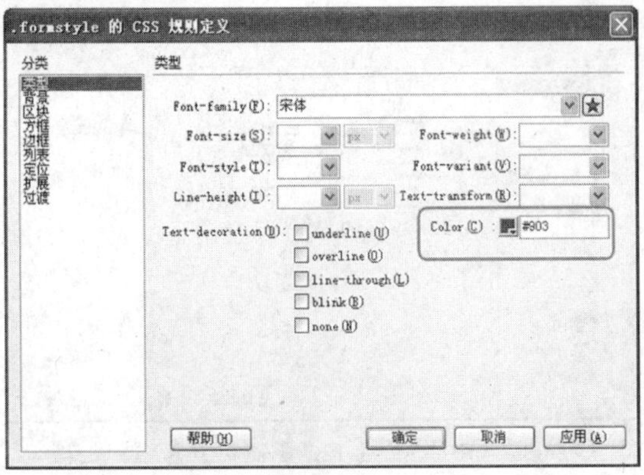

图9-26 设置输入文本的颜色

将样式表应用到表单对象中，其CSS代码如下，在浏览器中浏览，效果如图9-27所示。

```
.formstyle {
    border: 1px solid #F03;
    background-color: #F9F;
    font-family: " 宋体 ";
    color: #903;
}
```

图9-27 设置输入文本的样式

9.2.3 设计文本框的样式

对于一些布局比较简单的表单，如登录表单，完全可以采用Div+CSS的方式布局，这里学习一个CSS表单实例，如图9-28所示。

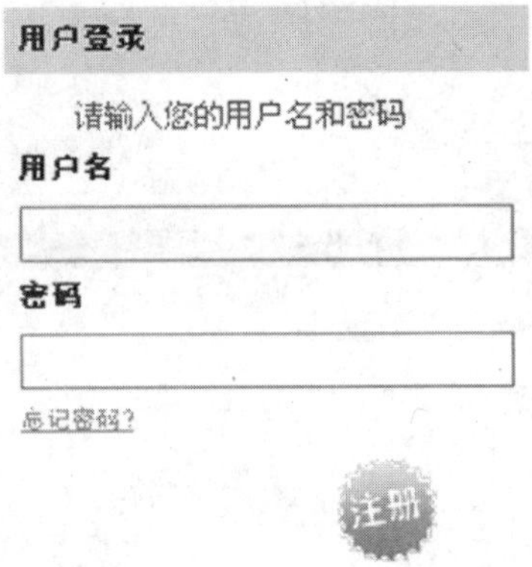

图9-28 Div+CSS设计表单

首先进行整体的规划。

● 建立一个容器main，将表单元素及其他相关元素一起放在这个容器中。

● 设置标签h1，放置"用户登录"。

● 设置标签h2，放置"请输入您的用户名和密码"。

● 设置Username与Password表单，提示文字的容器。

● 设置表单输入框。

● 设置密码找回的文字链接。

● 最终设置提交表单的按钮图片。

具体操作步骤如下。

❶首先形成如下的xhtml代码。

```
<div id="main">
    <h1 id="title"> 用户登录 </h1>
    <h2 id="login"> 请输入您的用户名和密
码 </h2>
    <p class="formt"> 用户名 </p>
    <p><input name="Username" type="text"
class="username"></p>
    <p class="formt"> 密码 </p>
    <p><input name="Password"
type="password" class="password"></p>
    <p id="forget"><a href="#"> 忘记密码?</
a> </p>
```

```
<p id="button"><input type="image"
src="reg.gif" class="imgbutton" />
    </p>
</div>
```

❷ h2 元素 title 与表单提示文字的类 formt，除了背景色不同，其他的属性是相同的，将它们合并起来编写，在后面单独定义类 formt 与 title 的不同之处，进一步简化代码。

```
#title,.formt {
    width:208px;
    height:26px;
    line-height:26px;
    text-indent:5px;
    font-family:" 黑体 ";
    font-size:12px;
    background-color: #33FF00;
}
```

★提示★

title与formt的共同属性：

高度与宽度为208px、26px。

行高26px，文字缩进5px。

定义了字体及字号。

设置背景色为#33FF00。

❸ 接下来设置 h2 "请输入您的用户名和密码" 的样式。

```
#login {
    width:208px;
    height:24px;
    padding-top:11px;
    text-indent:28px;
    font-size:12px;
    color:#CC0000;
    font-weight:100;
}
```

★提示★

高度与宽度为208px、24px。设置上填充为11px、文字颜色、文字缩进，以及字体加粗为100等。

❹ 同上面的情况类似，表单输入框类 .username 和类 .password 除了小图标的不同，其他的属性是相同的，进一步简化代码也将它们合并编写。

```
.username,.password {
    background:#fff;
    border:1px solid #339900;
    color:#000;
    font-family:" 黑体 ";
    font-size:12px;
    width:196px;
    height:22px;
    margin-left:6px;
    padding-left:20px;
    line-height:20px;
}
```

★提示★

背景色为#fff（白色），边框为1px、实线、#339900（绿色）。

设置文字颜色、字体及大小。

设置输入框的高度与宽度为196px、22px。

由于想要与提示文字左对齐，设置左边距为6px。

为了给小图标留下足够的空间，内容左填充为20px。

输入框input内的文字可能与小图标不能水平对齐，设置行高为20px。

❺ 下面定义 "忘记密码" 的链接与表单的按钮图片。

```
#forget a {
    width:208px;
```

```
        height:20px;
        line-height:20px;
        text-indent:3px;
        font-family:" 黑体 ";
        font-size:10px;
        color:#f60
    }
    #button { width:208px; height:28px; }
    .imgbutton {margin-top:7px; margin-
left:132px; }
```

★提示★

关于忘记密码的链接,进行简单的定义即可。
设置按钮图片的容器button,宽度和高度分别
为208px、28px。
表单提交按钮在xhtml中,是这样编写的:
input type="image" src="loginin.gif"
这样编写的好处在于,输入完用户名和密码以
后,除了可以用鼠标单击提交,直接按回车键
也可以提交表单。
类imgbutton对表单按钮进行了设置。

到这里完成了这个表单的设计。从这个小
实例中,应该能够掌握背景图片的灵活运用,
这种应用的方式在 CSS 网页布局中是非常重
要的,有很多效果是通过这种方式来实现的。

在网页中,有些表单就是完全通过
CSS+Div 来实现的,如图 9-29 所示的淘宝网
的登录表单。

图9-29 淘宝网的登录表单

9.3   综合实战

表单在网页中应用非常广,凡是留言、论坛、提交信息等都在其运用范围之中。但是
Dreamweaver 在这方面的功能非常有限,如果想制作出更酷、更美的表单,还需要 CSS 的支
持,下面通过实例讲述利用 CSS 设计表单特效。

9.3.1   实战——改变按钮的背景颜色和文字颜色

改变按钮的背景颜色和文字颜色的具体操
作步骤如下。

❶打开网页文档,如图 9-30 所示。

❷执行"窗口"|"CSS 样式"命令,打
开"CSS 样式"面板,在面板中单击鼠标右
键,在弹出的菜单中选择"新建"选项,弹

出"新建 CSS 规则"对话框。在该对话框中
的"选择器类型"选择"类","选择器名称"
中输入 .inputys,"规则定义"选择"仅限该文
档",如图 9-31 所示。

图9-30 打开网页文档

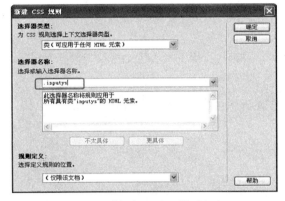

图9-31 "新建CSS规则"对话框

❸ 单击"确定"按钮,弹出".inputys 的 CSS 规则定义"对话框,在"分类"列表中选择"类型"选项,在"类型"选项中将 Font-size 设置为"9 点数",在 Font-weight 中选择 normal, Font-style 选择 normal, Font-variant 选择 normal,将 color 设置为 #F00,如图 9-32 所示。

图9-32 ".inputys的CSS规则定义"对话框

❹ 选择"分类"列表中选择"背景"选项,将 Background-color 设置为 #009819,如图 9-33 所示。

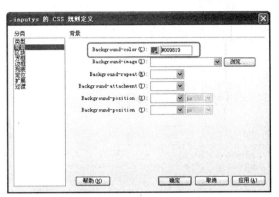

图9-33 设置"背景"选项

❺ 在"分类"列表中选择"方框"选项,将 height 设置为 18 像素,在 padding 中勾选"全部相同",margin 勾选"全部相同",如图 9-34 所示。

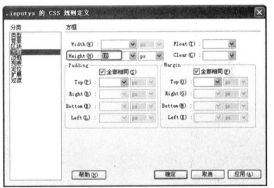

图9-34 设置"方框"选项

❻ 选择"分类"列表中选择"边框"选项,将 style 设置为 solid,并勾选"全部相同",width 设置为 1,并勾选"全部相同",color 设置为 #FFCC00,并勾选"全部相同",如图 9-35 所示。

图9-35 设置"边框"选项

❼选择"分类"列表中选择"定位"选项，将 height 设置为 18 像素，如图 9-36 所示，设置完 .inputys 样式后，其 CSS 代码如下所示。

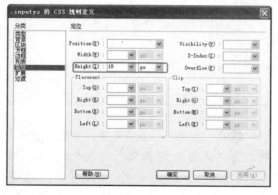

图9-36 设置"定位"选项

```
<style type="text/css">
.inputys {
    font-size: 9pt;
    font-style: normal;
    font-weight: normal;
    font-variant: normal;
    color: #F00;
    background-color: #009819;
    height: 18px;
    border-top-style: solid;
    border-right-style: solid;
    border-bottom-style: solid;
    border-left-style: solid;
    border-top-color: #FFCC00;
    border-right-color: #FFCC00;
    border-bottom-color: #FFCC00;
    border-left-color: #FFCC00;
}
</style>
```

❽设置完毕，单击"确定"按钮，在文档中选择"提交"按钮，打开属性面板，选择"类"下拉列表中的 inputys 选项，如图 9-37 所示。

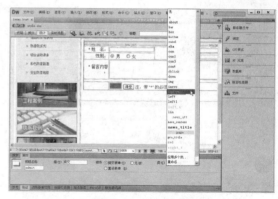

图9-37 应用样式

❾在文档中选择"重置"按钮，打开属性面板，选择"类"下拉列表中的 .inputys 选项，如图 9-38 所示。

图9-38 应用样式

❿保存文档，在浏览器中预览，效果如图 9-39 所示。

图9-39 改变按钮的背景颜色和文字颜色

156

9.3.2 实战——设计文本框中的文字样式

可以利用CSS样式设置表单文本框中的文字样式，具体操作步骤如下。

❶打开网页文档，如图9-40所示。

图9-40 打开网页文档

❷选中文本框，在拆分视图状态下添加 <input id=firstname name=firstname size=20 style=font-family:" 经典楷体简 ";font-size:13px> 代码到文本框标签中，如图9-41所示。

❸保存网页，按F12键在浏览器中浏览，在文本框中输入文字，效果如图9-42所示可以看到字体为经典楷体简，文字大小为13。

图9-41 输入代码

图9-42 设计文本框中的文字样式

9.3.3 实战——制作透明的表单背景

由于Dreamweaver内置的表单底色为白色，当精心设计了网页底色，却被表单的白色遮住，难免觉得遗憾，套用CSS的样式表即可轻松解决这个问题。

❶打开网页文档，如图9-43所示。

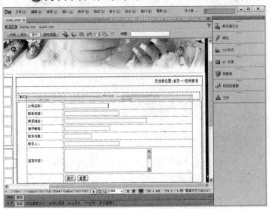

图9-43　打开网页文档

❷选择要设置成透明的文本框，在"拆分"视图中输入以下代码，如图9-44所示。

```
<input type="text" name="textfield"
id="textfield"style="background:transparent"
>
```

图9-44　输入代码

❸如果是多行文本框，处理方法也一样，只要将样式设置成背景透明即可，如图9-45所示，其CSS代码如下。

```
<textarea name="textfield7" cols="45"
rows="6"
id="textfield7"style="background:transparen
t">
</textarea>
```

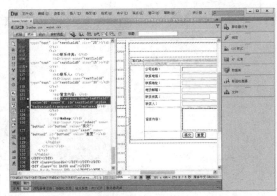

图9-45　输入代码

❹最后将背景颜色设置为#CC3366，如图9-46所示。

```
<style type="text/css">
.form {background-color: #CC3366;}
</style>
```

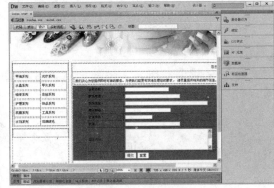

图9-46　设置背景颜色

❺保存文档，在浏览器中预览，效果如图9-47所示。

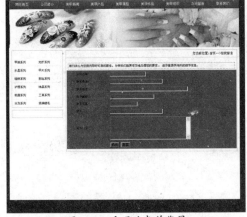

图9-47　透明的表单背景

9.3.4 实战——为下拉列表变换颜色

一般的下拉列表多半背景颜色为白色，这里讲述的高级技巧是可以将下拉列表的每一个块都变成不同的颜色，让页面颜色更丰富。

❶打开网页文档，如图9-48所示。

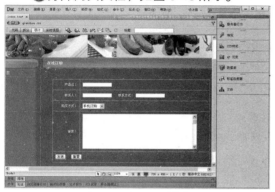

图9-48 打开网页文档

❷在 <style> 标签内输入下拉列表要使用的样式代码，如图9-49所示。

```
.green {
background-color:#CCFFCC;
color:#000000
}
.lightgreen {
background-color:#B0FFB0;
color:#000000;
}
.grassgreen {
background-color:#CCFF99;
color:#000000;
}
.middlegreen {
background-color:#CCFF66;
color:#000000;
}
.darkgreen {
    background-color:#33CC66;
    color:#FFFFFF;
}
```

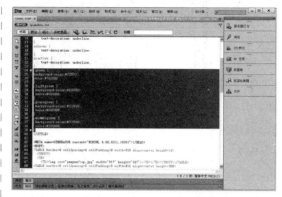

图9-49 输入下拉列表语句

❸选择下拉式菜单，在拆分视图中给不同选项的 class 添加不同的颜色样式，并依标识插入在 <option> 标签中，如图9-50所示。

```
<select name="select" id="select">
    <option class="green"> 手 机 订 购 </option>
    <option class="lightgreen"> 热线订购 </option>
    <option class="middlegreen"> 预约订购 </option>
    <option class="grassgreen"> 网上订购 </option>
</select>
```

图9-50 拆分视图

❹保存文档，在浏览器中预览，效果如图 9-51 所示。

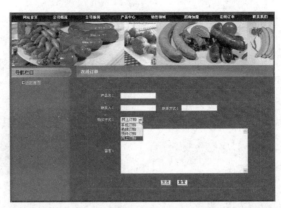

图9-51 变换颜色的下拉列表

9.3.5 实战——CSS 3制作的3D效果登录表单

下面使用 CSS 3 制作一个 3D 效果登录表单，如图 9-52 所示。

图9-52 CSS 3制作的3D效果登录表单

❶首先使用 HTML 代码搭建表单架构，如下代码所示。

```
<div class="page">
    <header id="header">
        <hgrounp class="blank"></hgrounp>
    </header>
    <section class="demo">
<div class="box">
 <form>
  <div> 会员登录 </div>
  <div class="input_control">
    <input type="text" id="inputName"
placeholder="Your Name">
```

```
    <label for="inputName"></label>
    </div>
    <div class="input_control">
        <input type="text" id="inputEmail"
placeholder="Your Email">
        <label for="inputName"></label>
    </div>
    <div class="input_control">
        <input type="password"
id="inputPassword" placeholder="******">
        <label for="inputName"></label>
    </div>
    <div>
        <button type="submit"
class="btn">LOGIN</button>
    </div>
    <p><a href="#">Lost Your Password?</a></p>
    </form>
    </div>
    </section>
</div>
```

❷接着使用 CSS 定义表单对象的外观样式，如下代码所示。

```
<style type="text/css">
body{background-color:#f7f0da;
background-image:-webkit-linear-gradient(180deg,transparent90%,#eae4cf10%);
background-image: -moz-linear-gradient(180deg,transparent 90%,#eae4cf 10%);
background-image: -o-linear-gradient(180deg,transparent 90%,#eae4cf 10%);
background-image: -ms-linear-gradient(180deg,transparent 90%,#eae4cf 10%);
background-image: linear-gradient(180deg,transparent 90%,#eae4cf 10%);
background-size: 5px 50px;}
.box{ margin:20px auto; width:560px;text-align:center;font-weight:bold;}
.box div:first-child{ font-size:60px;margin-bottom:20px;
text-shadow:0 2px 0 #c0c0c0,0 3px #979385;}
.box .input_control{position:relative;height:100px;}
.box input{ position:relative;font-size:18px;height:56px;width:100%;
padding-left:10px;border:12px solid #fff;border-radius:3px;
box-shadow:inset 0 0 0 1px #c0c0c0,inset 1px 2px 0 #e6e6e6;1px 2px 0 #c0c0c0,-1px 2px 0
#c0c0c0,2px 3px 0 #c0c0c0,-2px 3px 0 #c0c0c0,2px 12px 0 #c0c0c0,-2px 12px 0 #c0c0c0,0 2px 0
3px #979797,0 10px 0 3px #979797,-2px 15px 10px rgba(0,0,0,.6);
-webkit-box-sizing:border-box;
-moz-box-sizing:border-box;
-o-box-sizing:border-box;
-ms-box-sizing:border-box;
box-sizing:border-box;
-webkit-transition: all 0.1s ease-in;
-moz-transition: all 0.1s ease-in;
-ms-transition: all 0.1s ease-in;
-o-transition: all 0.1s ease-in;
transition: all 0.1s ease-in;}
.box label{ position:absolute;top:-2px; right:50px; width:74px; height: 56px;
color:#f3f2f1;text-shadow:0 3px 1px #9e2719;border:1px solid #dd684f;
background:-webkit-linear-gradient(top,#e78d7b 0,#dd684f 72px);
background:-moz-linear-gradient(top,#e78d7b 0,#dd684f 72px);
background:-o-linear-gradient(top,#e78d7b 0,#dd684f 72px);
background:-ms-linear-gradient(top,#e78d7b 0,#dd684f 72px);
background:linear-gradient(top,#e78d7b 0,#dd684f 72px);
box-shadow:0 14px 0 #9c2912,0 0 5px rgba(0,0,0,.3);
-webkit-transition: all 0.1s ease-in;
-moz-transition: all 0.1s ease-in;
```

```
      -o-transition: all 0.1s ease-in;
      -ms-transition: all 0.1s ease-in;
      transition: all 0.1s ease-in;}
      .box label:after{position:absolute;display:block;width: 74px;
      text-align: center;font: normal normal 30px/56px  'icomoon';speak: none;
      -webkit-font-smoothing: antialiased;
      -moz-font-smoothing: antialiased;
      -o-font-smoothing: antialiased;
      -ms-font-smoothing: antialiased;
      font-smoothing: antialiased;}
      .input_control:nth-of-type(2) label:after{content:"\21";}
      .input_control:nth-of-type(3) label:after{content:"\22";}
      .input_control:nth-of-type(4) label:after{content:"\23";}
      .box input:focus{outline: 0 none;top:2px; }
      .box input:focus + label{top:0; }
      ::-webkit-input-placeholder {color:#d94a2d;font-style:italic;}
      .box .btn{position:relative; width:210px; height:60px;color:#4c6e03;
      font:bold 35px  "Impact";text-indent:10px;letter-spacing:3px;
      text-align:left;margin-bottom:20px;border:none;border-radius:6px;
      text-shadow:-1px 2px 0 #c4e184;
      box-shadow:1px 2px 0 #5f8214,-1px 2px 0 #5f8214,2px 3px 0 #5f8214,-2px 3px 0 #5f8214,2px
12px 0 #5f8214,-2px 12px 0 #5f8214,0 2px 0 3px #304601,0 10px 0 3px #304601,-2px 15px 10px
rgba(0,0,0,.6);
      background:-webkit-linear-gradient(top,#c5e185,#a5c65c);
      -webkit-transition: all 0.1s ease-in;
      -moz-transition: all 0.1s ease-in;
      -o-transition: all 0.1s ease-in;
      -ms-transition: all 0.1s ease-in;
      transition: all 0.1s ease-in;}
      .box p a{color:#d94a2d; line-height:30px;font-size:14px;}
      </style>
```

第10章　用CSS制作实用的菜单和
网站导航

本章导读

　　一个优秀的网站，菜单和导航是必不可少的，导航菜单的风格往往也决定了整个网站的风格，因此很多设计者都会投入很多的时间和精力来制作各式各样的导航。本章主要围绕导航菜单的制作，介绍有序列表和无序列表，以及各种导航的制作。

技术要点

- 掌握有序列表
- 掌握无序列表
- 掌握横排导航
- 掌握竖排导航

实例展示

设置定义列表

顶部横向导航

实现背景变换的导航菜单

用背景图片实现
CSS柱状图表

10.1 列表概述

HTML 有三种列表形式：排序列表 (Ordered List)；不排序列表 (Unordered List)；定义列表 (Definition List)。

排序列表 (Ordered List)：排序列表中，每个列表项前标有数字，表示顺序。排序列表由 <ol> 开始，每个列表项由 <li> 开始。

不排序列表 (Unordered List)：不排序列表不用数字标记每个列表项，而采用一个符号标志每个列表项，例如圆黑点。不排序列表由 <ul> 开始，每个列表项由 <li> 开始。

定义列表：定义列表通常用于术语的定义。定义列表由 <dl> 开始。术语由 <dt> 开始，英文意为 Definition Term。术语的解释说明，由 <dd> 开始，<dd></dd> 里的文字缩进显示。

10.2 列表样式控制

列表是一种非常实用的数据排列方式，它以条列式的模式来显示数据，可以帮助访问者方便地找到所需信息，并引起访问者对重要信息的注意。

10.2.1 ul无序列表

无序列表是 Web 标准布局中最常用的样式，ul 用于设置无序列表，在每个项目文字之前，以项目符号作为每条列表项的前缀，各个列表之间没有顺序级别之分。如表 10-1 所示为 ul 标记的属性。

表10-1 ul标记的属性定义

属性名		说明
标记固有属性	type＝项目符合	定义无序列表中列表项的项目符号图形样式
可在其他位置定义的属性	id	在文档范围内的识别标志
	class	
	lang	语言信息
	dir	文本方向
	title	标记标题
	style	行内样式信息

基本语法：

```
<ul>
<li> 列表 </li>
<li> 列表 </li>
<li> 列表 </li>
……
</ul>
```

语法说明：

在该语法中，<ul> 和 </ul> 标记表示无序列表的开始和结束，<li> 则表示一个列表项的开始。

在"代码"视图中输入如下代码，如图10-1所示。

```
<table border="0" align="center" cellpadding="0" cellspacing="0">
  <tr>
    <td width="701" height="259" valign="top"><p class="ys">
    <ul>
      <li>办饰品加工厂：</li></p>
    <p class="ys"> 你自备场地，诚实守信，能组织 3 名以上的工人，具备八千元资金，你就
可以建个手工饰品加工厂，为饰品粘牌生产。会为你提供原材料技术，指导建厂，你赚加工管
理费，总部为你销售产品，让你轻松创业无风险。
    <br>
      <li> 特许专卖店：</li></p>
    <p class="ys"> 开一家专卖店一般都能在两三个月内收回了投资，获得了较高的经济效益，
加上公司全方位的扶持，定让你的专卖店人流如织，财源滚滚！万余种饰品精美时尚，让人爱
不释手，利润高，回报快，在你处开一家专卖店，品种齐全，总部支持，轻松上路退货换货，
后顾无忧！品牌共享！
    </ul>
    </td>
  </tr>
</table>
```

代码中加粗的部分用来设置无序列表，运行代码，在浏览器中预览网页，效果如图10-2所
示，每个列表项用圆黑点表示。

图10-1　"代码"视图

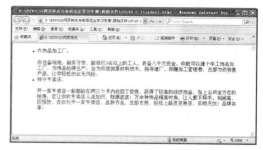

图10-2　设置无序列表

10.2.2　ol有序列表

有序列表使用编号，而不是项目符号来进行排列，列表中的项目采用数字或英文字母开头，
通常各项目之间有先后顺序性。ol标记的属性及其介绍，如表10-2所示。

表10-2 ol标记的属性定义

属性名		说明
标记固有属性	type＝项目符合	有序列表中列表项的项目符号格式
	start	有序列表中列表项的起始数字
可在其他位置定义的属性	id	在文档范围内的识别标志
	lang	语言信息
	dir	文本方向
	title	标记标题
	style	行内样式信息

基本语法：

```
<ol>
<li> 列表 1</li>
<li> 列表 2</li>
<li> 列表 3</li>
……
</ol>
```

语法说明：

在该语法中，<ol> 和 </ol> 标记标志着有序列表的开始和结束，而 <li> 和 </li> 标记表示一个列表项的开始。

在 "代码" 视图中输入如下代码，如图 10-3 所示。

```
<ol>
<p>房型名称 价格（单位：元）早餐</p>
<li> 标准房      1580      无 </li>
<li> 豪华房      1800      有 </li>
<li> 普通套房    2300      有 </li>
<li> 豪华套房    2500      有 </li>
<li> 行政套房    4500      有 </li>
</ol>
```

图10-3 输入代码

运行代码，在浏览器中预览网页，效果如图 10-4 所示。

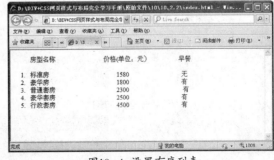

图10-4 设置有序列表

★高手支招★

在有序列表中,使用<ol>作为有序的声明,使用<li>作为每一个项目的起始。

10.2.3 dl定义列表

定义列表由两部分组成，包括定义条件和定义描述。定义列表由 <dl> 元素起始和结尾，

<dt> 用来指定定义条件，<dd> 用来指定定义描述。

基本语法：

```
<dl>
<dt> 定义条件 </dt>
<dd> 定义描述 </dd>
......
</dl>
```

在代码视图中输入如下代码，如图 10-5 所示。

```
<table width="100%" cellspacing="0"
cellpadding="0">
    <tr>
    <td>
    <dl>
<dt> 咖啡厅 </dt>
<dd> 环境优雅、舒适的咖啡厅位于酒店一楼，每日为您提供款式多样、丰盛美味的西式自助早餐。还有品种繁多的美式、欧陆式、中式早餐零点及中、西式午、晚套餐任您选择。</dd>
<dt> 食府 </dt>
<dd> 富丽堂皇的食府位于酒店三楼，室内另设七个包厢。古典的韵味，精致的菜肴，个性化的服务，这一切将给您一种特别的感受。食府为您提供中国特色菜，选料讲究，做工精细。</dd>
    </dl>
    </td>
    </tr>
</table>
```

图10-5 代码视图

代码中加粗的部分用来设置定义列表，运行代码，在浏览器中预览网页，效果如图 10-6 所示。

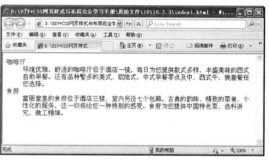

图10-6 设置定义列表

10.2.4 更改列表项目样式

使用 start 属性可以调整有序列表的起始数值，该数值可以对数字起作用，也可以作用于英文字母或罗马数字。

基本语法：

```
<ol start=" 起始数值 ">
<li> 列表 </li>
<li> 列表 </li>
<li> 列表 </li>
......
</ol>
```

在"代码"视图中输入如下代码，如图 10-7 所示。

```
<table width="100%" cellspacing="0"
cellpadding="0">
```

```
<tr><td>
<ol type="1" start="5">
<p>房型名称 价格（单位：元）早餐 </p>
<li> 标准房        1580            无 </li>
<li> 豪华房        1800            有 </li>
<li> 普通套房      2300            有 </li>
<li> 豪华套房      2500            有 </li>
<li> 行政套房      4500            有 </li>
</ol>
</td></tr>
</table>
```

在代码中加粗的代码标记将有序列表的起始数值设置为从第 5 个小写英文字母开始，在浏览器中浏览，效果如图 10-8 所示。

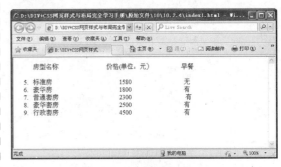

图10-8 设置有序列表的起始数值

★提示★

网页在不同浏览器中显示可能不一样，HTML标准没有指定网页浏览器应如何格式化列表，因此使用旧浏览器的用户看到的缩进可能与在这里看到的不同。

图10-7 代码视图

10.3　横排导航

网站导航都含有超链接，因此，一个完整的网站导航需要创建超链接样式。导航栏就好像一本书的目录，对整个网站有着很重要的作用。

10.3.1　文本导航

横排导航一般位于网站的顶部，是一种比较重要的导航形式。如图 10-9 所示是一个用表格式布局制作的横排导航。

图10-9 横排导航

根据表格式布局的制作方法，如图 10-9 所示的导航一共由 6 个栏目组成，所以需要在网页文

CSS控制样式进阶

档中插入1个1行6列的表格，在每行单元格 td 标签内添加导航文本，其代码如下。

```
<table width="480" border="1"
cellpadding="5" cellspacing="3"
  bgcolor="#FFFFCC">
  <tr>
    <td><a href="index.htm"> 首页 </a></td>
    <td><a href="about.htm"> 关 于 我 们 </a></td>
    <td><a href="product.htm"> 产品介绍 </a></td>
    <td><a href="technical.htm"> 技术支持 </a></td>
    <td><a href="bbs.htm"> 客户服务 </a></td>
    <td><a href="we.htm"> 联系我们 </a></td>
  </tr>
</table>
```

可以使用 ul 列表来制作导航。实际上导航也是一种列表，可以理解为导航列表，导航中的每个栏目就是一个列表项。用列表实现导航的 XHTML 源代码如下。

```
<ul id="nav">
  <li><a href="index.htm"> 首页 </a></li>
  <li><a href="about.htm"> 关 于 我 们 </a></li>
  <li><a href="product.htm"> 产品介绍 </a></li>
  <li><a href="technical.htm"> 技术支持 </a></li>
  <li><a href="bbs.htm"> 客户服务 </a></li>
  <li><a href="we.htm"> 联系我们 </a></li>
</ul>
```

其中，#nav 对象是列表的容器，列表效果如图 10-10 所示。

图10-10 列表效果

定义无序列表 nav 的边距及填充均为 0，并设置字体大小为 12px。

```
#nav { font-size:12px;
    margin:0;
    padding:0;
    white-space:nowrap; }
```

不希望菜单还未结束就另起一行，强制在同一行内显示所有文本，直到文本结束或遇到 br 对象。

```
#nav li {display:inline;
    list-style-type: none;}
#nav li a { padding:5px 8px;
    line-height:22px;}
```

display:inline; 内联（行内），将 li 限制在一行来显示。

list-style-type: none; 列表项预设标记为无。

padding:5px 8px; 设置链接的填充，上下为 5px，左右为 8px。

line-height:22px; 设置链接的行高为 22px。

```
#nav li a:link,#nav li a:visited {color:#fff;
    text-decoration:none;
    background:#06f;}
#nav li a:hover { background-color: #090;}
```

定义链接的 link、visited。

　　color:#fff; 字体颜色为白色。

　　text-decoration:none; 去除了链接文字的下划线。

　　background:#06f; 链接在 link、visited 状态下背景色为蓝色。

a:hover 状 态 下 background-color: #090; 鼠标激活状态链接的背景色为绿色。

至此就完成了这个实例，CSS横向文本导航最终效果，如图10-11所示。

图10-11 文本导航

利用CSS制作的横向文本导航在网页上比较常见，如图10-12所示为网页顶部的横排文本导航。

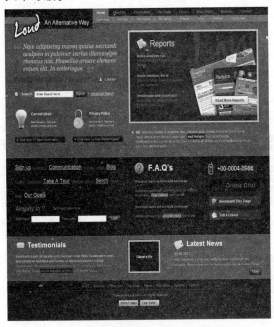

图10-12 网页顶部的横排文本导航

10.3.2 标签式导航

在横排导航设计中经常会遇见一种类似文件夹标签的样式。这种样式的导航不仅美观，而且能够让浏览者清楚地知道目前处在哪一个栏目，因为当前栏目标签会呈现与其他栏目标签不同的颜色或背景。如图10-13所示的网页顶部的导航就是标签式导航。

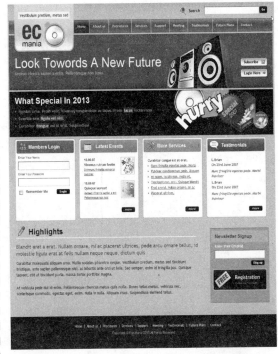

图10-13 标签式导航

要使某一个栏目成为当前栏目，必须对这个栏目的样式进行单独设计。对于标签式导航，首先从比较简单的文本标签式导航入手。

```
<div id="tabs">
  <ul>
    <li><a href="#"><span>手机通讯</span></a></li>
    <li><a href="#"><span>手机配件</span></a></li>
    <li><a href="#"><span>数码影像</span></a></li>
    <li><a href="#"><span>时尚影音</span></a></li>
    <li><a href="#"><span>数码配件</span></a></li>
    <li><a href="#"><span>电脑整机</span></a></li>
    <li><a href="#"><span>电脑软件</span></a></li>
```

CSS控制样式进阶

```
    </ul>
  </div>
```

CSS 代码如下，效果如图 10-14 所示。

手机通讯　手机配件　数码影像　时尚影音　数码配件　电脑整机　电脑软件

图10-14　标签式导航

```
h2{
      font: bold 14px " 黑体 ";
      color: #000;
      margin: 0px;
      padding: 0px 0px 0px 15px;
  }
```
    /* 定义 #tabs 对象的浮动方式，宽度，背景颜色，字体大小，行高和边框 */
```
  #tabs {
      float:left;
      width:100%;
      background:#EFF4FA;
      font-size:93%;
      line-height:normal;
        border-bottom:1px solid #DD740B;
      }
```
    /* 定义 #tabs 对象里无序列表的样式   */
```
  #tabs ul {
      margin:0;
      padding:10px 10px 0 50px;
      list-style:none;
    }
```
    /* 定义 #tabs 对象里列表项的样式   */
```
  #tabs li {
      display:inline;
      margin:0;
```

```
      padding:0;
    }
```
    /* 定义 #tabs 对象里链接文字的样式   */
```
  #tabs a {
      float:left;
       background:url("tableftl.gif") no-repeat left
top;
      margin:0;
      padding:0 0 0 5px;
      text-decoration:none;
    }
  #tabs a span {
      float:left;
      display:block;
        background:url("tabrightl.gif") no-repeat
right top;
      padding:5px 15px 4px 6px;
      color:#FFF;
    }
  #tabs a span {float:none;}
```
    /* 定义 #tabs 对象里链接文字激活时的样式   */
```
  #tabs a:hover span {
      color:#FFF;
    }
  #tabs a:hover {
      background-position:0% -42px;
    }
  #tabs a:hover span {
      background-position:100% -42px;
    }
```

10.4　竖排导航

竖排导航是比较常见的导航，下面制作的如图 10-15 所示的 CSS 竖排导航，具有立体美感，鼠标事件引发边框和背景属性变化。

图10-15 竖排导航

❶ 在 <body> 与 </body> 之间输入以下代码。

```
<div id="nave">
<ul id="navlist">
<li id="active"><a href="#" id="current"> 网页设计教程 </a>
<ul id="subnavlist">
<li id="subactive"><a href="#" id="subcurrent">Dreamweaver</a></li>
<li><a href="#">Flash</a></li>
<li><a href="#">Fireworks</a></li>
<li><a href="#">Photoshop</a></li>
</ul>
</li>
<li><a href="#"> 电脑维修 </a></li>
<li><a href="#"> 程序设计 </a></li>
<li><a href="#"> 办公用品 </a></li>
</ul>
</div>
```

❷ #nave 对象是竖排导航的容器，其 CSS 代码如下。

```
#nave { margin-left: 30px; }
#nave ul
{
margin: 0;
padding: 0;
list-style-type: none;
font-family: verdana, arial, Helvetica, sans-serif;
}
#nave li { margin: 0; }
#nave a
{
display: block;
padding: 5px 10px;
width: 140px;
color: #000;
background-color: #FFCCCC;
text-decoration: none;
border-top: 1px solid #fff;
border-left: 1px solid #fff;
border-bottom: 1px solid #333;
border-right: 1px solid #333;
font-weight: bold;
font-size: .8em;
background-color: #FFCCCC;
background-repeat: no-repeat;
background-position: 0 0;
}
#nave a:hover
{
color: #000;
background-color: #FFCCCC;
text-decoration: none;
border-top: 1px solid #333;
border-left: 1px solid #333;
border-bottom: 1px solid #fff;
border-right: 1px solid #fff;
background-color: #FFCCCC;
background-repeat: no-repeat;
background-position: 0 0;
}
#nave ul ul li { margin: 0; }
#nave ul ul a
{
display: block;
```

```
padding: 5px 5px 5px 30px;
width: 125px;
color: #000;
background-color: #CCFF66;
text-decoration: none;
font-weight: normal;
}
```

```
#nave ul ul a:hover
{
color: #000;
background-color: #FFCCCC;
text-decoration: none;
}
```

10.5   综合实战

网站需要导航菜单来组织和完成网页间的跳转和互访，浏览网页时，设计新颖的导航菜单能给访问者带来极大的浏览兴趣，下面将通过实例详细介绍导航菜单的设计方法和具体 CSS 代码。

10.5.1   实战——实现背景变换的导航菜单

导航也是一种列表，每个列表数据就是导航中的一个导航频道，使用 ul 元素、li 元素和 CSS 样式可以实现背景变换的导航菜单，具体操作步骤如下。

❶ 启动 Dreamweaver，打开网页文档，切换到代码视图中，在 <head> 与 </head> 之间相应的位置输入以下代码。

```
<style>
#menu {
width: 150px;
border-right: 1px solid #000;
padding: 0 0 1em 0;
margin-bottom: 1em;
font-family: " 宋体 ";
font-size: 13px;
background-color: #708EB2;
color: #000000;
}
#menu ul {
list-style: none;
margin: 0;
padding: 0;
```

```
border: none;
}
#menu li {
    margin: 0;
    border-bottom-width: 1px;
    border-bottom-style: solid;
    border-bottom-color: #708EB2;
}
#menu li a {
    display: block;
    padding: 5px 5px 5px 0.5em;
    background-color: #038847;
    color: #fff;
    text-decoration: none;
    width: 100%;
    border-right-width: 10px;
    border-left-width: 10px;
    border-right-style: solid;
    border-left-style: solid;
    border-right-color: #FFCC00;
    border-left-color: #FFCC00;
}
```

```
html>body #menu li a {
width: auto;
}
#menu li a:hover {
    background-color: #FFCC00;
    color: #fff;
    border-right-width: 10px;
    border-left-width: 10px;
    border-right-style: solid;
    border-left-style: solid;
    border-right-color: #FF00FF;
    border-left-color: #FFCC00;
}
</style>
```

❷将光标放置在相应的位置，执行"插入"|"标签"命令，插入标签，在标签"属性"面板中的 Div ID 下拉列表中选择 menu。

❸切换到代码视图，在 Div 标签标记中输入代码 <ul></ul>。

❹在设计视图中的 Div 标签中输入文字"首页"，在"属性"面板中的链接文本框中进行链接。

❺切换到拆分视图，在 <a href=> 的前面输入代码 <li>，在 </a> 的前面输入代码 </li>。

❻按照以上步骤，创建其他的导航条。保存文档，按 F12 键在浏览器中预览，效果如图 10-16 所示。

图10-16　背景变换的导航菜单

10.5.2　实战——利用CSS制作横向导航

利用 CSS 制作横向导航的具体操作步骤如下。

❶打开 HTML 文档，在 <head> 与 </head> 之间相应的位置输入以下代码。

```
<style type=text/css>body {
font-size: 12px; color: #c8def7; font-family:
宋体
}
P {
    font-size: 12px; color: #c8def7; font-
family: 宋体
}
table {
    font-size: 12px; color: #c8def7; font-
family: 宋体
}
tr {
    font-size: 12px; color: #c8def7; font-
family: 宋体
}
td {
    font-size: 12px; color: #c8def7; font-
family: 宋体
}
A:link {
font-size: 12px; color: #c8def7; font-family: 宋
体 ; text-decoration: none
}
A:visited {
font-size: 12px; color: #c8def7; font-family: 宋
```

体 ; text-decoration: none
```
    }
    A:hover {
        font-size: 12px; color: yellow; font-family:
宋体 ; text-decoration: none
    }
</style>
<style>
#n li{
    float:left;
}
#n li a{
    color:#FFFFFF;
    text-decoration:none;
    padding-top:4px;
    display:block;
    width:65px;
    height:20px;
    text-align:center;
    background-color:#6600CC;
    margin-left:2px;
}
#n li a:hover{
    background-color:#9999FF;
    color:#FFFFFF;
}
</style>
```

❷ 在网页 <body> 与 <body> 之间的相应位置输入如下代码。

```
<div id="n">
 <ul>
    <li><a href="#"> 首页 </a></li>
    <li><a href="#"> 电子相册 </a></li>
    <li><a href="#"> 个人简介 </a></li>
    <li><a href="#"> 与我联系 </a></li>
    <li><a href="#"> 心情日记 </a></li>
    <li><a href="#"> 友情链接 </a></li>
 </ul>
</div>
```

❸ 保存文档，在浏览器中浏览，效果如图 10-17 所示。

图10-17 利用CSS制作横向导航

10.5.3 实战——制作网页下拉列表

下拉列表导航是网站中常见的一种导航形式，能够充分利用页面的空间，而且这种导航形式信息量比较大。

❶ 启动 Fireworks，选择工具箱中的"圆角矩形"工具，绘制多个圆角矩形，如图10-18 所示。

图10-18 在Fireworks中制作导航栏

② 选择工具箱中的 "切片" 工具，在图像上创建切片。每个切片代表一个栏目，如图 10-19 所示。

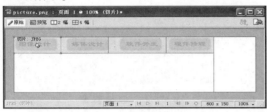

图10-19 创建切片

③ 选择工具箱中的 "热点" 工具，在栏目 "媒体设计" 上创建热点链接，如图 10-20 所示。

图10-20 创建热点链接

④ 执行 "修改" | "弹出菜单" | "添加弹出菜单" 命令，弹出 "弹出菜单编辑器" 对话框。双击 "文本" 列中的第一个字段，输入 "封面设计"，按 Enter 键。该列中的下一个字段会高亮显示，此时可以创建其他项目。双击 "链接" 列中的第一个字段，输入链接地址，按 Enter 键，如图 10-21 所示。

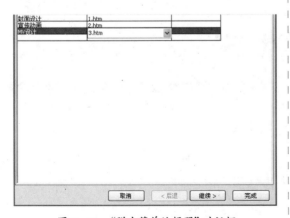

图10-21 "弹出菜单编辑器" 对话框

★ 提示 ★

在 "弹出菜单编辑器" 的项目列表底部总是多出一行。这是为了能够方便地添加新的项目，而不必单击 "添加菜单" 按钮。

⑤ 选择 "外观" 选项卡，选择 HTML 作为单元格类型，选择 "垂直菜单" 作为对齐方式。"字体" 选择 "宋体"，"字体大小" 选择 14，并选择居中对齐。在 "弹出状态" 区域，将 "文本颜色" 设置为黑色，"单元格颜色" 为 #E6FAF6。在 "滑过状态" 区域，将 "文本颜色" 设置为白色，"单元格颜色" 为 #2ED4A7，效果如图 10-22 所示。

图10-22 设置外观选项

⑥ 选择 "高级" 选项卡，在 "单元格宽度" 下拉列表中选择 pixels，将激活 "单元格宽度"，输入 110 作为单元格宽度。更改边框颜色为 #2ED4A5，如图 10-23 所示。

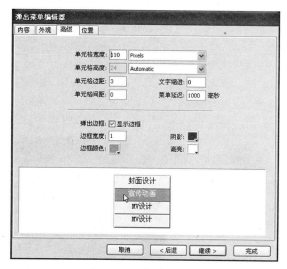

图10-23　设置高级选项

❼选择"位置"选项卡，可以设置弹出菜单在屏幕上的位置。坐标（0，0）表示弹出菜单的左上角与触发它的切片的左上角对齐。还有几个预设位置可供选择，如图10-24所示。

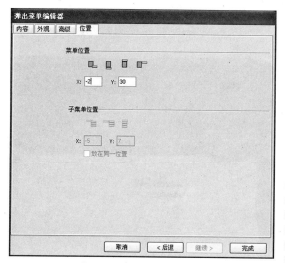

图10-24　设置"位置"选项

❽单击"完成"按钮关闭"弹出菜单编辑器"，弹出菜单的轮廓附加在切片上，效果如图10-25所示。

图10-25　弹出菜单的轮廓附加在切片上

❾执行"文件"|"导出"命令，弹出"导出"对话框，在对话框中选择"保存HTML和图像"，单击对话框中的"选项"按钮，弹出"HTML设置"对话框，在"HTML样式"下拉列表中选择Dreamweaver XHTML，勾选"将CSS写入外部文件"复选框，如图10-26所示。

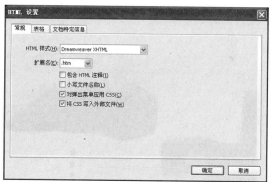

图10-26　导出设置

❿在Dreamweaver中打开导出的文件picture.htm，由源代码可以看出，Fireworks制作的下拉菜单是由mm_css_menu.js和picture.css两个文件来控制的，这一切都是Fireworks自动生成的，最后的效果如图10-27所示。

图10-27　下拉菜单效果

10.5.4　实战——用背景图片实现CSS柱状图表

人们经常需要在网页上表现一些数据的统计图表，通常情况下，是先用一些软件画出图表，然后转换成 GIF 或 JPEG 格式保存，再用 img 标记插入到网页中。这些图片常常会占去网页本身大小的很大比例，影响到网页的传输速度。

常接触统计图表的人会注意到，很多图表其实比较简单，例如柱状的统计图，就是由简单的矩形块拼合。下面就来介绍这种柱状统计图的 CSS 制作方法。

❶首先需要一个作为背景的框，然后是四个矩形的柱子，可以使用 Div，如图 10-28 所示，xhtml 代码如下。

```
<ul>
<li id="q1">100</li>
<li id="q2">190</li>
<li id="q3">140</li>
<li id="q4">70</li>
</ul>
```

图10-28 xhtml代码

❷接下来就要设定它们的 CSS 属性，在网页的 <head> 与 </head> 之间输入如下 CSS 代码，如图 10-29 所示。

```
<style type="text/css">
#q1 {width:100px;
    background:url(02008428202910.gif) #fff
no-repeat scroll -190px 0;}
#q2 {width:190px;
    background:url(02008428202910.gif) #fff
no-repeat scroll -100px -34px;}
#q3 {width:140px;
```

```
    background:url(02008428202910.gif) #fff
no-repeat scroll -150px -68px;}
#q4 {width:70px;
    background:url(02008428202910.gif) #fff
no-repeat scroll -220px -102px;}
</style>
```

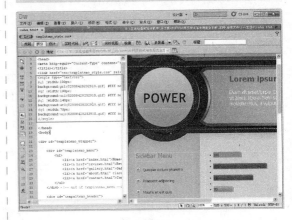

图10-29 输入CSS代码

❸在浏览器中浏览，效果如图 10-30 所示，可以看到用背景图片实现的 CSS 柱状图表。

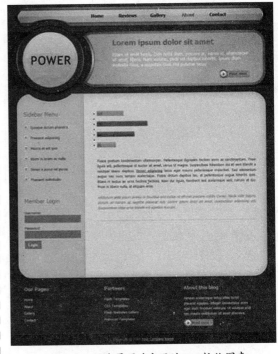

图10-30 用背景图片实现的CSS柱状图表

第11章 CSS中的滤镜

本章导读

灵活应用 CSS 滤镜的特点并加以组合，能够得到许多意想不到的效果。下面将进入 CSS 的最精彩的部分——滤镜，它将把我们带入绚丽多姿的多媒体世界。正是有了滤镜属性，页面才变得更加漂亮。

技术要点

- 掌握网页中的文字样式
- 掌握文本的段落样式
- 使用 CSS 滤镜设计特效文字

实例展示

动感模糊效果

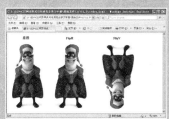
对象的翻转效果

光晕效果

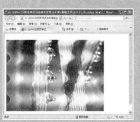
波形滤镜效果

11.1　滤镜概述

滤镜是对CSS的扩展，与Photoshop中的滤镜相似，它可以用很简单的方法对页面中的文字进行特效处理。使用CSS滤镜属性可以把可视化的滤镜和转换效果添加到一个标准的HTML元素上，例如图片、文本容器及其他一些对象。正是由于这些滤镜特效，在制作网页的时候，即使不用图像处理工具对图像进行加工，也可以使文字、图像和按钮鲜艳无比、充满生机。

在"分类"列表中选择"扩展"选项，在Filter右侧的下拉列表中选择要应用的滤镜样式，如图11-1所示。

图11-1　选择Filter样式

IE 4.0以上浏览器支持的滤镜属性，如表11-1所示。

表11-1　常见的滤镜属性

滤镜	描述
Alpha	设置透明度
Blur	建立模糊效果
Chroma	把指定的颜色设置为透明
DropShadow	建立一种偏移的影像轮廓，即投射阴影
FlipH	水平反转
FlipV	垂直反转
Glow	为对象的外边界增加光效
Gray	降低图片的彩色度
Invert	将色彩、饱和度，以及亮度值完全反转，建立底片效果
Light	在一个对象上进行灯光投影
Mask	为一个对象建立透明膜
Shadow	建立一个对象的固体轮廓，即阴影效果
Wave	在X轴和Y轴方向利用正弦波纹打乱图片
Xray	只显示对象的轮廓

11.2　动感模糊blur

假如用手在一幅还没干透的油画上迅速划过，画面就会变得模糊。CSS下的blur属性就会达到这种模糊的效果。

基本语法：

filter:blur（add＝参数值，direction＝参数值，strength＝参数值）

语法说明：

blur属性中包括的参数，如表11-2所示。

表11-2 blur属性的参数

参数	描述
add	布尔值, 设置滤镜是否激活, 它可以取的值包括true和false
direction	用来设置模糊方向, 按顺时针的方向以45°为单位进行累积
strength	只能使用整数来指定, 代表有多小像素的宽度将受到影响, 默认是5个

在"分类"列表中选择"扩展"选项, 在 Filter 右侧的下拉列表中选择要应用的滤镜样式 Blur, 并输入参数值, 如图 11-2 所示。创建完样式后并应用该样式, 应用 Blur 后的效果, 如图 11-3 所示。

图11-3 设置Blur滤镜后的效果

其 CSS 代码如下所示。

```
.filter {
        filter: Blur(Add=true, Direction=80,
Strength=25);
    }
```

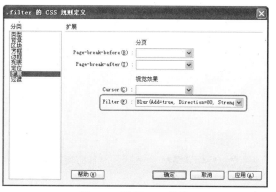

图11-2 设置Blur滤镜

11.3　对颜色进行透明处理chroma

chroma 滤镜用于将对象中指定的颜色显示为透明。

基本语法:

filter:chroma(color= 颜色代码或颜色关键字)

语法说明:

参数 color 即为要透明的颜色。

在"分类"列表中选择"扩展"选项, 在 Filter 右侧的下拉列表中选择要应用的滤镜 Chroma, 并输入参数值, 如图 11-4 所示。创

建完样式后并应用该样式。应用 Chroma 后的效果, 如图 11-5 所示。

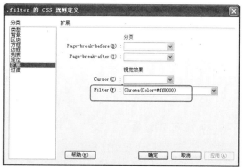

图11-4 设置Chroma滤镜

图11-5 设置Chroma滤镜后的效果

其 CSS 代码如下所示。

```
<style type="text/css">
.filter {
    filter: Chroma(Color=#ff0000);
}
</style>
```

11.4   设置阴影DropShadow

DropShadow 属性是为了添加对象的阴影效果，它实现的效果看上去就像使原来的对象离开页面，然后在页面上显示出该对象的投影。

基本语法：

dropShadow(color= 阴影颜色 , offX= 参数值 , offY= 参数值 , positive= 参数值)

语法说明：

dropShadow 滤镜的参数，如表 11-3 所示。

表11-3 dropShadow滤镜的参数

参数	描述
color	设置阴影的颜色
offX	用于设置阴影相对图像移动的水平距离
offY	用于设置阴影相对图像移动的垂直距离
positive	是一个布尔值（0或1），其中0指为透明像素生成阴影；1指为不透明像素生成阴影

在"分类"列表中选择"扩展"选项，在 Filter 右侧的下拉列表中选择要应用的滤镜 dropShadow，并输入参数值，如图 11-6 所示。创建完样式后并应用该样式，应用 dropShadow 后的效果，如图 11-7 所示。

其 CSS 代码如下所示。

```
<style type="text/css">
```

```
.filter {
    filter: DropShadow(Color=#999999,
OffX=10, OffY=20, Positive=5);
    }
</style>
```

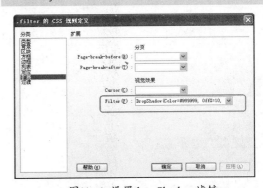

图11-6 设置dropShadow滤镜

图11-7 设置dropShadow滤镜后的效果

11.5 对象的翻转flipH、flipV

flipH 滤镜用于设置沿水平方向翻转对象；flipV 滤镜属性用于设置沿垂直方向翻转对象。

基本语法：

```
filter:FlipH
filter:FlipV
```

语法说明：

在"分类"列表中选择"扩展"选项，在 Filter 右侧的下拉列表中选择要应用的滤镜 flipH，用于设置沿水平方向翻转对象，如图 11-8 所示；在 Filter 右侧的下拉列表中选择要应用的滤镜 flipV，用于设置沿垂直方向翻转对象，如图 11-9 所示。应用 flipH、flipV 后的效果，如图 11-10 所示。

其 CSS 代码如下所示。

```
<style type="text/css">
.p1 {
    filter: FlipH;
}
.p {
    filter: FlipV;
}
</style>
```

图11-9 设置滤镜flipV

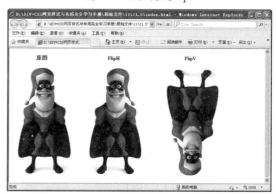

图11-10 对象的翻转效果

11.6 发光效果glow

当对一个对象使用 Glow 滤镜后，这个对象的边缘就会产生类似发光的效果。

基本语法：

```
filter:Glow(color= 颜色代码,strength= 强度值)
```

语法说明：

glow 滤镜的参数，如表 11-4 所示。

表11-4 glow滤镜的参数

参数	描述
color	设置发光的颜色
strength	设置发光的强度，取值范围为1~255，默认值为5

图11-8 设置滤镜flipH

在"分类"列表中选择"扩展"选项，在 Filter 右侧的下拉列表中选择要应用的滤镜样式 Glow，并输入参数值，如图 11-11 所示。创建完样式后并应用该样式。应用 Glow 后的效果，如图 11-12 所示。

图11-11 应用Glow滤镜

图11-12 应用Glow滤镜后

其 CSS 代码如下所示。

```
<style type="text/css">
.filter {
    filter: Glow(Color=#CC3300,
Strength=15);
    }
</style>
```

11.7　X光片效果xray

X 射线效果属性 xray 用于加亮对象的轮廓，呈现所谓的 X 光片效果。

基本语法：

filter:xray

语法说明：

X 光效果滤镜不需要设置参数，是一种很少见的滤镜，它可以像灰色滤镜一样去除对象的所有颜色信息，然后将其反转。

在"分类"列表中选择"扩展"选项，在 Filter 右侧的下拉列表中选择要应用的滤镜 xray，并输入参数值，如图 11-13 所示。创建完样式后并应用该样式，效果如图 11-14 所示。

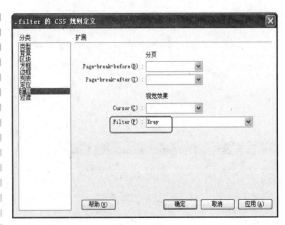

图11-13 设置xray滤镜

图11-14 设置xray滤镜后的效果

其 CSS 代码如下所示。

```
.filter {
    filter: Xray;
}
```

11.8 波形滤镜wave

wave 滤镜属性用于为对象内容建立波浪效果。

基本语法：

```
filter:wave(add= 参 数 值 ,freq= 参 数
值 , lightstrength= 参 数 值 ,phase= 参数值 ,
strength= 参数值 );
```

语法说明：

wave 滤镜的参数，如表 11-5 所示。

表11-5 wave滤镜的参数

参数	描述
add	是否要把对象按照波形样式打乱，其默认值是true
freq	设置滤镜建立的波浪数目
lightstrength	设置波纹增强光影的效果，取值范围为0~100
phase	设置正弦波开始处的相位偏移
strength	设置对象为基准的在运动方向上的向外扩散距离

在"分类"列表中选择"扩展"选项，在 Filter 右侧的下拉列表中选择要应用的

滤镜 wave，并输入参数值，如图 11-15 所示。创建完样式后并应用该样式，效果如图 11-16 所示。

其 CSS 代码如下所示。

```
<style type="text/css">
.filter {
    filter: Wave(Add=true, Freq=4,
LightStrength=80, Phase=20, Strength=20);
}
</style>
```

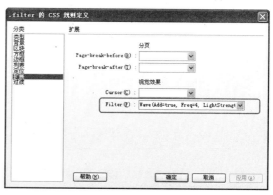

图11-15 设置wave滤镜

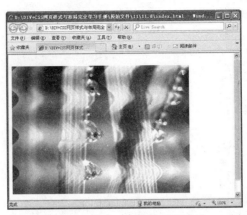

图11-16 设置wave滤镜后的效果

11.9 遮罩效果mask

mask 滤镜用于为对象建立一个覆盖于表面的膜，实现一种颜色框架的效果。

基本语法：

```
filter: Mask(Color= 颜色代码 )
```

语法说明：

颜色是最后遮罩显示的颜色。

在"分类"列表中选择"扩展"选项，在 Filter 右侧的下拉列表中选择要应用的滤镜样式 Mask，并输入参数值，如图 11-17 所示。创建完样式后并应用该样式，效果如图 11-18 所示。

图11-18 设置Mask滤镜后效果

其 CSS 代码如下所示。

```
.filter {
    filter: Mask(Color=#006600);
}
```

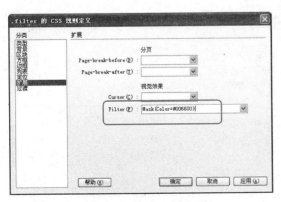

图11-17 设置Mask滤镜

第12章 CSS盒子模型与定位

本章导读

　　盒子模型是 CSS 的基石之一，它指定元素如何显示，以及如何相互交互。页面上的每个元素都被浏览器看成是一个矩形的盒子，这个盒子由元素的内容、填充、边框和边界组成。网页就是由许多个盒子通过不同的排列方式堆积而成。盒子模型是 CSS 控制页面是一个很重要的概念，只有很好地掌握了盒子模型，以及其中每个元素的用法，才能真正控制好页面中的各个元素。

知识要点

- "盒子"与"模型"的概念
- 理解盒子模型
- 掌握盒子的浮动
- 掌握盒子的定位

12.1 "盒子"与"模型"的概念探究

如果想熟练掌握 Div 和 CSS 的布局方法，首先要对盒模型有足够的了解。盒子模型是 CSS 布局网页时非常重要的概念，只有很好地掌握了盒子模型，以及其中每个元素的使用方法，才能真正地布局网页中各个元素的位置。

所有页面中的元素都可以看做一个装了东西的盒子，盒子里面的内容到盒子的边框之间的距离即填充（padding），盒子本身有边框（border），而盒子边框外和其他盒子之间，还有边界（margin）。默认情况下盒子的边框是无，背景色是透明，所以我们在默认情况下看不到盒子。

一个盒子由四个独立部分组成，如图 12-1 所示。

最外面的是边界（margin）；

第二部分是边框（border），边框可以有不同的样式；

第三部分是填充（padding），填充用来定义内容区域与边框（border）之间的空白；

第四部分是内容区域。

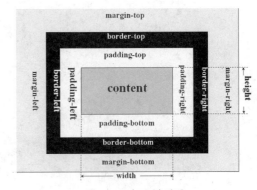

图12-1 盒子模型图

填充、边框和边界都分为上、右、下、左四个方向，既可以分别定义，也可以统一定义。当使用 CSS 定义盒子的 width 和 height 时，定义的并不是内容区域、填充、边框和边界所占的总区域。实际上定义的是内容区域 content 的 width 和 height。为了计算盒子所占的实际区域必须加上 padding、border 和 margin。

实际宽度 = 左边界 + 左边框 + 左填充 + 内容宽度（width）+ 右填充 + 右边框 + 右边界

实际高度 = 上边界 + 上边框 + 上填充 + 内容高度（height）+ 下填充 + 下边框 + 下边界

12.2 border

盒子模型的 margin 和 padding 属性比较简单，只能设置宽度值，最多分别对上、右、下、左设置宽度值。而边框 border 则可以设置宽度、颜色和样式。border 是 CSS 的一个属性，用它可以给 HTML 标记（如 td、Div 等）添加边框，它可以定义边框的样式（style）、宽度（width）和颜色（color），利用这 3 个属性相互配合，能设计出很好的效果。

在 Dreamweaver 中可以使用可视化操作设置边框效果，在"CSS 样式规则定义"对话框中的"分类"列表中选择"边框"选项，如图 12-2 所示。

CSS布局

图12-2 在Dreamweaver中设置边框

12.2.1 边框样式: border-style

样式是边框最重要的一个方面,样式不仅控制着边框的显示,而且如果没有样式,将根本没有边框。border-style 定义元素的 4 个边框样式。如果 border-style 设置全部 4 个参数值,将按上、右、下、左的顺序作用于 4 个边框。如果只设置一个,将用于全部的 4 条边。

基本语法:

border-style: 样式值
 border-right-style: 样式值
border-bottom-style: 样式值
border-left-style: 样式值

语法说明:

border-style 可以设置边框的样式,包括无、虚线、实现、双实线等。border-style 的取值,如表 12-1 所示。

表12-1 边框样式的取值和含义

属性值	描述
none	默认值,无边框
dotted	点线边框
dashed	虚线边框
solid	实线边框
double	双实线边框
groove	3D凹槽
ridge	3D凸槽
inset	使整个边框凹陷
outset	使整个边框凸起

可以为一个边框定义多个样式,例如:

```
p.ad {border-style: solid dotted dashed
double;}
```

上面这条规则为类名为 ad 的段落定义了四种边框样式:实线上边框、点线右边框、虚线下边框和一个双线左边框。这里的值采用了 top-right-bottom-left 的顺序。

也可以使用下面的单边边框样式属性设置四个边的边框样式。

```
p.ad {
border-top-style: solid;
border-right-style:dotted;
border-bottom-style:dashed;
border-left-style:double;}
```

下面通过实例讲述 border-style 的使用,其代码如下所示。

实例代码:

```
<!DOCTYPE html PUBLIC "-//W3C//DTD
XHTML 1.0 Transitional//EN"
"http://www.w3.org/TR/xhtml1/DTD/xhtml1-
transitional.dtd">
<html xmlns="http://www.w3.org/1999/
xhtml">
    <head>
        <meta http-equiv="Content-
Type" content="text/html; charset=gb2312" />
        <title>CSS border-style 属性示
例 </title>
        <style type="text/css"
media="all">
            div#dotted {
border-style: dotted;}
            div#dashed{
border-style: dashed;}
            div#solid{ border-
style: solid;}
            div#double{
border-style: double;}
            div#groove{
border-style: groove;}
            div#ridge{ border-
style: ridge; }
            div#inset{ border-
style: inset;}
            div#outset{
border-style: outset;}
            div#none{ border-
style: none;}
            div{
                border-width:
thick;
                border-color:
red;
                margin: 2em;
            }
        </style>
    </head>
    <body>
        <div id="dotted">border-style 属
性 dotted( 点线边框 )</div>
        <div id="dashed">border-style
属性 dashed( 虚线边框 )</div>
        <div id="solid">border-style 属
性 solid( 实线边框 )</div>
        <div id="double">border-style
属性 double( 双实线边框 )</div>
        <div id="groove">border-style
属性 groove(3D 凹槽 )</div>
        <div id="ridge">border-style 属
性 ridge(3D 凸槽 )</div>
        <div id="inset">border-style 属
性 inset( 边框凹陷 )</div>
        <div id="outset">border-style 属
```

性 outset(边框凸出)</div>

                                                                    <div id="none">border-style 属

性 none(无样式)</div>

        </body>

    </html>

在浏览器中浏览，不同的边框样式效果，如图 12-3 所示。

图12-3 边框样式

还可以使用 border-top-style、border-right-style、border-bottom-style 和 border-left-style 分别设置上边框、右边框、下边框和左边框的不同样式，其 CSS 代码如下。

实例代码：

```
<!DOCTYPE html PUBLIC "-//W3C//DTD
XHTML 1.0 Transitional//EN"
    "http://www.w3.org/TR/xhtml1/DTD/xhtml1-
transitional.dtd">
    <html xmlns="http://www.w3.org/1999/
xhtml">
    <head>
    <meta http-equiv="Content-Type"
content="text/html; charset=gb2312" />
        <title>CSS border-style 属性 示
例 </title>
        <style type="text/css"
media="all">
            div#top{ border-
top-style:dotted; }
            div#right{ border-
right-style:double;}
            div#bottom{
border-bottom-style:solid;}
            div#left{ border-
left-style:ridge;}
                div
                {
                    border-
style:none;
                    margin:25px;
                    border-
color:green;
                    border-
width:thick
                }
        </style>
    </head>
    <body>
    <p> </p>
        <div id="top"> 定义上边框样式 border-
top-style:dotted; 点线上边框 </div>
        <div id="right"> 定义右边框样式 ,border-
right-style:double; 双实线右边框 </div>
        <div id="bottom"> 定 义 下 边 框 样
式 ,border-bottom-style:solid; 实线下边框 </div>
        <div id="left"> 定义左边框样式 ,border-
left-style:ridge; 3D 凸槽左边框 </div>
    </body>
    </html>
```

在浏览器中浏览可以看出分别设置了上、下、左、右边框为不同的样式，效果如图 12-4 所示。

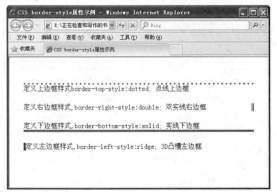

图12-4 设置上、下、左、右边框为不同的样式

12.2.2　边框颜色: border-color

设置边框颜色非常简单。CSS 使用一个简单的 border-color 属性，它一次可以接受最多 4 个颜色值。可以使用任何类型的颜色值，例如可以是命名颜色，也可以是十六进制和 RGB 值。

基本语法:

```
border-color: 颜色值
border-top-color: 颜色值
border-right-color: 颜色值
border-bottom-color: 颜色值
border-left-color: 颜色值
```

语法说明:

border-top-color、border-right-color、border-bottom-color 和 border-left-color 属性分别用来设置上、右、下、左边框的颜色，也可以使用 border-color 属性来统一设置 4 个边框的颜色。

如果 border-color 设置全部 4 个参数值，将按上、右、下、左的顺序作用于 4 个边框。如果只设置一个，将用于全部的 4 条边。如果设置 2 个值，第一个用于上、下；第二个用于

左、右。如果提供 3 个，第一个用于上；第二个用于左、右；第三个用于下。

下面通过实例讲述 border-color 属性的使用，其 CSS 代码如下。

实例代码:

```
<!DOCTYPE html PUBLIC "-//W3C//DTD XHTML 1.0 Transitional//EN"
    "http://www.w3.org/TR/xhtml1/DTD/xhtml1-transitional.dtd">
<html xmlns="http://www.w3.org/1999/xhtml">
<head>
<meta http-equiv="Content-Type" content="text/html; charset=gb2312" />
<head>
<title>border-color 实例 </title>
<style type="text/css">
p.one
{
border-style: solid;
border-color: #0000ff
}
p.two
{
border-style: solid;
border-color: #ff0000 #0000ff
}
p.three
{
border-style: solid;
border-color: #ff0000 #00ff00 #0000ff
}
p.four
{
border-style: solid;
border-color: #ff0000 #00ff00
```

DIV +CSS网页样式与布局完全学习手册

CSS布局

```
#0000ff rgb(250, 0, 255)
    }
    </style>
    </head>
    <body>
    <p class="one">1 个颜色边框 !</p>
    <p class="two">2 个颜色边框 !</p>
    <p class="three">3 个颜色边框 !</p>
    <p class="four">4 个颜色边框 !</p>
    <p><b> 注意 :</b> 只设置 "border-color" 属
性将看不到效果，需要先设置 "border-style" 属
性。</p>
    </body>
    </html>
```

在浏览器中浏览可以看到，使用 border-color 设置了不同颜色的边框，如图 12-5 所示。

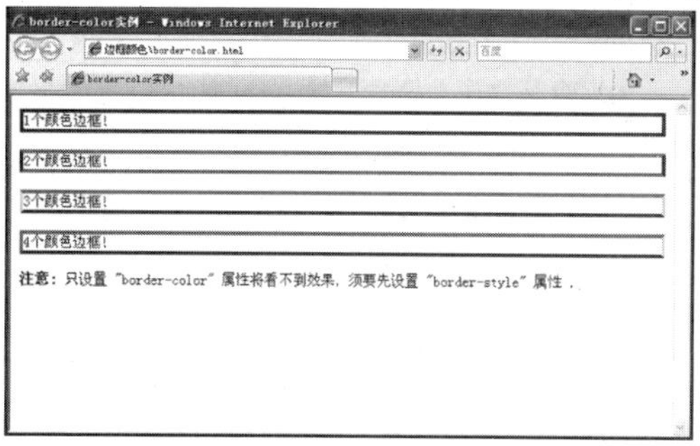

图12-5 border-color实例效果

12.2.3　边框宽度: border-width

可以通过 border-width 属性为边框指定宽度。为边框指定宽度有两种方法：可以指定长度值，如 2px 或 0.1em ；或者使用 3 个关键字之一，它们分别是 thin、medium（默认值）和thick。

基本语法 :

```
border-width: 宽度值
border-top-width: 宽度值
border-right-width: 宽度值
border-bottom-width: 宽度值
border-left-width: 宽度值
```

语法说明 :

如果 border-width 设置全部 4 个参数值，将按上、右、下、左的顺序作用于 4 个边框。如果只设置一个，将用于全部的 4 条边。如果设置 2 个值，第一个用于上、下 ；第二个用于左、右。如果提供 3 个，第一个用于上 ；第二个用于左、右 ；第三个用于下。border-width 的取值范围，如表 12-2 所示。

表12-2 border-width的属性值

属性值	描述
medium	默认值
thin	细
dashed	粗

下面通过实例讲述 border-width 属性的使用，其代码如下。

实例代码 :

```
<!DOCTYPE html PUBLIC "-//W3C//DTD
XHTML 1.0 Transitional//EN"
    "http://www.w3.org/TR/xhtml1/DTD/xhtml1-
transitional.dtd">
    <html xmlns="http://www.w3.org/1999/
xhtml">
    <head>
    <meta http-equiv="Content-Type"
content="text/html; charset=gb2312" />
    <title>border-width 实例 </title>
    <style type="text/css">
    p.one
    {border-style: solid;
    border-width: 5px}
    p.two
    {border-style: solid;
    border-width: thick}
    p.three
    {border-style: solid;
    border-width: 5px 10px}
```

```
p.four
{border-style: solid;
border-width: 5px 10px 1px}
p.five
{border-style: solid;
border-width: 5px 10px 1px medium}
</style>
</head>
<body>
<p class="one">border-width: 5px</p>

<p class="two">border-width: thick</p>

<p class="three">border-width: 5px 10px</p>

<p class="four">border-width: 5px 10px 1px</p>

<p class="five">border-width: 5px 10px 1px medium</p>

</body>
</html>
```

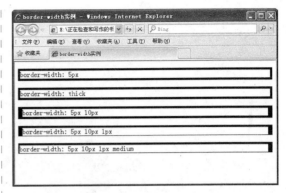

图12-6 border-width实例

12.2.4 透明边框

如果边框没有样式，就没有宽度。不过有些情况下可能希望创建一个不可见的边框。CSS2 引入了边框颜色值 transparent。这个值用于创建有宽度的不可见边框。

实例代码：

```
<!DOCTYPE html PUBLIC "-//W3C//DTD
XHTML 1.0 Transitional//EN"
    "http://www.w3.org/TR/xhtml1/DTD/xhtml1-
transitional.dtd">
    <html xmlns="http://www.w3.org/1999/
xhtml">
    <head>
    <meta http-equiv="Content-Type"
content="text/html; charset=gb18030" />
    <title> 透明边框 </title>
    <head>
    <style type="text/css">
    a:link, a:visited {
        border-style: solid;
        border-width: 10px;
        border-color: transparent;
        }
    a:hover {border-color: gray;}
    </style>
```

如果希望显示某种边框，就必须设置边框样式，如 solid 或 outset。如果把 border-style 设置为 none，即边框根本不存在，那么，边框就不可能有宽度，因此边框宽度自动设置为 0，在浏览器中浏览，可以看到使用 border-width 设置了不同宽度的边框效果，如图 12-6 所示。

★提示★

由于border-style的默认值是none，如果没有声明样式，就相当于border-style: none。因此，如果希望边框出现，就必须声明一个边框样式。

```
</head>
<body>
<a href="#">English</a>
<a href="#">Chinese</a>
<a href="#">Japanese</a>
<a href="#">French</a>
</body>
</html>
```

图12-7 透明边框

利用 transparent，使用边框就像是额外的内边距一样；此外还有一个好处，就是能在你需要的时候使其可见。这种透明边框相当于内边距，因为元素的背景会延伸到边框区域。在浏览器中浏览，效果如图 12-7 所示。

12.3　padding

Padding 属性设置元素所有内边距的宽度，或者设置各边上内边距的宽度。

基本语法：

padding：取值

padding-top：取值

padding-right：取值

padding-bottom：取值

padding-left：取值

语法说明：

padding 是 padding-top、padding-right、padding-bottom、padding-left 的一种快捷的综合写法，最多允许 4 个值，依次的顺序是：上、右、下、左。

在 Dreamweaver 中可以使用可视化操作设置填充的效果，在"CSS 样式规则定义"对话框中的"分类"列表中选择"方框"选项，然后在 padding 选项中设置填充属性，如图 12-8 所示。

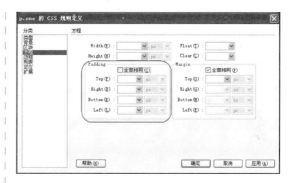

图12-8 设置填充属性

下面讲述上下左右填充宽度相同的实例，其代码如下所示。

实例代码：

```
<!DOCTYPE html PUBLIC "-//W3C//DTD
XHTML 1.0 Transitional//EN"
    "http://www.w3.org/TR/xhtml1/DTD/xhtml1-
transitional.dtd">
    <html xmlns="http://www.w3.org/1999/
xhtml">
```

DIV+CSS网页样式与布局完全学习手册

```
<head>
<meta http-equiv="Content-Type"
content="text/html; charset=gb2312" />
<title>padding 宽度都相同 </title>
<style type="text/css"
media="all">
p
{

padding:50px;
border:thick
solid green;
}
</style>
</head>
<body>
<p> 定义了段落的填充属性为
padding:50px; 所以内容与各个边框间会有
50px 的填充 .</p>
</body>
</html>
```

在浏览中浏览，可以看到使用 padding:50px 设置了上、下、左、右填充宽度都为 50px，效果如图 12-9 所示。

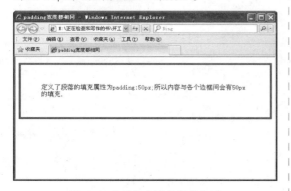

图12-9 上下左右填充宽度相同

下面讲述上下左右填充宽度各不相同的实例，其代码如下所示。

实例代码：

```
<html xmlns="http://www.w3.org/1999/xhtml">
<head>
<meta http-equiv="Content-Type"
content="text/html; charset=gb2312" />
<title>padding 宽度各不相同 </title>
<style type="text/css">
td {padding: 0.5cm 1cm 4cm 2cm}
</style>
</head>
<body>
<table border= "1" bordercolor="#009900">
<tr>
<td> 这个单元格设置了 CSS 填充属性。
上填充为 0.5 厘米，右填充为 1 厘米，下填充
为 4 厘米，左填充为 2 厘米。</td>
</tr>
</table>
</body>
</html>
```

在浏览器中浏览，可以看到使用 padding: 0.5cm 1cm 4cm 2cm 分别设置了上填充为 0.5 厘米，右填充为 1 厘米，下填充为 4 厘米，左填充为 2 厘米。在浏览器中浏览，效果如图 12-10 所示。

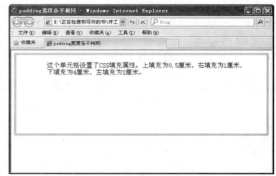

图12-10 上下左右填充宽度各不相同

12.4 margin

设置外边距的最简单方法就是使用 margin 属性，这个属性接受任何长度单位、百分数值，甚至负值。外边距属性是用来设置页面中一个元素所占空间的边缘到相邻元素之间的距离。margin 属性包括 margin-top、margin-right、margin-bottom、margin-left、margin。

基本语法：

margin: 边距值

margin-top: 上边距值

margin-bottom: 下边距值

margin-left: 左边距值

margin-right: 右边距值

语法说明：

取值范围包括如下：

● 长度值相当于设置顶端的绝对边距值，包括数字和单位。

● 百分比是设置相对于上级元素的宽度百分比，允许使用负值。

● auto 是自动取边距值，即元素的默认值。

在 Dreamweaver 中可以使用可视化操作设置边界的效果，在"CSS 样式规则定义"对话框中的"分类"列表中选择"方框"选项，然后在 margin 选项中设置边界属性，如图 12-11 所示。

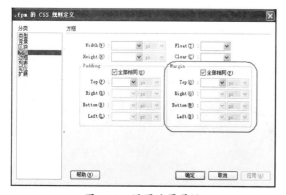

图12-11 设置边界属性

下面举一个上下左右边界宽度都相同的实例，其代码如下。

实例代码：

```
<!DOCTYPE html PUBLIC "-//W3C//DTD
XHTML 1.0 Transitional//EN"
    "http://www.w3.org/TR/xhtml1/DTD/xhtml1-
transitional.dtd">
    <html xmlns="http://www.w3.org/1999/
xhtml">
    <head>
    <meta http-equiv="Content-Type"
content="text/html; charset=gb2312" />
    <title> 边界宽度相同 </title>
    <style type="text/css">
    .d1{border:1px solid #FF0000;}
    .d2{border:1px solid gray;}
    .d3{margin:1cm;border:1px solid
gray;}
    </style>
    </head>
    <body>
    <div class="d1">
    <div class="d2"> 没有设置 margin</div>
    </div>
    <P> </P>
    <hr>
    <p> </p>
    <div class="d1">
    <div class="d3">margin 设置为 1cm</div>
    </div>
    </body>
    </html>
```

在浏览器中浏览，效果如图 12-12 所示。

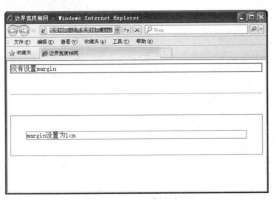

图12-12　边界宽度相同

上面两个 div 没有设置边界属性（margin），仅设置了边框属性（border）。外面那个为 d1 的 div 的 border 设为红色，里面那个为 d2 的 div 的 border 属性设为灰色。

与上面两个 div 的 CSS 属性设置唯一不同的是，下面两个 div 中，里面的那个为 d3 的 div 设置了边界属性（margin），为 1 厘米，表示这个 div 上下左右的边距都为 1 厘米。

下面举一个上下左右边界宽度各不相同的实例，其代码如下。

实例代码：

```
<!DOCTYPE html PUBLIC "-//W3C//DTD
XHTML 1.0 Transitional//EN"
    "http://www.w3.org/TR/xhtml1/DTD/xhtml1-
transitional.dtd">
    <html xmlns="http://www.w3.org/1999/
xhtml">
    <head>
    <meta http-equiv="Content-Type"
content="text/html; charset=gb2312" />
    <title> 边界宽度各不相同 </title>
    <style type="text/css">
    .d1{border:1px solid #FF0000;}
    .d2{border:1px solid gray;}
    .d3{margin:0.5cm1cm2.5cm 1.5cm;border:1px
solid gray;}
    </style>
```

```
    </head>
    <body>
    <div class="d1">
    <div class="d2"> 没有设置 margin</div>
    </div>
    <P> </P>
    <div class="d1">
    <div class="d3"> 上下左右边界宽度各不同
</div>
    </div>
    </body>
    </html>
```

在浏览器中浏览，效果如图 12-13 所示。

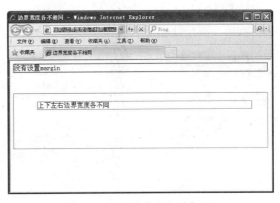

图12-13　边界宽度各不相同

上面两个 div 没有设置边距属性（margin），仅设置了边框属性（border）。外面那个 div 的 border 设为红色，里面那个 div 的 border 属性设为灰色。

与上面两个 div 的 CSS 属性设置不同的是，下面两个 div 中，里面的那个 div 设置了边距属性（margin），设定上边距为 0.5cm，右边距为 1cm，下边距为 2.5cm，左边距为 1.5cm。

12.5 盒子的浮动float

应用 Web 标准创建网页后，float 浮动属性是元素定位中非常重要的属性，常常通过对 div 元素应用 float 浮动来进行定位，不但对整个版式进行规划，也可以对一些基本元素如导航等进行排列。

在标准流中，一个块级元素在水平方向会自动伸展，直到包含它的元素的边界，而在竖直方向和其他元素依次排列，不能并排。使用浮动方式后，块级元素的表现会有所不同。

基本语法：

float:none|left|right

语法说明：

none 是默认值，表示对象不浮动；left 表示对象浮在左边；right 表示对象浮在右边。

CSS 允许任何元素浮动 float，不论是图像、段落还是列表。无论先前元素是什么状态，浮动后都成为块级元素。浮动元素的宽度默认为 auto。

> ★ **指点迷津** ★
>
> 浮动有一系列控制它的规则，具体如下。
> ● 浮动元素的外边缘不会超过其父元素的内边缘。
> ● 浮动元素不会互相重叠。
> ● 浮动元素不会上下浮动。

float 属性不是你所想象得那么简单，不是通过这一篇文字的说明，就能让你完全搞明白它的工作原理的，需要在实践中不断总结经验。下面通过几个小例子，来说明它的基本工作情况。

如果 float 取值为 none 或没有设置 float 时，不会发生任何浮动，块元素独占一行，紧随其后的块元素将在新行中显示。其代码如下所示。在浏览器中浏览，如图 12-14 所示，可以看到由于没有设置 Div 的 float 属性，因此每个 Div 都单独占一行，两个 Div 分两行显示。

```html
<html xmlns="http://www.w3.org/1999/xhtml">
    <head>
    <meta http-equiv="Content-Type" content="text/html; charset=gb2312" />
    <title> 没有设置 float 时 </title>
    <style type="text/css">
     #content_a {width:200px; height:80px; border:2px solid #000000; margin:15px; background:#0cccccc;}
     #content_b {width:200px; height:80px; border:2px solid #000000; margin:15px; background:#ff00ff;}
    </style>
    </head>
    <body>
     <div id="content_a"> 这是第一个 DIV</div>
     <div id="content_b"> 这是第二个 DIV</div>
    </body>
</html>
```

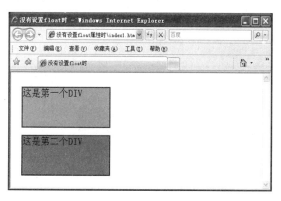

图12-14 没有设置float

下面修改一下代码，使用float:left对content_a应用向左的浮动，而content_b不应用任何浮动。其代码如下所示，在浏览器中浏览，效果如图12-15所示。可以看到对content_a应用向左的浮动后，content_a向左浮动，content_b在水平方向紧跟着它的后面，两个Div占一行，在一行上并列显示。

```
<html xmlns="http://www.w3.org/1999/xhtml">
<head>
<meta http-equiv="Content-Type" content="text/html; charset=gb2312" />
<title> 一个设置为左浮动，一个不设置浮动 </title>
<style type="text/css">
#content_a {width:200px; height:80px; float:left; border:2px solid #000000;margin:15px; background:#0ccccc;}
#content_b {width:200px; height:80px; border:2px solid #000000; margin:15px; background:#ff00ff;}
</style>
</head>
<body>
  <div id="content_a"> 这是第一个 DIV 向左浮动 </div>
  <div id="content_b"> 这是第二个 DIV 不应用浮动 </div>
</body>
</html>
```

图12-15　一个设置为左浮动，一个不设置浮动

下面修改一下代码，同时对这两个容器应用向左的浮动，其CSS代码如下所示。在浏览器中浏览，可以看到效果与图12-15相同，两个Div占一行，在一行上并列显示。

```
<style type="text/css">
#content_a {width:200px; height:80px; float:left; border:2px solid #000000; margin:15px; background:#0ccccc;}
#content_b {width:200px; height:80px; float:left; border:2px solid #000000; margin:15px; background:#ff00ff;}
</style>
```

下面修改上面代码中的两个元素，同时应用向右的浮动，其CSS代码如下所示，在浏览器中浏览，效果如图12-16所示。可以看到同时对两个元素应用向右的浮动基本保持了一致，但请注意方向性，第二个在左边，第一个在右边。

```
<style type="text/css">
#content_a {width:200px; height:80px; float:right; border:2px solid #000000; margin:15px; background:#0ccccc;}
#content_b {width:200px; height:80px; float:right; border:2px solid #000000; margin:15px; background:#ff00ff;}
</style>
```

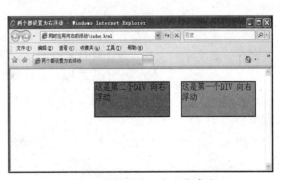

图12-16　同时应用向右的浮动

12.6 盒子的定位

CSS 为定位和浮动提供了一些属性，利用这些属性，可以建立列式布局，将布局的一部分与另一部分重叠，还可以完成多年来通常需要使用多个表格才能完成的任务。定位的基本思想很简单，它允许你定义元素框相对于其正常位置应该出现的位置，或者相对于父元素、另一个元素，甚至浏览器窗口本身的位置。显然，这个功能非常强大，也很让人吃惊。

在用 CSS 控制排版过程中，定位一直被人认为是一个难点，这主要是表现为很多初学者在没有深入理解清楚定位的原理时，排出来的杂乱网页常让他们不知所措，而另一边，一些高手则常常借助定位的强大功能做出些很酷的效果来。因此自己杂乱的网页与高手完美的设计形成鲜明对比，这在一定程度上打击了初学定位的初学者，希望下面的教程能让你更深入地了解 CSS 定位属性。

position 的原意为位置、状态、安置。在 CSS 布局中，position 属性非常重要，很多特殊容器的定位必须用 position 来完成。position 属性有 4 个值，分别是：static、absolute、fixed、relative，static 是默认值，代表无定位。

定位（position）允许用户精确定义元素框出现的相对位置，可以相对于它通常出现的位置，相对于其上级元素，相对于另一个元素，或者相对于浏览器视窗本身。每个显示元素都可以用定位的方法来描述，而其位置由此元素的包含块来决定。

基本语法：

Position : static | absolute | fixed | relative

语法说明：

● Static：静态（默认），无定位。

● Relative：相对，对象不可层叠，但将依据 left、right、top、bottom 等属性在正常文档流中偏移位置。

● Absolute：绝对，将对象从文档流中拖出，通过 width、height、left、right、top、bottom 等属性与 margin、padding、border 进行绝对定位，绝对定位的元素可以有边界，但这些边界不压缩。而其层叠通过 z-index 属性定义。

● Fixed：固定，使元素固定在屏幕的某个位置，其包含块是可视区域本身，因此它不随滚动条的滚动而滚动。

下面分别讲述这几种定位方式的使用。

12.6.1 绝对定位：Absolute

当容器的 position 属性值为 absolute 时，这个容器即被绝对定位了。绝对定位在几种定位方法中使用最广泛，这种方法能精确地将元素移动到想要的位置。absolute 用于将一个元素放到固定的位置非常方便。

当有多个绝对定位容器放在同一个位置时，显示哪个容器的内容呢？类似于 Photoshop 的图层有上下关系，绝对定位的容器也有上下的关系，在同一个位置只会显示最上面的容器。在计算机显示中把垂直于显示屏幕平面的方向称为"z 方向"，CSS 绝对定位的容器的 z-index 属性对应这个方向，z-index 属性的值越大，容器越靠上。即同一个位置上的两个绝对定位的容器只会显示 z-index 属性值较大的。

★指点迷津★

top、bottom、left和right这4个CSS属性，它们都是配合position属性使用的，表示的是块的各个边界距页面边框的距离，或各个边界离原来位置的距离，只有当position设置为absolute或relative时才能生效。

下面举例讲述 CSS 绝对定位的使用，其代码如下所示。

```html
<html xmlns="http://www.w3.org/1999/xhtml">
<head>
<meta http-equiv="Content-Type" content="text/html; charset=gb2312" />
<title> 绝对定位 </title>
<style type="text/css">
*{margin: 0px;
 padding:0px;}
#all{
    height:400px;
    width:400px;
    margin-left:20px;
    background-color:#eee}
#absdiv1,#absdiv2,#absdiv3,#absdiv4,#absdiv5
    {width:120px;
    height:50px;
    border:5px double #000;
        position:absolute;}
#absdiv1{
    top:10px;
    left:10px;
    background-color:#9c9;
}
#absdiv2{
    top:20px;
    left:50px;
```

```css
    background-color:#9cc;
}
#absdiv3{
    bottom:10px;
    left:50px;
    background-color:#9cc;}
#absdiv4{
    top:10px;
    right:50px;
    z-index:10;
    background-color:#9cc;
}
#absdiv5{
    top:20px;
    right:90px;
    z-index:9;
    background-color:#9c9;
}
#a,#b,#c{width:300px;
    height:100px;
    border:1px solid #000;
    background-color:#ccc;}
</style>
</head>
<body>
<div id="all">
  <div id="absdiv1"> 第 1 个绝对定位的 div
容器 </div>
    <div id="absdiv2"> 第 2 个绝对定位的 div
容器 </div>
    <div id="absdiv3"> 第 3 个绝对定位的 div
容器 </div>
    <div id="absdiv4"> 第 4 个绝对定位的 div
容器 </div>
    <div id="absdiv5"> 第 5 个绝对定位的 div
容器 </div>
    <div id="a"> 第 1 个无定位的 div 容器 </
```

div>

   <div id="b"> 第 2 个无定位的 div 容器 </div>

   <div id="c"> 第 3 个无定位的 div 容器 </div>

  </div>

  </body>

  </html>

  这里设置了 5 个绝对定位的 Div，3 个无定位的 Div。给外部 div 设置了 #eee 背景色，并给内部无定位的 div 设置了 #ccc 背景色，而绝对定位的 div 容器设置了 #9c9 和 #9cc 背景色，并设置了 double 类型的边框。在浏览器中浏览，效果如图 12-17 所示。

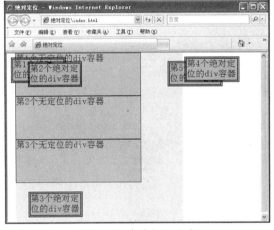

<div align="center">图12-17 绝对定位效果</div>

  从本例可看到，设置 top、bottom、left 和 right 其中至少一种属性后，5 个绝对定位的 div 容器彻底摆脱了其父容器（id 名称为 all）的束缚，独立地漂浮在上面。而在未设置 z-index 属性值时，第 2 个绝对定位的容器显示在第 1 个绝对定位的容器上方（即后面的容器 z-index 属性值较大）。相应地，第 5 个绝对定位的容器虽然在第 4 个绝对定位的容器后面，但由于第 4 个绝对定位的容器的 z-index 值为 10，第 5 个绝对定位的容器的 z-index 值为 9，所以第 4 个绝对定位的容器显示在第 5 个绝对定位的容器的上方。

★ 提示 ★

绝对定位的特点：

1.一个绝对定位元素将为它包含的任何元素建立一个包含容器，被包含元素遵循普通文档规则，在包含容器中自然流动，但是它们的偏移位置由包含容器来确定。

2.绝对定位元素甚至可以包含其他绝对定位的子元素，这些绝对定位的子元素同样可以从父包含容器内脱离出来。

3.绝对定位元素包含容器的定义与其他元素有一点不同。绝对定位元素的包含容器是由距离它最近的、且被定位的父级元素，即在它外面且最接近它的position属性值为 absolute、relative 或fixed的父级元素（具体要依赖于不同的浏览器）。如果不存在这样的父级元素，那么默认包含容器就是浏览器窗口（body 元素）本身。

4.绝对定位元素完全被拖离正常文档流中原来的空间，且原来空间将不再被保留，原空间将被相邻的元素所挤占。

5.将绝对定位元素设置在浏览器的可视区域之外，浏览器窗口会出现滚动条。

12.6.2 固定定位: fixed

  当容器的 position 属性值为 fixed 时，这个容器即被固定定位了。固定定位和绝对定位非常类似，不过被定位的容器不会随着滚动条的拖动而变化位置。在视野中，固定定位的容器的位置是不会改变的。

  下面举例讲述固定定位的使用，其代码如下所示。

  <html xmlns="http://www.w3.org/1999/xhtml">

  <head>

  <meta http-equiv="Content-Type" content="text/html; charset=gb2312" />

  <title>CSS 固定定位 </title>

```
<style type="text/css">
* {margin: 0px;
  padding:0px;}
#all{
    width:400px; height:450px; background-
color:#cccccc;}
  #fixed{
      width:100px; height:80px; border:15px
outset #f0ff00;
      background-color:#9c9000;
position:fixed; top:20px;left:10px;}
  #a{
      width:200px; height:300px; margin-
left:20px;
    background-color:#eeeeee; border:2px
outset #000000;}
  </style>
  </head>
  <body>
  <div id="all">
    <div id="fixed"> 固定的容器 </div>
    <div id="a"> 无定位的 div 容器 </div>
  </div>
  </body>
  </html>
```

在本例中给外部 div 设置了 #cccccc 背景色，并给内部无定位的 div 设置了 #eeeeee 背景色，而固定定位的 div 容器设置了 #9c9000 背景色，并设置了 outset 类型的边框。在浏览器中浏览，效果如图 12-18 和图 12-19 所示。

图12-18 固定定位的效果

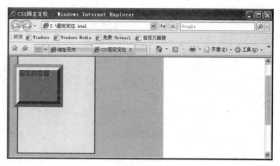

图12-19 拖动浏览器后的效果

可以尝试拖动浏览器的垂直滚动条，固定容器不会有任何位置改变。不过 IE 6.0 版本的浏览器不支持 fixed 值的 position 属性，所以网上类似的效果都是采用 JavaScript 脚本编程完成的。

固定定位方式常用在网页上，在如图 12-20 所示的网页中，中间的浮动广告采用固定定位的方式。

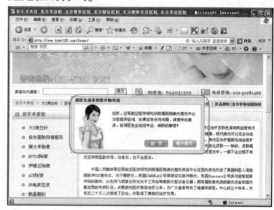

图12-20 浮动广告采用固定定位的方式

12.6.3 相对定位：relative

相对定位是一个非常容易掌握的概念。如果对一个元素进行相对定位，它将出现在它所在的位置上。然后，可以通过设置垂直或水平位置，让这个元素"相对于"它的起点进行移动。如果将 top 设置为 20px，那么，框将在原位置顶部下面 20 像素的地方。如果 left 设置为 30 像素，那么会在元素左边创建 30 像素的空间，也就是将元素向右移动。

当容器的 position 属性值为 relative 时，这个容器即被相对定位了。相对定位和其他定位相似，也是独立出来浮在上面。不过相对定位容器的 top（顶部）、bottom（底部）、left（左边）和 right（右边）属性参照对象是其父容器的 4 条边，而不是浏览器窗口。

下面举例讲述相对定位的使用，其代码如下所示。

```
<html xmlns="http://www.w3.org/1999/
xhtml">
<head>
<meta http-equiv="Content-Type"
content="text/html; charset=gb2312" />
<title>CSS 相对定位 </title>
<style type="text/css">
*{margin: 0px; padding:0px;}
#all{width:400px; height:400px; background-
color:#ccc;}
#fixed{
    width:100px;height:80
px;border:15px ridge #f00;background-
color:#9c9;position:relative;
top:130px;left:30px;}
#a,#b{width:200px; height:120px;
background-color:#eee; border:2px outset #000;}
</style>
</head>
<body>
<div id="all">
    <div id="a"> 第 1 个无定位的 div 容器 </
div>
    <div id="fixed"> 相对定位的容器 </div>
    <div id="b"> 第 2 个无定位的 div 容器 </
div>
</div>
</body>
</html>
```

这里给外部 div 设置了 #ccc 背景色，并给内部无定位的 div 设置了 #eee 背景色，而相对定位的 div 容器设置了 #9c9 背景色，并设置了 inset 类型的边框。在浏览器中浏览，效果如图 12-21 所示。

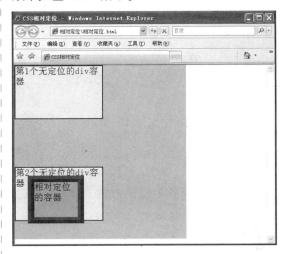

图12-21 相对定位方式效果

相对定位的容器其实并未完全独立，浮动范围仍然在父容器内，并且其所占的空白位置仍然有效地存在于前后两个容器之间。

★提示★

相对定位的特点：

1.相对于元素在文档流中位置进行偏移，但保留原占位。相对定位元素占有自己的空间（即元素的原始位置保留不变），因此即使元素相对定位后，相对定位的元素也不会挤占其他元素的位置，但可以覆盖在其他元素之上进行显示。

2.与绝对定位不同的是，相对定位元素的偏移量是根据它在正常文档流里的原始位置计算的。

3.即使将元素相对定位在浏览器的可视区域之外，浏览器窗口不会出现滚动条（不过在firefox、opera和safari中滚动条该出现还是会出现）。

12.6.4 z-index空间位置

z-index 是设置对象的层叠顺序的样式。该样式只对 position 属性为 relative 或 absolute 的对象有效。这里的层叠顺序也可以说是对象的"上下顺序"。

基本语法：

z-index:auto，数字

语法说明：

auto 遵从其父对象的定位，数字必须是无单位的整数值，可以取负值。z-index 值较大的元素将叠加在 z-index 值较小的元素之上。对于未指定此属性的定位对象，z-index 值为正值的对象会在其之上，而 z-index 值为负值的对象在其之下。

下面举例讲述 z-index 属性的使用，其代码如下所示。

```
<html xmlns="http://www.w3.org/1999/
xhtml">
<head>
<meta http-equiv="Content-Type"
content="text/html; charset=gb2312" />
<title>z-index</title>
<style type="text/css">
<!--
#Layer1 {
    position:absolute;left:56px;top:11
5px;width:283px; height:130px;z-index:-
5;background-color: #99ccff;}
#Layer2 {
    position:absolute;left:226px;top:60px;wid
th:286px;height:108px;z-index:1;background-
color: #6666ff;}
#Layer3 {
    position:absolute;left:256px;top:1
41px;width:234px;height:145px;z-index:10;
background-color: #cccccc;}
    -->
</style>
</head>
<body>
<div id="Layer1"><strong>z-index:-5;</
strong></div>
    <div id="Layer2"><strong>z-index:1</
strong>;</div>
    <div id="Layer3"><strong>z-index:10;</
strong></div>
</body>
</html>
```

本例中对 3 个有重叠关系的 Div 分别设置了 z-index 的值，设置后的效果，如图 12-22 所示。

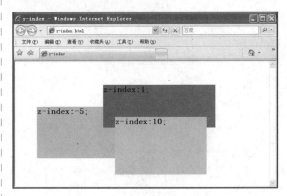

图12-22 z-index属性实例

z-index 属性适用于定位元素，用来确定定位元素在垂直于显示屏方向（称为 Z 轴）上的层叠顺序。

第13章 CSS+DIV布局方式

本章导读

　　CSS + DIV 是网站标准中常用的术语之一，CSS 和 DIV 的结构被越来越多的人采用，很多人都抛弃了表格而使用 CSS 来布局页面，它的好处很多，可以使结构简洁，定位更灵活，CSS 布局的最终目的是搭建完善的页面架构。利用 CSS 排版的页面，更新起来十分容易，甚至连页面的结构都可以通过修改 CSS 属性来重新定位。

知识要点

- CSS 布局模型
- CSS 布局理念
- 常见的 CSS 布局方法

实例展示

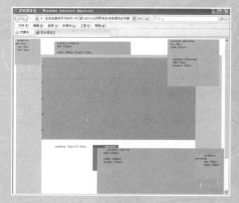

层布局模型

3行2列居中高度自适应布局

13.1 CSS布局模型

常用的 CSS 布局模型有 Flow Model（流动模型）、Float Model（浮动模型）和 Layer Model（层模型）。这三类布局模型与盒子模型相同，是 CSS 的核心概念，了解和掌握这些基本概念对网页布局有着举足轻重的作用，所有 CSS 布局技术都是立足于盒子模型、流动模型、浮动模型和层模型这四个最基本的概念之上的。

13.1.1 流动布局模型

流动模型（Flow Model）是 HTML 中默认的网页布局模式，在一般状态下，网页中元素的布局都是以流动模型为默认的显示方式。这里的一般状态，是指任何元素在没有定义拖出文档流定位方式属性（position: absolute; 或position:fixed; ）、没有定义浮动于左右的属性（float: left; 或 float:right; ）时，这些元素都将具有流动模型的布局模式。

流动模型的含义来源于水的流动原理，一般也称为 "文档流"。在网页内容的显示中，元素自上而下按顺序显示，要改变其在网页中的位置，只能修改网页结构中元素的先后排列顺序和分布位置来实现。同时流动模型中每个元素都不是一成不变的，当在一个元素前面插入一个新的元素时，这个元素本身及其后面元素的位置会自然向后流动推移。

当元素定义为相对定位，即设置position:relative; 属性时，它也会遵循流动模型布局规则，跟随 HTML 文档流自上而下流动。

下面是一个流动布局模型实例，其 CSS 布局代码如下。

```
<style type="text/css">
<!
```

```
#contain {/*< 定义一个包含框 >*/
  border:double 5px #33CC00;
}
#contain h2 {/*< 定义标题的背景色 >*/
  background: #F63;
}
#contain p {/*< 定义段落属性 >*/
  borderbottom:solid 2px #900099;
  position:relative; /* 设置段落元素为相对定位 */
}
#contain table{/*< 定义表格边框 >*/
  border:solid 2px #ffCCFF;
}
>
</style>
```

下面是其 XHTML 结构代码。

```
<div id="contain">
  <h2> 标题 </h2>
    <p> 段落 </p>
    <ul>
    <li> 列表项 </li>
    </ul>
    <table>
      <tr>
          <td> 表格行，单元格 </td>
          <td> 表格行，单元格 </td>
      </tr>
    </table>
</div>
```

当单独定义 p 段落元素以相对定位显示时，它会严格遵循流动模型，自上而下按顺序

CSS布局

流动显示，这是一个非常重要的特征。在浏览器中浏览，效果如图 13-1 所示。

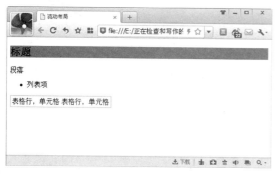

图13-1 流动布局

上面的例子仅定义了段落元素以相对定位显示，如果再给它定义坐标值，又会出现什么情况呢？此时，你会发现相对定位元素偏离原位置，不再按元素先后顺序显示，但它依然遵循流动模型规则，始终保持与原点相同的位置关系一起随文档流整体移动。

下面是一个实例，其 CSS 布局代码如下所示。

```
<style type="text/css">
<!
#contain {/*< 定义一个包含框 >*/
border:double 5px #33CC00;
}
#contain h2 {/*< 定义标题的背景色 >*/
background: #F63;
}
#contain p {/*< 定义段落属性 >*/
borderbottom:solid 2px #90009;

position:relative;    /*设置段落元素
为相对定位 */

left:20px;    /* 以原位置左上角为参考
点向右偏移 20 像素 */

top:120px;    /* 以原位置左上角为参考
点向下偏移 120 像素 */

}
#contain table{ /*< 定义表格边框 >*/
```

```
border:solid 2px #ffCCFF;
}
>
</style>
```

当为相对定位的元素定义了坐标值后，它会以原位置的左上角为参考点进行偏移，其中坐标原点为新移动位置的元素左上角，在浏览器中浏览，效果如图 13-2 所示。

图13-2 流动布局模型相对定位偏移

所谓的相对，仅指元素本身位置，对其他元素的位置不会产生任何影响。因此，采用相对定位的元素被定义偏移位置后，不会挤占其他流动元素的位置，但能够覆盖其他元素。

> ★提示★
>
> 流动模型的优点：元素之间不会存在叠加、错位等显示问题，自上而下、自左而右显示的方式符合人们的浏览习惯。
>
> 流动模型的缺点：其位置自然流动时，无法控制其自由的位置，从而设计出个性化、艺术化的页面效果。

13.1.2　浮动布局模型

浮动模型（Float Model）是完全不同于流动模型的另一种布局模型，它遵循浮动规则，但是仍然受流动模型带来的潜在影响。任何元素在默认状态下是不浮动的，但都可以通过 CSS 定义为浮动。浮动模型吸取了流动模型和层模型的优点，以尽可能实现网页的自适应能力。

当元素定义为 float:left; 或 float:right; 浮动时，元素即成为了浮动元素，浮动元素具有一些块状元素的特征，但若没有给其定义宽度时，其宽度则为元素中内联元素的宽度。

浮动本身起源于实现图文环绕混排的目的，下面是常见的图文混排网页实例。

```
<!DOCTYPE html PUBLIC "-//W3C//DTD
XHTML 1.0 Transitional//EN"
   "http://www.w3.org/TR/xhtml1/DTD/xhtml1-
transitional.dtd">
<html xmlns="http://www.w3.org/1999/
xhtml">
<head>
<meta http-equiv="Content-Type"
content="text/html; charset=utf-8" />
<title> 浮动布局 </title>
</head>
<body>
```

我们是一家专业进口、<img src="images/jiu.jpg" style="float:left" /> 代理法国十大法定产区酒庄葡萄酒的营销公司。我们依托法国酒庄优势，挑选优质天然绿色的法定产区葡萄酒直销中国。我们销售的品种繁多，并且都是由我们的品酒师亲自品尝推荐。酒庄原装。其卓越的品质，适宜的价格，绝对是您宴请宾客，回馈客户的礼品首选。

我们拥有训练有素的专业优秀团队，以及严谨完善的售后服务，并致力于将真正的葡萄酒文化在中国推广，把健康良好的饮酒习惯在中国普及。我们希望能和志同道合的朋友们一起互相帮助，为彼此带来更大的商机，并创造出一个辉煌的未来。

公司核心价值：和为贵、善若水、德为先、诚为本

公司经营理念：以酒交友、热爱生活、传递快乐、共享财富

公司愿景：做法国葡萄酒文化在中国的传播使者

```
</body>
</html>
```

这是一个图文混排的例子，这里定义为图片定义了 float:left; 属性，图片就在整段文字的左侧显示。

同时，文字依据 XHTML 文档流的规则，自动自上而下、从左至右地进行流动。随着文字的增多，当文字的排列超出了图片的高度时，文字的排列就会环绕图片底部，形成了图文环绕混排的效果，这就是 Float（浮动）的效果了，如图 13-3 所示。

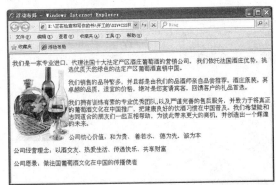

图13-3 浮动效果

从这个效果中可以看出，浮动元素的定位还是基于正常的文档流，然后从文档流中抽出并尽可能远地移动至左侧或右侧，文字内容会围绕在浮动元素周围。

★提示★

浮动模型的优点：

1.浮动模型不会与流动模型发生冲突。当元素定义为浮动布局时，它在垂直方向上应该还处于文档流中，也就是说浮动元素不会脱离正常文档流而任意的浮动。

2.浮动元素只能浮动至左侧或右侧。

3.关于浮动元素间并列显示问题。当两个或两个以上的相邻元素都被定义为浮动显示时，如果存在足够的空间容纳它们，浮动元素之间可代码如下。

以并列显示。它们的上边线是在同一水平线上的。如果没有足够的空间，那么后面的浮动元素将会下移到能够容纳它的地方，这个向下移动的元素有可能产生一个单独的浮动。

4.与普通元素一样，浮动元素始终位于包含在元素内，不会游离于外，这与层布局模型不同。

浮动模型的缺点：

1.浮动元素在环绕问题方面与流动元素有本质的区别，若与块元素进行混合布局，则会出现很多复杂的情况。

2.浮动元素存在着浮动清除的布局混乱问题。

3.浮动不固定，给整体布局带来很多不确定的因素，如果当浏览器窗口缩小后，第列或后面列浮动会跑到下一行显示的现象，这也是设计师最头疼的问题。

4.不同浏览器对于混合布局中解析的差异。

浮动的自由性也给布局带来很多麻烦，CSS为此又增加了 clear 属性，它能够一定程度上控制浮动布局中出现的混乱现象。clear 属性取值包括 4 个。

● left：清除左边的浮动对象，如果左边存在浮动对象，则当前元素会在浮动对象底下显示。

● right：清除右边的浮动对象，如果右边存在浮动对象，则当前元素会在浮动对象底下显示。

● both：清除左右两边的浮动对象，不管哪边存在浮动对象，当前元素都会在浮动对象底下显示。

● none：默认值，允许两边都可以有浮动对象，当前元素浮动元素不会换行显示。

下面通过实例介绍清除属性的使用，具体

```
<!DOCTYPE html PUBLIC "-//W3C//DTD
XHTML 1.0 Transitional//EN"
    "http://www.w3.org/TR/xhtml1/DTD/xhtml1-
transitional.dtd">
    <html xmlns="http://www.w3.org/1999/
xhtml">
    <head>
    <meta http-equiv="Content-Type"
content="text/html; charset=gb2312" />
    <title> 清除浮动 </title>
    <style>
    span {/*< 定义 span 元素宽和高 >*/
    width:250px;
    height:150px;
    }
    #span1 {/*< 定义 span 对象 1 属性 >*/
    float:left;
    border:solid  #F36000 15px;
    }
    #span2 {/*< 定义 span 对象 2 属性 >*/
    float:left;
    border:solid #36F000 15px;
    clear:left;  /* 清除左侧浮动对象，如果
左侧存在浮动对象，则自动在底下显示 */
    }
    #span3 {/*< 定义 span 对象 3 属性 >*/
    float:left;
    border:solid #FC6 15px;
    }
    </style>
    </head>
    <body>
    <span id="span1">span 元素浮动 1</span>
    <span id="span2">span 元素浮动 2</span>
    <span id="span3">span 元 素 浮 动 3</
span></body>
    </html>
```

在这个实例中，定义了 3 个 span 元素对象，并设置它们全部向左浮动。当为 #span2 对象添加 clear:left; 属性后，在其左侧已经存在 #span1 浮动对象，因此 #span2 对象为了清除左侧浮动对象，则自动排到底部靠左显示，跟随 #span2 对象的 #span3 浮动对象也在底部按顺序停留，如图 13-4 所示。

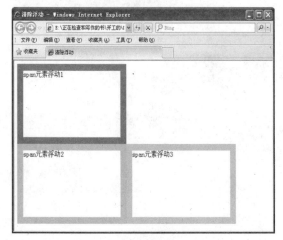

图13-4 清除浮动

浮动清除只能适用浮动对象之间的清除，不能为非浮动对象定义清除属性，或者说为非浮动对象定义清除属性是无效的。在上面实例中，删除 #span2 选择符中的 float:left; 浮动定义，结果浏览器则会忽略 #span2 对象中定义的 clear:left; 属性，#span2 对象依然环绕显示，如图 13-5 所示。

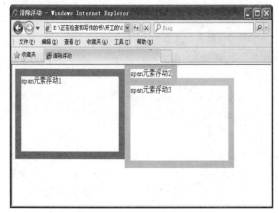

图13-5 非浮动对象定义清除属性是无效的

★ 提示 ★

浮动清除的缺点：

1.当一个浮动元素定义了clear属性，它不会对前面的任何对象产生影响，也不会对后面的对象形成影响，只会影响自己的布局位置。

2.浮动清除不仅针对相邻浮动元素对象，只要在布局页面中水平接触都会实现清除操作。

13.1.3 层布局模型

层模型（Layer Model）是在网页布局中引入图像软件中层的概念，以用于精确定位网页中的元素。这种网页布局模式的初衷是摆脱 HTML 默认的流动模型所带来的弊端，以层的方式对网页元素进行精确定位与层叠，从而增强网页表现的丰富性。

为了支持层布局模型，CSS 提供了 position 属性进行元素定位，以方便精确定义网页元素的相对位置。下面是一个层布局模型的实例，代码如下。

```
<html xmlns="http://www.w3.org/1999/xhtml">
    <head>
    <meta http-equiv="Content-Type" content="text/html; charset=gb2312" />
    <title> 层布局定位 </title>
    <style type="text/css">
    <!--
    body,td,th{font-family:Verdana;font-size:9px;}
    -->
    </style>
    </head>
    <body>
    <div style="position:absolute; top:5px; right:20px; width:200px; height:180px; background-color:#99cc33;">position:
```

212

absolute;
top: 5px;
right: 20px;

    <div style="position:absolute; left:20px; bottom:10px; width:100px; height:100px; background-color:#00ccFF;">position: absolute;
left: 20px;
bottom: 10px;

    </div>

    </div>

    <div style="position:absolute; top:5px; left:5px; width:100px; height:100px; background:#99cc33;">position: absolute;
top: 5px;
left: 5px;

    </div>

    <div style="position:relative; left:150px; width:300px; height:50px; background:#FF9933;">position: relative;
left: 150px;

width: 300px; height: 50px;

    </div>

    <div style="text-align:center; background:#ccc;">

    <div style="margin:0 auto; width:600px; background:#FF66CC; text-align:left;">

    <p>1</p>

    <p>2</p>

    <p>3</p>

    <p>4</p>

    <p>5</p>

    <div style="padding:20px 0 0 20px; background:#FFFCC0;">padding: 20px 0 0 20px;

    <div style="position:absolute; width:100px; height:100px; background:#FF0000;">position: <span style="color:#fff;">absolute</span>;</div>

    <div style="position:relative; left:200px; width:500px; height:300px; background:#FF9933;">position: <span style="color:blue;">relative</span>;

       left: 200px;

 width:

300px;
height: 300px;

    <div style="position:absolute; top:20px; right:20px; width:100px; height:100px;

    background:#00CCFF;"> position: absolute;
 top: 20px;
right: 20px;
</div>

    </div>

    </div>

    </div>

    </div>

    </body>

    </html>

这个实例中使用 position 属性定义了不同的定位方式，在浏览器中浏览，效果如图 13-6 所示。

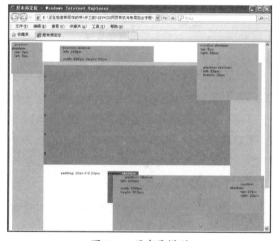

图13-6 层布局模型

★ 提示 ★

层模型的优点：

1.层模型可以精确定位网页中元素的相对位置，可以相对于浏览器窗口、最近的包含元素，或元素原来的位置。

2.层模型可以实现元素之间的层叠显示效果，这在流动模型中是不具备的。在CSS中定义元素的 z-index属性来实现定位元素的层叠等级。

★提示★

层模型的缺点：

网页布局与图像处理有一定的差距，层模型不能兼顾到网页在浏览时的可缩放性和活动性（如浏览器大小缩放、区块中内容会变长缩短），很多内容无法预测与控制（如循环栏目列表可能会无限拉长页面），因而全部使用层模型会给浏览者带来很大的局限，同时无法自适应网页中内容的变化。

以上只是简要叙述了流动模型、浮动模型和层模型，这三种布局类型的一些基本知识，在页面实际布局过程中，一般都是以流动模型为主，同时辅以浮动模型和层模型配合使用，以实现丰富的网页布局效果。

13.1.4 高度自适应

网页布局中经常需要定义元素的高度和宽度，但很多时候我们希望元素的大小能够根据窗口或父元素自动调整，这就是元素自适应。元素自适应在网页布局中非常重要，它能够使网页显示更灵活，可以适应在不同设备、不同窗口和不同分辨率下显示。

元素宽度自适应设置起来比较轻松，只需要为元素的 width 属性定义一个百分比即可，且目前各大浏览器对此都完全支持。不过问题是元素高度自适应很容易让人困惑，设置起来比较麻烦。

下面是一个简单实例，其中 XHTML 结构代码如下。

```
<div id="content">
<div id="sub"> 高度自适应 </div>
</div>
```

其 CSS 布局代码如下。

```
#content{/*< 定义父元素显示属性 >*/
background: #FC0 ; /* 背景色 */
```

```
}
#sub {/*< 定义子元素显示属性 >*/
width:50% ; /* 父元素宽度的一半 */
height:50% ; /* 父元素高度的一半 */
background:#6C3 ; /* 背景色 */
}
```

在 IE 浏览器中显示效果，如图 13-7 所示，宽度能够自适应，高度不能自适应。

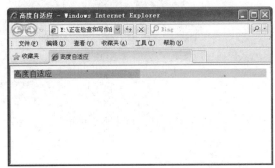

图13-7 宽度能够自适应，高度不能自适应

这是什么原因呢？原来在 IE 浏览器中 HTML 的 height 属性默认为 100%，body 没有设置值，而在非 IE 浏览器中 HTML 和 body 都没有预定义 height 属性值。因此，解决高度自适应问题可以使用下面的 CSS 代码。

```
html,body { /*< 定义 html 和 body 高度都为 100%>*/
height:100%;}
#content{/*< 定义父元素显示属性 >*/
height:100%; /* 满屏显示 */
background:#FC0; /* 背景色 */}
#sub { /*< 定义子元素显示属性 >*/
width:50%; /* 父元素宽度的一半 */
height:50%; /* 父元素高度的一半 */
background:#6C3; /* 背景色 */}
```

在 IE 中浏览，高度能自适应，如图 13-8 所示。

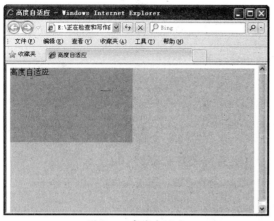

图13-8 高度自适应

如果把子元素对象设置为浮动显示或绝对定位显示，则高度依然能够实现自适应。CSS布局代码如下：

```
html,body {
height:100%;
```

```
}
#content {
height:100%;
position:relative;
background:#FC0;
}
#sub {
width:50%;
height:50%;
position:absolute;
background:#6C3;
}
```

高度自适应对于布局具有重要的作用，可以利用高度自适应实现很多复杂布局效果。特别是对于绝对定位，突破了原来宽、高灵活性差的难题。充分发挥绝对定位的精确定位和灵活适应的双重能力。

13.2　CSS布局理念

无论使用表格还是CSS，网页布局都是把大块的内容放进网页的不同区域里面。有了CSS，最常用来组织内容的元素就是 <div> 标签。CSS排版是一种很新的排版理念，首先要将页面使用 <div> 整体划分几个板块，然后对各个板块进行CSS定位，最后在各个板块中添加相应的内容。

13.2.1　将页面用div分块

在利用CSS布局页面时，首先要有一个整体的规划，包括整个页面分成哪些模块、各个模块之间的父子关系等。以最简单的框架为例，页面由 Banner（导航条）、主体内容（content）、菜单导航（links）和脚注（footer）几个部分组成，各个部分分别用自己的 id 来标识，如图 13-9 所示。

图13-9 页面内容框架

其页面中的 HTML 框架代码如下所示。

```
<div id="container">container
<div id="banner">banner</div>
    <div id="content">content</div>
    <div id="links">links</div>
    <div id="footer">footer</div>
</div>
```

实例中每个板块都是一个 <div>，这里直接使用 CSS 中的 id 来表示各个板块，页面的所有 Div 块都属于 container，一般的 Div 排版都会在最外面加上这个父 Div，便于对页面的整体进行调整。对于每个 Div 块，还可以再加入各种元素或行内元素。

13.2.2 设计各块的位置

当页面的内容已经确定后，则需要根据内容本身考虑整体的页面布局类型，如是单栏、双栏，还是三栏等，这里采用的布局如图13-10 所示。

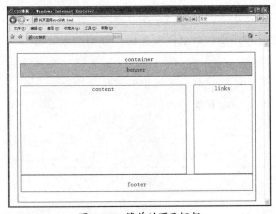

图13-10 简单的页面框架

由图 13-10 可以看出，在页面外部有一个整体的框架 container，banner 位于页面整体框架中的最上方，content 与 links 位于页面的中部，其中 content 占据着页面的绝大部分，最下面是页面的脚注 footer。

13.2.3 用CSS定位

整理好页面的框架后，就可以利用 CSS 对各个板块进行定位，实现对页面的整体规划，然后再往各个板块中添加内容。

下面首先对 body 标记与 container 父块进行设置，CSS 代码如下所示。

```
body{
    margin:10px;
    text-align:center;
```

```
}
#container{
    width:800px;
    border:1px solid #000000;
    padding:10px;
}
```

上面代码设置了页面的边界、页面文本的对齐方式，以及父块的宽度为 800px。下面来设置 banner 板块，其 CSS 代码如下所示。

```
#banner{
    margin-bottom:5px;
    padding:10px;
    background-color:#a2d9ff;
    border:1px solid #000000;
    text-align:center;
}
```

这里设置了 banner 板块的边界、填充、背景颜色等。

下面利用 float 方法将 content 移动到左侧，links 移动到页面右侧，这里分别设置了这两个板块的宽度和高度，读者可以根据需要自己调整。

```
#content{
    float:left;
    width:570px;
    height:300px;
    border:1px solid #000000;
    text-align:center;
}
#links{
    float:right;
    width:200px;
    height:300px;
    border:1px solid #000000;
    text-align:center;
}
```

由于 content 和 links 对象都设置了浮动属

性，因此 footer 需要设置 clear 属性，使其不受浮动的影响，代码如下所示。

```
#footer{
    clear:both; /* 不受 float 影响 */
    padding:10px;
    border:1px solid #000000;
    text-align:center;
}
-->
```

这样页面的整体框架便搭建好了，这里需要指出的是 content 块中不能放太宽的元素，如很长的图片或不折行的英文等，否则 links 将再次被挤到 content 下方。

这里特别特别注意，如果后期维护时希望 content 的位置与 links 对调，仅仅只需要将 content 和 links 属性中的 left 和 right 改变。这是传统的排版方式所不可能简单实现的，也正是 CSS 排版的魅力之一。

另外，如果 links 的内容比 content 的长，在 IE 浏览器上 footer 就会贴在 content 下方而与 links 出现重合。

13.3　固定宽度布局

本节重点介绍如何使用 DIV+CSS 创建固定宽度布局，对于包含很多大图片和其他元素的内容，由于它们在流式布局中不能很好地表现，因此固定宽度布局也是处理这种内容的最好方法。

13.3.1　一列固定宽度

一列式布局是所有布局的基础，也是最简单的布局形式。一列固定宽度中，宽度的属性值是固定像素。下面举例说明一列固定宽度的布局方法，具体步骤如下。

❶ 在 HTML 文档的 <head> 与 </head> 之间相应的位置输入定义的 CSS 样式代码，如下所示。

```
<style>
#content{
    background-color:#ffcc33;
    border:5px solid #ff3399;
    width:500px;
```

```
    height:350px;
}
</style>
```

★提示★

使用background-color:# ffcc33将div设定为黄色背景，并使用border:5px solid #ff3399将div设置粉红色的宽5px的边框，使用width:500px设置宽度为500像素固定宽度，使用height:350px设置高度为350像素。

❷ 在 HTML 文档的 <body> 与 <body> 之间的正文中输入以下代码，为 div 定义 layer 作为 id 名称。

```
<div id="content ">1 列固定宽度 </div>
```

❸ 在浏览器中浏览，由于是固定宽度，无论怎样改变浏览器窗口大小，Div 的宽度都不改变，如图 13-11 和图 13-12 所示。

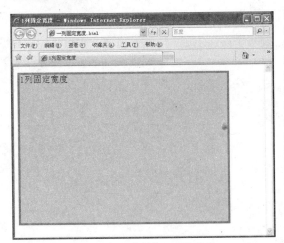

图13-11　浏览器窗口变小效果

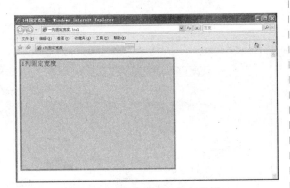

图13-12　浏览器窗口变大效果

在网页布局中1列固定宽度是常见的网页布局方式，多用于封面型的主页设计中，如图13-13和图13-14所示的主页，无论怎样改变浏览器的大小，块的宽度都不改变。

★提示★

页面居中是常用的网页设计表现形式之一，传统的表格式布局中，用align="center"属性来实现表格居中显示。Div本身也支持align="center"属性，同样可以实现居中，但是Web标准化时代，这个不是我们想要的结果，因为不能实现表现与内容的分离。

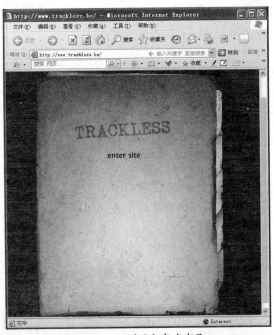

图13-13　1列固定宽度布局

图13-14　1列固定宽度布局

13.3.2　两列固定宽度

有了一列固定宽度作为基础，二列固定宽度就非常简单，我们知道div用于对某一个区域的标识，而二列的布局，自然需要用到两个div。

两列固定宽度非常简单，两列的布局需要用到两个div，分别把两个div的id设置为left与right，表示两个div的名称。首先为它们设置宽度，然后让两个div在水平线中并排显示，从而形成两列式布局，具体步骤如下。

❶ 在 HTML 文档的 <head> 与 </head> 之间相应的位置输入定义的 CSS 样式代码，如下所示。

```
<style>
#left{
    background-color:#00cc33;
    border:1px solid #ff3399;
    width:250px;
    height:250px;
    float:left;
    }
#right{
    background-color:#ffcc33;
    border:1px solid #ff3399;
    width:250px;
    height:250px;
    float:left;
    }
</style>
```

★提示★

left与right两个div的代码与前面类似，两个div使用相同宽度实现两列式布局。float属性是CSS布局中非常重要的属性，用于控制对象的浮动布局方式，大部分div布局基本上都通过float的控制来实现。float使用none值时表示对象不浮动，而使用left时，对象将向左浮动，例如本例中的div使用了float:left;之后，div对象将向左浮动。

❷ 在 HTML 文档的 <body> 与 <body> 之间的正文中输入以下代码，为 div 定义 left 和 right 作为 id 名称。

```
<div id="left"> 左列 </div>
<div id="right"> 右列 </div>
```

❸ 在使用了简单的 float 属性之后，二列固定宽度的页面就能并排显示出来。在浏览器中浏览，如图 13-15 所示两列固定宽度布局。

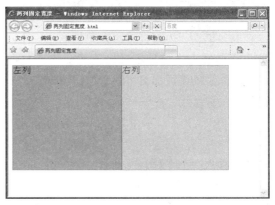

图13-15 两列固定宽度布局

如图 13-16 所示的网页两列宽度都是固定的，无论怎样改变浏览器窗口大小，两列的宽度都不改变。

图13-16 两列宽度都是固定的

13.3.3　圆角框

　　圆角框，因为其样式比直角框漂亮，所以成为设计师心中偏爱的设计元素。现在Web标准下大量的网页都采用圆角框设计，成为一道亮丽的风景线。

　　如图13-17所示是将其中的一个圆角进行放大后的效果。从图中我们可以看到其实这种圆角框是靠一个个容器堆砌而成的，每一个容器的宽度不同，这个宽度是由margin外边距来实现的，如margin:0 5px;就是左右两侧的外边距5像素，从上到下有5条线，其外边距分别为5px、3px、2px、1px，依次递减。因此根据这个原理我们可以实现简单的HTML结构和样式。

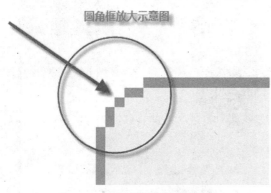

　　　　　　圆角框放大示意图

图13-17　圆角进行放大后的效果

　　下面讲述圆角框的制作过程，具体过程如下。

　　❶使用如下代码实现简单的HTML结构。

```
<div class="sharp color1">
    <b class="b1"></b><b class="b2"></b><b
class="b3"></b><b class="b4"></b>
    <div class="content"> 文字内容 </div>
    </div>
    <b class="b5"></b><b class="b6"></b><b
class="b7"></b><b class="b8"></b>
    </div>
```

　　b1~b4 构成上面的左右两个圆角结构体，而b5~b8 则构建了下面左右两个圆角结构体。而content则是内容主体，将这些全部放在一个大的容器中，并给它的一个类名sharp，用来设置通用的样式。再给它叠加了一个color1类名，这个类名用来区别不同的颜色方案，因为可能会有不同颜色的圆角框。

　　❷将每个b标签都设置为块状结构，使用如下CSS代码定义其样式。

```
.b1,.b2,.b3,.b4,.b5,.b6,.b7,.b8{height:1px; font-size:1px; overflow:hidden; display:block;}
.b1,.b8{margin:0 5px;}
.b2,.b7{margin:0 3px;border-right:2px solid;border-left:2px solid;}
.b3,.b6{margin:0 2px;border-right:1px solid;border-left:1px solid;}
.b4,.b5{margin:0 1px;border-right:1px solid;border-left:1px solid; height:2px;}
```

　　将每个b标签都设置为块状结构，并定义其高度为1像素，超出部分溢出隐藏。从上面样式中我们已经看到margin值的设置，是从大到小减少的。而b1和b8的设置是一样，已经将它们合并在一起了，同样的原理，b2和b7、b3和b6、b4和b5都是一样的设置。这是因为上面两个圆和下面的两个圆相同，只是顺序是相对的，所以将它合并设置在一起。有利于减少CSS样式代码的字符大小。后面三句和第二句有点不同的地方是多设置了左右边框的样式，但是在这儿并没有设置边框的颜色，这是为什么呢，因为这个边框颜色是我们需要适时变化，所以将它们分离出来，在下面的代码中单独定义。

　　❸使用如下代码设置内容区的样式。

```
.content {border-right:1px solid;border-left:1px solid;overflow:hidden;}
```

　　也是只设置左右边框线，但是不设置颜色值，它和上面8个b标签一起构成圆角框的外边框轮廓。

往往在一个页面中存在多个圆角框,而每个圆角框有可能其边框颜色各不相同,有没有可能针对不同的设计制作不同的换肤方案呢?答案是有的。在这个应用中,可以换不同的皮肤颜色,并且设置颜色方案也并不是一件很难的事情。

❹下面看看是如何将它们应用到不同的颜色的。将所有的涉及到边框色的类名全部集中在一起,用群选择符给它们设置一个边框的颜色即可。代码如下所示。

```
.color1 .b2,.color1 .b3,.color1 .b4,.color1 .b5,.
color1 .b6,.color1 .b7,.color1 .content{border-
color:#96C2F1;}
    .color1 .b1,.color1 .b8{background:#96C2F1;}
```

需要将这两句的颜色值设置为相同的,第二句中虽说是设置的background背景色,但它同样是上下边框线的颜色,这一点一定要记住。因为b1和b8并没有设置border,但它的高度值为1px,所以用它的背景色就达到了模拟上下边框的颜色了。

❺现在已经将一个圆角框描述出来了,但是有一个问题要注意,就是内容区的背景色,因为这里是存载文字主体的地方。所以还需要加入下面这句话,也是群集选择符来设置圆角内的所有背景色。

```
.color1 .b2,.color1 .b3,.color1 .b4,.
color1 .b5,.color1 .b6,.color1 .b7,.color1
.content{background:#EFF7FF;}
```

这里除了b1和b8外,其他的标签都包含进来了,并且包括content容器,将它们的背景色全部设置一个颜色,这样除了线框外的所有地方都成为一种颜色了。在这里用到包含选择符,给它们都加了一个color1,这是颜色方案1的类名,依照这个原理可以设置不同的换肤方案。

❻如图13-18所示为源码演示后的圆角框图。

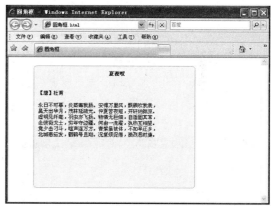

图13-18 圆角框

13.4　可变宽度布局

页面的宽窄布局迄今有两种主要的模式,一种是固定宽窄,还有一种就是可变宽窄。这两种布局模式都是控制页面宽度的。上一节讲述了固定宽度的页面布局,本节将对可变宽度的页面布局做进一步的分析。

13.4.1　一列自适应

自适应布局是在网页设计中常见的一种布局形式,自适应的布局能够根据浏览器窗口的大小,自动改变其宽度或高度值,是一种非常灵活的布局形式,良好的自适应布局网站对不同分辨率的显示器都能提供最好的显示效果。自适应布局需要将宽度由固定值改为百分比。下面是一列自适应布局的CSS代码。

```
<html xmlns="http://www.w3.org/1999/
xhtml">
```

```
<head>
<meta http-equiv="content-type"
content="text/html; charset=gb2312"/>
<title>1 列自适应 </title>
<style>
#Layer{background-
color:#00cc33;border:3px solid #ff3399;
width:60%;height:60%;}
</style>
</head>
<body>
<div id="Layer">1 列自适应 </div>
</body>
</html>
```

这里将宽度和高度值都设置为 70%，从浏览效果中可以看出，Div 的宽度已经变为了浏览器宽度的 70%，当扩大或缩小浏览器窗口大小时，其宽度和高度还将维持在与浏览器当前宽度比例的 70%。如图 13-19 和图 13-20 所示。

图13-19　窗口变小

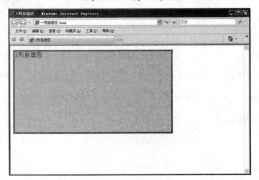

图13-20　窗口变大

自适应布局是比较常见的网页布局方式，如图 13-21 所示的网页就采用自适应布局。

图13-21　自适应布局

13.4.2　两列宽度自适应

下面使用两列宽度自适应性，来实现左右栏宽度能够做到自动适应，设置自适应主要通过宽度的百分比值设置。将 CSS 代码修改如下。

```
<style>
#left{background-color:#00cc33;
border:1px solid #ff3399;width:60%;
       height:250px;      float:left; }
#right{background-color:#ffcc33;border:1px
solid #ff3399; width:30%;
       height:250px;      float:left; }
</style>
```

这里主要修改了左栏宽度为 60%，右栏宽度为 30%。在浏览器中浏览，效果如图 13-22 和图 13-23 所示。无论怎样改变浏览器窗口大小，左右两栏的宽度与浏览器窗口的百分比都不改变。

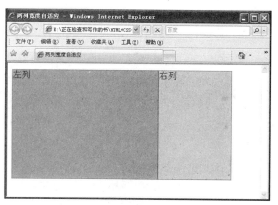

图13-22 浏览器窗口变小的效果

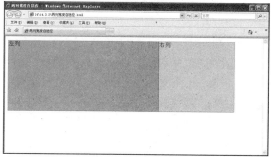

图13-23 浏览器窗口变大的效果

如图 13-24 所示的网页采用两列宽度自适应布局。

图13-24 两列宽度自适应布局

13.4.3 两列右列宽度自适应

在实际应用中，有时候需要左栏固定宽度，右栏根据浏览器窗口大小自动适应，在CSS 中只需要设置左栏的宽度即可，如上例中左右栏都采用了百分比实现了宽度自适应，这里只需要将左栏宽度设定为固定值，右栏不设置任何宽度值，并且右栏不浮动，CSS 样式代码如下。

```
<style>
#left{ background-color:#00cc33;
border:1px solid #ff3399;width:200px;height:
250px;float:left; }
    #right{background-color:#ffcc33;border:1px
solid #ff3399; height:250px;}
</style>
```

这样，左栏将呈现 200px 的宽度，而右栏将根据浏览器窗口大小自动适应。如图 13-25 和图 13-26 所示。

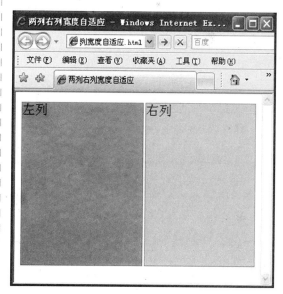

图13-25 右列宽度自适应

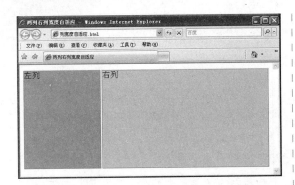

图13-26　右列宽度自适应

13.4.4　三列浮动中间宽度自适应

使用浮动定位方式，从一列到多列的固定宽度及自适应，基本上可以简单完成，包括三列的固定宽度。而在这里给我们提出了一个新的要求，希望有一个三列式布局，其中左栏要求固定宽度，并居左显示，右栏要求固定宽度并居右显示，而中间栏需要在左栏和右栏的中间，根据左右栏的间距变化自动适应。

在开始这样的三列布局之前，有必要了解一个新的定位方式——绝对定位。前面的浮动定位方式主要由浏览器根据对象的内容自动进行浮动方向的调整，但是这种方式不能满足定位需求时，就需要新的方法来实现，CSS 提供的除去浮动定位之外的另一种定位方式就是绝对定位，绝对定位使用 position 属性来实现。

下面讲述三列浮动中间宽度自适应布局的创建，具体操作步骤如下。

❶ 在 HTML 文档的 <head> 与 </head> 之间相应的位置输入定义的 CSS 样式代码，如下所示。

```
<style>
body{ margin:0px; }
#left{ background-color:#ffcc00; border:3px
solid #333333; width:100px; height:250px;
position:absolute; top:0px; left:0px; }
#center{ background-color:#ccffcc;
```

```
border:3px solid #333333; height:250px;
    margin-left:100px; margin-right:100px; }
#right{
    background-color:#ffcc00; border:3px
solid #333333; width:100px; height:250px;
position:absolute; right:0px; top:0px; }
</style>
```

❷ 在 HTML 文档的 <body> 与 <body> 之间的正文中输入以下代码，为 div 定义 left、right 和 center 作为 id 名称。

```
<div id="left"> 左列 </div>
<div id="center"> 中间列 </div>
<div id="right"> 右列 </div>
```

❸ 在浏览器中浏览，效果如图 13-27 和图 13-28 所示。

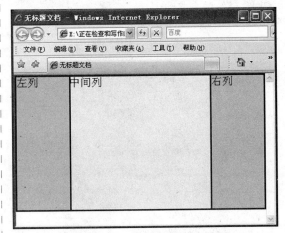

图13-27　中间宽度自适应

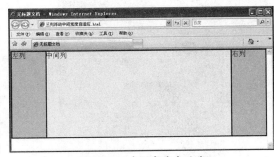

图13-28　中间宽度自适应

如图 13-29 所示的网页采用三列浮动中间宽度自适应布局。

图13-29 三列浮动中间宽度自适应布局

13.4.5 三行二列居中高度自适应布局

如何使整个页面内容居中，如何使高度适应内容自动伸缩。这是学习 CSS 布局最常见的问题。下面讲述三行二列居中高度自适应布局的创建方法，具体操作步骤如下。

❶在 HTML 文档的 <head> 与 </head> 之间相应的位置输入定义的 CSS 样式代码，如下所示。

```
<style type="text/css">
#header{ width:776px; margin-right: auto; margin-left: auto; padding: 0px;
background: #ff9900; height:60px; text-align:left; }
#contain{margin-right: auto; margin-left: auto; width: 776px; }
#mainbg{width:776px; padding: 0px;background: #60A179; float: left;}
#right{float: right; margin: 2px 0px 2px 0px; padding:0px; width: 574px;
background: #ccd2de; text-align:left; }
#left{ float: left; margin: 2px 2px 0px 0px; padding: 0px;
background: #F2F3F7; width: 200px; text-align:left; }
#footer{ clear:both; width:776px; margin-right: auto; margin-left: auto; padding: 0px;
background: #ff9900; height:60px;}
.text{margin:0px;padding:20px;}
</style>
```

❷在 HTML 文档的 <body> 与 <body> 之间的正文中输入以下代码，为 div 定义 left、 right 和 center 作为 id 名称。

```
<div id="header"> 页眉 </div>
<div id="contain">
 <div id="mainbg">
  <div id="right">
   <div class="text"> 右
    <div id="header"> 页眉 </div>
```

```
<div id="contain">
 <div id="mainbg">
  <div id="right">
   <div class="text"> 右
    <p> </p>
    <p> </p>
    <p> </p>
    <p></p>
    <p></p>
   </div>
  </div>
  <div id="left">
   <div class="text"> 左 </div>
  </div>
 </div>
 <div id="footer"> 页脚 </div>
 </div>
 </div>
  <div id="left">
   <div class="text"> 左 </div>
  </div>
 </div>
 </div>
 <div id="footer"> 页脚 </div>
```

❸ 在浏览器中浏览，效果如图 13-30 所示。

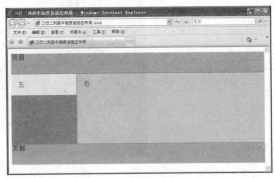

图13-30 三行二列居中高度自适应布局

如图 13-31 所示的网页采用三行二列居中高度自适应布局。

图13-31 三行二列居中高度自适应布局

第14章 解决CSS布局中的常见问题

本章导读

    浏览器兼容性问题又被称为"网页兼容性"或"网站兼容性问题"，指网页在各种浏览器上的显示效果可能不一致而产生浏览器和网页间的兼容问题。在网站的设计和制作中，做好浏览器兼容，才能够让网站在不同的浏览器下都正常显示。而对于浏览器软件的开发和设计，浏览器对标准的更好兼容能够给用户更好的使用体验。

技术要点

- 关于水平和垂直居中对齐的问题
- 解决浏览器不兼容的问题

14.1   关于水平和垂直居中对齐的问题

不管是在网站的布局还是显示图片，需要水平居中和垂直居中的情况是很常见的。下面对CSS 的水平居中的一些常见方法，在各种浏览器中进行测试和归纳。

14.1.1   让Div中的内容垂直居中

虽然利用 CSS 来实现对象的垂直居中有许多不同的方法，但使用 CSS 实现垂直居中并不容易，有些方法在一些浏览器中无效。要让 Div 中的内容垂直居中，有以下几种方法。

1. 行高（line-height）法

如果要垂直居中的只有一行或几个文字，那它的制作最为简单，无论是否给容器固定高度，只要给容器设置 line-height 和 height，并使两值相等，再加上 over-flow: hidden 就可以了。

```
p{
height:20px;
line-height:20px;
width:100px;
overflow:hidden;
}
```

这段代码可以达到让文字在段落中垂直居中的效果。

2. 已知高度绝对定位

从几何的角度，可以想到，从父元素的中点开始往下挪动需要居中元素的1/2 高，即可让元素居中，实例代码如下，在IE 8浏览器中浏览，效果如图 14-1 所示。

```
<!DOCTYPE>
<html >
<head>
  <title> 已知高度绝对定位 </title>
  <style type="text/css">
    .container{ width:300px; height:120px;
border:1px solid Green;
    position:relative;}
     .box{ width:250px; height:90px; border:1px
solid Green;}
      .v-align{ position:absolute;
top:50%; margin-top:-45px;}
    </style>
    <meta http-equiv="Content-Type"
content="text/html; charset=utf-8">
    </head>
    <body>
    <div class="container">
      <div class="box v-align"></div>
    </div>
    <div class="container">
      <img class="v-align" width="250"
height="90" src="003.jpg" alt=""/>
    </div>
    </body>
    </html>
```

图14-1 已知高度绝对定位垂直居中

兼容性如下：

div: IE 7、IE 8、IE 9、FireFox、Chrome、Safari、Opera

img: IE 7、IE 8、IE 9、FireFox、Chrome、Safari、Opera

3. 把容器当做表格单元

我们知道在 table 中，要让里面元素水平居中和垂直居中都是很容易的，那么这次就通过设置父元素的 display 属性为 table-cell 来实现垂直居中。用 CSS 中对元素的声明让块元素像表格一样显示，用到的 CSS 属性有 display、vertical-align 等。实例代码如下，在 IE 8 浏览器中浏览，效果如图 14-2 所示。

```
<!DOCTYPE>
<html >
<head>
    <title> 把容器当做表格单元 </title>
    <style type="text/css">
    .container{ width:300px; height:120px;
border:1px solid Green;
    position:relative;}
    .box{ width:250px; height:90px; border:1px
solid Green;}
        .v-align{ display:table-cell;
vertical-align:middle;}
    </style>
    <meta http-equiv="Content-Type"
content="text/html; charset=utf-8">
    </head>
    <body>
        <div class="container v-align">
            <div class="box"></div>
        </div>
        <div class="container v-align">
            <img class="" width="250" height="90"
src="003.jpg" alt=""/>
        </div>
```

```
</body>
</html>
```

图14-2 把容器当做表格单元垂直居中

兼容性如下：

div:IE 8、IE 9、FireFox、Chrome、Safari、Opera

img:IE 8、IE 9、FireFox、Chrome、Safari、Opera

4. 未知高度绝对定位

此方法用了绝对定位和 margin，上下设为 0，让浏览器无法决定具体位置而居中，但此方法中的上下为 0 和 margin 缺一不可。实例代码如下，在 IE 8 浏览器中浏览，效果如图 14-3 所示。

```
<!DOCTYPE>
<html >
<head>
    <title> 未知高度绝对定位 </title>
    <style type="text/css">
    .container{ width:300px; height:120px;
border:1px solid Green;
    position:relative;}
    .box{ width:250px; height:90px;
border:1px solid Green;}
        .v-align{ position:absolute; top:
0; bottom:0; margin:auto;}
    </style>
    <meta http-equiv="Content-Type"
content="text/html; charset=utf-8">
```

```
</head>
<body>
<div class="container">
  <div class="box v-align"></div>
</div>
<div class="container">
    <img class="v-align" width="250"
height="90" src="003.jpg" alt="" />
</div>
</body>
</html>
```

图14-3 未知高度绝对定位垂直居中

兼容性如下：

div:IE 8、IE 9、FireFox、Chrome、Safari、Opera

img:IE 8、IE 9、FireFox、Chrome、Safari、Opera

5. 未知高度 inline-block 方法

对 img 元素设置 vertical-align:middle; 可让它在左边或右边的文字居中，受到这个启发，将要居中的元素设置为 inline-block，并再添加一个 inline-block 的元素然后设置高度为 100% 和垂直居中来让居中的元素居中。实例代码如下，在 IE 8 浏览器中浏览，效果如图 14-4 所示。

```
<!DOCTYPE>
<html>
<head>
```

```
<title> 未知高度 inline-block 方法 </title>
<style type="text/css">
    .container{ width:300px; height:120px;
border:1px solid Green;}
    .box{display:inline-block; width:250px;
height:90px; border:1px solid
    Green;}
        .v-align{ display:inline-
block; height:100%; vertical-
align:middle;}
        .v-middle{vertical-align:
middle;}
    </style>
    <meta http-equiv="Content-Type"
content="text/html; charset=utf-8">
    </head>
    <body>
    <div class="container">
        <div class="box v-middle"></div>
        <b class="v-align"></b>
    </div>
    <div class="container">
        <img class="v-middle" width="250"
height="90" src="003.jpg" alt="" />
        <b class="v-align"></b>
    </div>
    </body>
    </html>
```

图14-4 未知高度inline-block方法垂直居中

兼容性：

div: IE 8、IE 9、FireFox、Chrome、Safari、Opera

img: IE 7、IE 8、IE 9、FireFox、Chrome、Safari、Opera

14.1.2　让Div中的内容水平居中

1.text-align:center

text-align:center 可以实现元素内部水平居中，实例代码如下，在 IE 8 浏览器中浏览，效果如图 14-5 所示，可以看到 div 没有居中，img 图片水平居中对齐了。

```
<!DOCTYPE>
<html >
<head>
<title>text-align:center</title>
    <style type="text/css">
        .container{ width:300px; height:120px;
border:1px solid Green;}
        .box{ width:250px; height:90px;
border:1px solid Green;}
    .h-align{ text-align:center;}
    </style>
<meta http-equiv="Content-Type"
content="text/html; charset=utf-8">
</head>
<body>
<div class="container h-align">
    <div class="box"></div>
</div>
<div class="container h-align">
    <img width="250" height="90" src="003.
jpg" alt="" />
</div>
</body>
</html>
```

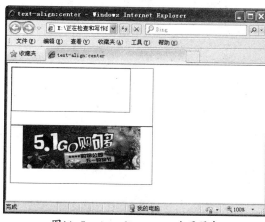

图14-5　text-align:center水平居中

兼容性如下：

div: IE 7

img: IE 7、IE 8、IE 9、FireFox、Chrome、Safari、Opera

注：如果父元素设置了 float:left; 那么 text-align:center; 将无效。

2. margin:auto

margin:auto 是指上下左右全都 auto，左右边距都自动了，那就是水平居中对齐了，实例代码如下，在 IE 8 浏览器中浏览，效果如图 14-6 所示。可以看到 div 水平居中对齐了，img 图片没有水平居中对齐。

```
<!DOCTYPE>
<html >
<head>
    <title>margin:auto</title>
    <style type="text/css">
        .container{ width:300px; height:120px;
border:1px solid Green;}
        .box{ width:250px; height:90px;
```

DIV+CSS网页样式与布局完全学习手册

```
border:1px solid Green;}
       .h-align{ margin:auto;}
   </style>
  </head>
  <body>
   <div class="container">
   <div class="box h-align"></div>
  </div>
  <div class="container">
       <img class="h-align" width="250"
height="90" src="003.jpg" alt=""/>
   </div>
  </body>
  </html>
```

图14-6 margin:auto水平居中对齐

兼容性如下：

div: IE 7、IE 8、IE 9、FireFox、Chrome、Safari、Opera

img: none

3. block

从上面两个实例可以看到对多数浏览器 text-align:center; 只对 img（默认 inline-block）生效，而 margin:auto 只对 div（默认 block）生效，那么，这次将 img 设置为 block，将 div 设置为 inline-block，实例代码如下，在 IE 8 浏览器中浏览，效果如图 14-7 所示，可以看到 div 和 img 图片都水平居中对齐了。

```
<!DOCTYPE>
  <html>
   <head>
    <title>block 居中 </title>
     <style type="text/css">
        .container{ width:300px; height:120px;
border:1px solid Green;}
         .box{ width:250px; height:90px;
border:1px solid Green;
     display:inline-block;}
      .h-align-div{ text-align:center;}
      .h-align-img{ margin:auto auto;
display:block;}
      </style>
     <meta http-equiv="Content-Type"
content="text/html; charset=utf-8">
     </head>
    <body>
    <div class="container h-align-div">
        <div class="box"></div>
    </div>
     <div class="container">
      <img class="h-align-img" width="250"
height="90" src="003.jpg" alt=""/>
      </div>
     </body>
    </html>
```

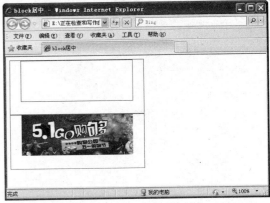

图14-7 block水平居中对齐

兼容性如下：

div: IE 7、IE 8、IE 9、FireFox、Chrome、Safari、Opera

img: IE 7、IE 8、IE 9、FireFox、Chrome、Safari、Opera

由上面的结果可以看出，text-align:center; 和 margin:auto 主要是看元素的 display 属性。

4. 已知宽度的绝对定位

从几何的角度，可以想到，从父元素的中点开始往左挪动需要居中元素的 1/2 宽，即可让元素居中。实例代码如下，在 IE 8 浏览器中浏览，效果如图 14-8 所示，可以看到 div 和 img 图片都水平居中对齐了。

```
<!DOCTYPE>
<html >
<head>
    <title> 已知宽度的绝对定位 </title>
<style type="text/css">
    .container{ width:200px; height:120px;
border:1px solid Green; position:relative;}
    .box{ width:120px; height:90px;
border:1px solid Green;}
    .h-align{ position:absolute;
left:50%; margin-left:-60px;}
    </style>
    <meta http-equiv="Content-Type"
content="text/html; charset=utf-8">
    </head>
    <body>
    <div class="container">
     <div class="box h-align"></div>
    </div>
    <div class="container">
     <img class="h-align" width="120"
height="90" src="003.jpg" alt=""/>
    </div>
    </body>
    </html>
```

图14-8 已知宽度的绝对定位水平居中对齐

兼容性如下：

div: IE 7、IE 8、IE 9、FireFox、Chrome、Safari、Opera

img: IE 7、IE 8、IE 9、FireFox、Chrome、Safari、Opera

5. 未知宽度的绝对定位

此方法用了绝对定位和 margin，左右设为 0 让浏览器无法决定具体位置而居中，但此方法中的左右为 0 和 margin 缺一不可。实例代码如下，在 IE 8 浏览器中浏览，效果如图 14-9 所示，可以看到 div 和 img 图片都水平居中对齐了。

```
<!DOCTYPE>
<html >
<head>
    <title> 未知宽度的绝对定位 </title>
    <style type="text/css">
    .container{ width:300px; height:120px;
border:1px solid Green; position:relative;}
    .box{ width:250px; height:90px;
border:1px solid Green;}
    .h-align{ position:absolute;
```

```
left:0; right:0; margin:auto;}
    </style>
    <meta http-equiv="Content-Type"
content="text/html; charset=utf-8">
    </head>
<body>
<div class="container">
  <div class="box h-align"></div>
</div>
<div class="container">
        <img class="h-align" width="250"
height="90" src="003.jpg" alt=""/>
</div>
</body>
</html>
```

图14-9 未知宽度的绝对定位

兼容性如下：

　　div：IE 8、IE 9、FireFox、Chrome、Safari、Opera

　　img：IE 8、IE 9、FireFox、Chrome、Safari、Opera

14.2　解决浏览器不兼容的问题

　　基于 Web 标准的建站 (Div+CSS) 虽然很好，但就怕浏览器的兼容问题，CSS 对浏览器的兼容性让人很头疼。CSS 浏览器兼容的前提是：尽量用 XHTML 格式写代码，而且 DOCTYPE 影响 CSS 处理，作为 W3C 的标准，一定要加 DOCTYPE 声明。

14.2.1　margin加倍的问题

　　在 IE 6 下，如果 <div> 或者 <li> 等使用 float 后，再设置 margin 属性时，发现宽度加倍了。这是一个 IE 6 都存在的问题（bug）。解决方案是在这个 div 里面加上 display:inline; 例如：

```
<div style="background:#CCC; width:500px;
height:300px;">
        <div style="float:left; margin:20px;
background-color:#fff; width:100px;
```

```
height:200px;line-height:200px;">margin 加倍 </
div>
    <ul>
      <li style="float:left;display:inline;width:400px
;height:30px;border-bottom:1px solid #CCC;"><li>
    </ul>
  </div>
```

　　由于 IE 的更新，更多的人选择了更高的版本。可是作为网页制作和网站开发人员，不得不去考虑少部分用户的使用，所以解决 IE 6 下的显示问题是不可避免的问题。

14.2.2　浮动IE产生的双倍距离

　　block 元素的特点：总是在新行上开始，高度、宽度、行高、边距都可以控制（块元素）。

Inline 元素的特点：与其他元素在同一行上，不可控制（内嵌元素）。

```
#box{
float:left; width:100px;
margin:0 0 0 100px; // 这种情况之下 IE 会产生 200px 的距离
display:inline; // 使浮动忽略
}
```

这里细说一下 block 与 inline 两个元素：

block 元素的特点是，总是在新行上开始，高度、宽度、行高、边距都可以控制（块元素）Inline 元素的特点是，与其他元素在同一行上，不可控制（内嵌元素）。

```
#box{
display:block; // 可以为内嵌元素模拟为块元素
display:inline; // 实现同一行排列的效果
diplay:table;
```

14.2.3　DIV浮动IE文本出现3px间距的问题（bug）

当左边对象是浮动的，右边对象采用外补丁的左边距来定位，则右边对象内的文本会离左边有 3px 的空白误差。

没有修正时的代码如下，在 IE8 浏览器中浏览，效果如图 14-10 所示。

```
<!DOCTYPE html PUBLIC "-//W3C//DTD
XHTML 1.0 Strict//EN"
"http://www.w3.org/TR/xhtml1/DTD/xhtml1-
strict.dtd">
<html xmlns="http://www.w3.org/1999/
xhtml" xml:lang="en" lang="en">
<head>
<title>DIV 浮动 IE 文本出现 3px 间距的
bug</title>
<style type="text/css">
<!--
*{ padding: 0; margin: 0; }
#layout{
background: #F1F1F1;
width: 400px;
float: left;
}
#floatbox {
float: left;
width: 100px;
height: 50px;
background: #6d6;
}
p { margin: 0 0 0 100px; background: #dd9; }
-->
</style>
</head>
<body>
<div id="layout"><div id="floatbox">floatbox</
div><p> 离左边 3px</p>
<p> 离左边 3px</p></div>
</body>
</html>
```

图14-10　右边对象内的文本会离左边有3px的空白误差

在 CSS 中添加如下代码，保存网页后，可以看到现在没有 3px 了。

```
* html #floatbox {
margin-right: -3px;
```

```
    }
    * html p {
    height: 1%;
    margin-left: 0;
    }
```

14.2.4 高度不能自适应的问题

高度不能自适应是当内层对象的高度发生变化时，外层高度不能自动进行调节，特别是当内层对象使用 margin 时。

下面通过 DIV+CSS 布局的网页高度不能自适应的例子，来说明如何解决这个问题，实例代码如下，在 IE 8 浏览器中浏览，效果如图 14-11 所示。可以看出，在浏览器下父对象 All 没有适应子对象 Sub 的高。

```
<!DOCTYPE html PUBLIC "-//W3C//DTD
XHTML 1.0 Transitional//EN"
    "http://www.w3.org/TR/xhtml1/DTD/xhtml1-
transitional.dtd">
    <html xmlns="http://www.w3.org/1999/
xhtml">
    <head>
    <meta http-equiv="Content-Type" c />
    <title>DIV 高度无法自适应 </title>
    <style type="text/css">
    #all { width:400px;
     padding:10px;
     font-size:12px;
     color:#FFF;
     background-color:#CCC;}
    #sub { float:left;
     width:300px;
     line-height:100px;
     padding:0 5px;
     background-color:#F90;}
    </style>
    <meta http-equiv="Content-Type"
content="text/html; charset=utf-8" />
```

```
    </head>
    <body>
    <div id="all">
    <div id="sub">
    外层 DIV 高度无法自适应。
    </div>
    </div>
    </body>
    </html>
```

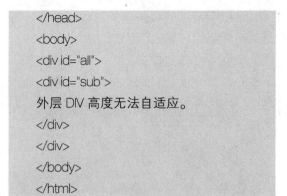

图14-11 高度不能自适应

由于子对象 Sub 设置了浮动（float:left），而父对象 All 没有设置浮动，所以才会出现这样的问题。

解决方法：

❶ 将父对象也设置浮动。即把 float:left 加到 #all {...} 中。

❷ 将子对象的浮动属性去掉。即把 float:left; 从 #sub {...} 中删除。

❸ 在 "<div id="sub"> 外层 DIV 高度无法自适应。</div> 的后面加一个空的块级对象，并设置 clear:both; 取消浮动，如 <div style="clear:both"></div>。但此方法在 IE 中仅限于有两个或两个以上的浮动子对象时才生效。

改正后的实例代码如下，在 IE 8 浏览器中浏览，效果如图 14-12 所示，可以看到，在浏览器下父对象 All 跟着 Sub 自适应变高。

```
<!DOCTYPE html PUBLIC "-//W3C//DTD
```

XHTML 1.0 Transitional//EN"
　　"http://www.w3.org/TR/xhtml1/DTD/xhtml1-transitional.dtd">
　　<html xmlns="http://www.w3.org/1999/xhtml">
　　<head>
　　<meta http- equiv="Content-Type" c />
　　<title>DIV 高度自适应 </title>
　　<style type="text/css">
　　#all {
　　width:400px;
　　padding:10px;
　　font-size:12px;
　　color:#FFF;
　　background-color:#CCC;
　　float:left;
　　}
　　#sub {
　　width:300px;
　　line-height:100px;
　　padding:0 5px;
　　background-color:#F90;
　　}
　　</style>

<meta http-equiv="Content-Type" content="text/html; charset=utf-8" />
　　</head>
　　<body>
　　<div id="all">
　　<div id="sub">
　　外层 DIV 高度自适应。
　　</div>
　　<div style="clear:both"></div>
　　</div>
　　</body>
　　</html>

图14-12 高度自适应

14.2.5 垂直居中对齐文本与文本输入框的问题

　　如何垂直居中对齐文本与文本输入框呢？遇到此种问题，设置文本框的 vertical-align:middle 即可，如图 14-13 所示。

　　<!DOCTYPE html PUBLIC "-//W3C//DTD XHTML 1.0 Transitional//EN"
　　"http://www.w3.org/TR/xhtml1/DTD/xhtml1-transitional.dtd">
　　<html xmlns="http://www.w3.org/1999/xhtml">
　　<head>

<meta http-equiv="Content-Type" content="text/html; charset=utf-8" />
　　<title> 垂直居中对齐文本与文本输入框 </title>
　　<style type="text/css">
　　input {
　　width:200px;
　　height:50px;
　　border:1px solid red;
　　vertical-align:middle;

```
        }
    </style>
    </head>
    <body>
    <input type="text" /> 垂直居中对齐文本与
文本输入框
    </body>
    </html>
```

图14-13 垂直居中对齐文本与文本输入框

14.2.6　firefox下如何使连续长字段自动换行

众所周知 IE 中直接使用 word-wrap:break-word 就可以了，在 Firefox 中使用 JavaScript 插入的方法来解决，如图 14-14 所示。

```
<!DOCTYPE html PUBLIC "-//W3C//DTD
XHTML 1.0 Strict//EN"
    "http://www.w3.org/TR/xhtml1/DTD/xhtml1-
strict.dtd">
    <html xmlns="http://www.w3.org/1999/
xhtml" xml:lang="zh" lang="zh">
    <meta http-equiv="content-type"
content="text/html;charset=gb2312" />
    <title>firefox 下如何使连续长字段自动换行
</title>
    <style type="text/css">
    div { width:300px;
    word-wrap:break-word;
    border:1px solid red; }
    </style>
    </head>
    <body>
    <div id="ff">aaaaaaaaaaaaaaaaaaaaaaaa
aaaaaaaaaaaaaaaaaaaaaaaaaaaaaaaaaaaaaaaaa
aaaaaaaaaaaaaaaaaaaaaaaaaaaaaaaaaaaaaaaaa
aaaaaaaaaaaaaaaaaaaaaaaaaaaaaaaaaaaaaaaaa
aaaaaaaaaaaaaaaaaaaaaaaaaaaaaaaaaaaaaaaaa
aaaaaaaaaaaaaaaaaaaaaaaaaaaaaaaaaaaaaaaaaa
aa</div>
    <script type="text/javascript">
    function toBreakWord(intLen){
    var obj=document.getElementById("ff");
    var strContent=obj.innerHTML;
    var strTemp="";
    while(strContent.length>intLen){
    strTemp+=strContent.substr(0,intLen)+"";
    strContent=strContent.
substr(intLen,strContent.length);
    }
    strTemp+="
    "+strContent;
    obj.innerHTML=strTemp;
    }
    if(document.getElementById && !document.
all) toBreakWord(37)
    </script>
    </body>
    </html>
```

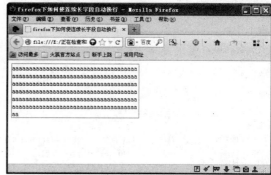

图14-14 Firefox下使连续长字段自动换行

DIV + CSS网页样式与布局完全学习手册

第15章 HTML 5高级程序设计

本章导读

　　从 HTML 4 诞生以来，整个互联网环境、硬件环境都发生了翻天覆地的变化，开发者期望标准统一、用户渴望更好体验的呼声越来越高。2010 年，随着 HTML 5 的迅猛发展，各大浏览器开发公司如 Google、微软、苹果和 Opera 的浏览器开发业务都变得异常繁忙。在这种局势下，学习 HTML 5 无疑成为 Web 开发者的一大重要任务，谁先学会 HTML 5，谁就掌握了迈向未来 Web 平台的一把钥匙。

技术要点

- HTML 5 特点
- HTML 5 基本布局
- HTML 5 结构元素
- 新增的嵌入多媒体元素与交互性元素
- 新增的 input 元素的类型
- 创建简单的 HTML 5 页面

实例展示

由HTML 5、CSS 3和JS编写iPhone 4模拟界面

顶部传统网站导航条

15.1   HTML 5简介

HTML 5 的发展越来越迈向成熟，很多的应用已经逐渐出现在日常生活中了，不只让传统网站上的互动 Flash 逐渐地被 HTML 5 的技术取代，更重要的是可以通过 HTML 5 的技术来开发跨平台的手机软件，让许多开发者感到十分兴奋。

15.1.1   认识HTML 5

HTML 最早是作为显示文档的手段出现的，再加上 JavaScript，它其实已经演变成了一个系统，可以开发搜索引擎、在线地图、邮件阅读器等各种 Web 应用。虽然设计巧妙的 Web 应用可以实现很多令人赞叹的功能，但开发这样的应用远非易事。多数都需要手动编写大量的 JavaScript 代码，还要用到 JavaScript 工具包，乃至在 Web 服务器上运行的服务器端 Web 应用。要让所有这些方面在不同的浏览器中都能紧密配合、不出差错是一个挑战。由于各大浏览器厂商的内核标准不同，使 Web 前端开发者通常在兼容性问题而引起的 bug 上要浪费很多的精力。

HTML 5 是 2010 年正式推出来的，便引起了世界上各大浏览器开发商的极大热情，不管是 Fire Fox、Chrome、IE 9 等。那么，HTML5 为什么会如此受欢迎呢？

在新的 HTML 5 语法规则中，部分的 JavaScript 代码将被 HTML 5 的新属性所替代，部分的 DIV 的布局代码也将被 HTML 5 变为更加语义化的结构标签，这使网站前段的代码变得更加精炼、简洁和清晰，让代码的开发者也更加一目了然代码所要表达的意思。

HTML 5 是一种用来组织 Web 内容的语言，其目的是通过创建一种标准的和直观的标记语言来把 Web 设计和开发变得容易起来。HTML

5 提供了各种切割和划分页面的手段，允许创建的切割组件不仅能用来逻辑地组织站点，而且能够赋予网站聚合的能力。这是 HTML 5 富于表现力的语义和实用性美学的基础，HTML 5 赋予设计者和开发者各种层面的能力来向外发布各式各样的内容，从简单的文本内容到丰富的、交互式的多媒体无不包括在内。如图 15-1 所示为 HTML 5 技术实现的动画特效。

图15-1   HTML 5技术用来实现动画特效

HTML 5 提供了高效的数据管理、绘制、视频和音频工具，其促进了 Web 上的和便携式设备的跨浏览器应用的开发。HTML 5 其允许更大的灵活性，支持开发非常精彩的交互式网站。其还引入了新的标签和增强性的功能，其中包括了一个优雅的结构、表单的控制、API、多媒体、数据库支持和显著提升的处理速度等。如图 15-2 所示为 HTML 5 制作的抽奖游戏。

图15-2   HTML 5制作的抽奖游戏

HTML 5 中的新标签都是高度关联的，标签封装了它们的作用和用法。HTML 的过去版本更多的是使用非描述性的标签，然而，HTML 5 拥有高度描述性的、直观的标签，其提供了丰富的、能够立刻让人识别出内容的内容标签。例如，被频繁使用的 <div> 标签已经有了两个增补进来的 <section> 和 <article> 标签。<video>、<audio>、<canvas> 和 <figure> 标签的增加也提供了对特定类型内容的、更加精确的描述。如图 15-3 所示为由 HTML 5、CSS 3 和 JS 代码所编写的网页版 iPhone4 模拟界面。

图15-3 由HTML 5、CSS 3和JS编写iPhone 4 模拟界面

HTML 5 取 消 了 HTML 4.01 的 一部分被 CSS 取代的标记，提供了新的元素和属性。部分元素对于搜索引擎能够更好的索引整理，对于小屏幕的设置和视障人士更好的帮助。HTML 5 还采用了最新的表单输入对象，还引入了微数据，这一使用机器可以识别的标签标注内容的方法，使语义 Web 的处理更为简单。

15.1.2　HTML 5的特点

HTML 5 是一种用来组织 Web 内容的语言，其目的是通过创建一种标准的和直观的 UI 标记语言来把 Web 设计和开发变得容易起来。HTML 5 提供了一些新的元素和属性，例如 <nav> 和 <footer>。除此之外，还有一些如下的特点。

1.　取消了一些过时的 HTML 4 标签

HTML 5 取消了一些纯粹显示效果的标签，如 <font> 和 <center>，它们已经被 CSS 取代。HTML 5 吸取了 XHTML 2 的一些建议，包括一些用来改善文档结构的功能，如新的 HTML 标签 header、footer、dialog、aside、figure 等的使用，将使内容创作者更加容易地创建文档。

2.　将内容和展示分离

b 和 i 标签依然保留，但它们的意义已经与之前有所不同，这些标签的意义只是为了将一段文字标识出来，而不是为了让它们设置粗体或斜体式样。u、font、center、strike 这些标签则被完全去掉了。

3.　一些全新的表单输入对象

增加了包括日期、URL、Email 地址，其他的对象则增加了对非拉丁字符的支持。HTML 5 还引入了微数据，这一使用机器可以识别的标签标注内容的方法，使语义 Web 的处理更为简单。总的来说，这些与结构有关的改进使内容创建者可以创建更干净、更容易管理的网页。

4.　全新的、更合理的标签

多媒体对象将不再全部绑定在 object 或 embed 标签中，而是视频有视频的标签，音频有音频的标签。

5.　支持音频的播放 / 录音功能

目前在播放 / 录制音频的时候可能需要用到 Flash、Quicktime 或者 Java，而这也是 HTML 5 的功能之一。

6.　本地数据库

这个功能将内嵌一个本地的 SQL 数据库，以加速交互式搜索、缓存，以及索引功能。同时，那些离线 Web 程序也将因此获益匪浅，不需要插件的动画。

7. Canvas 对象

将给浏览器带来直接在上面绘制矢量图的能力，这意味着用户可以脱离 Flash 和 Silverlight，直接在浏览器中显示图形或动画。

8. 支持丰富的 2D 图片

HTML5 内嵌了所有复杂的二维图片类型。同目前网站加载图片的方式相比，它的运行速度要快得多。

9. 支持即时通信功能

在 HTML 5 中内置了基于 Web sockets 的即时通信功能，一旦两个用户之间启动了这个功能，就可以保持顺畅的交流。

截至目前而言，主流的网页浏览器 Firefox 5、Chrome 12 和 Safari 5 都已经支持了许多的 HTML5 标准，而且目前最新版的 IE 9 也支持了许多 HTML 5 标准。

15.1.3 HTML 5中的标记方法

下面我们来看看在 HTML 5 中的标记方法。

1. 内容类型（ContentType）

HTML 5 的文件扩展符与内容类型保持不变。也就是说，扩展符仍然为 .HTML 或 htm，内容类型（ContentType）仍然为 text/HTML。

2. DOCTYPE 声明

DOCTYPE 声明是 HTML 文件中必不可少的，它位于文件第一行。在 HTML 4 中，它的声明方法如下。

```
<!DOCTYPE HTML PUBLIC "-//W3C//DTD
XHTML 1.0 Transitional//EN"
    "http://www.w3.org/TR/xHTML1/DTD/
xHTML1-transitional.dtd">
```

DOCTYPE 声明是 HTML 5 里众多新特征

之一。现在你只需要写 <!DOCTYPE HTML> 即可。HTML 5 中的 DOCTYPE 声明方法（不区分大小写）如下。

```
<!DOCTYPE HTML>
```

3. 指定字符编码

在 HTML 4 中，使用 meta 元素的形式指定文件中的字符编码，如下所示。

```
<meta http-equiv="Content-Type"
content="text/HTML;charset=UTF-8">
```

在 HTML 中，可以使用对元素直接追加 charset 属性的方式来指定字符编码，如下所示：

```
<meta charset="UTF-8">
```

在 HTML 5 中这两种方法都可以使用，但是不能同时混合使用两种方式。

15.1.4 HTML 5基本布局

随着 HTML 5 的发展，前端开发者们终于从原本充斥这大量 div、span 的 HTML 结构中解放出来，开始使用 HTML5 来布局整个网站。但同时，由于 HTML 5 补充了大量的、新的页面标签，所以从语意化的角度考虑，势必对页面的布局产生一定的影响。

以 HTML 4 的基本两栏布局为例，如图 15-4 所示。HTML 5 对应的布局，如图 15-5 所示。

在 HTML 4 中由于缺少结构，即使是形式良好的 HTML 页面也比较难以处理。必须分析标题的级别，才能看出各个部分的划分方式。边栏、页脚、页眉、导航条、主内容区和各篇文章都由通用的 Div 元素来表示。

图15-4 HTML 4的基本两栏布局

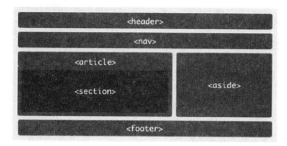

图15-5 HTML 5对应的布局

从图15-4和图15-5中可以看出，HTML 5的代码可读性更高了，也更简洁了，内容的组织相同，但每个元素有一个明确的、清晰的定义，搜索引擎也可以更容易地抓取网页上的内容。HTML 5标准对于SEO有什么优势呢？

1. 使搜索引擎更加容易抓去和索引

对于一些网站，特别是那些严重依赖于Flash的网站，HTML 5是一个大福音。如果整个网站都是Flash的，就一定会看到转换成HTML 5的好处。首先，搜索引擎的蜘蛛将能够抓取站点内容。所有嵌入到动画中的内容将全部可以被搜索引擎读取。

2. 提供更多的功能

使用HTML 5的另一个好处就是它可以增加更多的功能。对于HTML 5的功能性问题，可以从全球几个主流站点对它的青睐就可以看出。社交网络大亨Facebook已经推出他们期待已久的基于HTML 5的iPad应用平台，每天都有基于HTML 5的网站和HTML 5特性的网站被推出。

3. 可用性的提高，提高用户的友好体验

最后可以从可用性的角度上看，HTML 5可以更好地促进用户于网站间的互动情况。多媒体网站可以获得更多的改进，特别是在移动平台上的应用，使用HTML 5可以提供更多高质量的视频和音频流。

我们来考虑一个典型的博客主页，它的顶部有页眉，底部有页脚，还有几篇文章、一个导航区和一个边栏，下面是使用HTML 4时的代码。

```html
<html>
  <head>
  <title> 莹莹博客 </title>
  </head>
  <body>
  <div id="header">
  <div class="hgroup">
  <h1> 网站标题 </h1>
  <h2> 网站副标题 </h2>
  </div>
  <div id="nav">
  <ul
  <li>Dreamweaver</li>
  <li>Flash</li>
  <li>Photoshop</li>
  </ul>
  </div>
  </div>
  <div id="left">
  <div class="article">
  <p> 这是一篇讲述网页设计的文章。</p>
  </div>
  <div class="article">
  <p> 这还是一篇讲述网站开发的文章。</p>
  </div>
  </div>
  <div id="aside">
  <h1> 作者简介 </h1>
  <p> 莹莹，专业的网页设计开发工程师。</p>
  </div>
```

```
<div id="footer">
版权所有莹莹 </div>
</body>
</html>
```

上面是一个简单的博客页面的 HTML，由头部、文章展示区、右侧栏、底部组成。编码整洁，也符合 XHTML 的语义化，即便是在 HTML 5 中也可以很好的表现。但是对浏览器来说，这就是一段没有区分开权重的代码。HTML 5 新标签的出现，正好弥补了这一缺憾。那么，上面的代码，换成 HTML 5 就可以这样写。

```
<html>
<head>
<title>莹莹博客 </title>
</head>
<body>
<header>
<hgroup>
<h1>网站标题 </h1>
<h2>网站副标题 </h2>
</hgroup>
<nav>
<ul>
<li>Dreamweaver</li>
<li>Flash</li>
<li>Photoshop</li>
</ul>
</nav>
</header>
<div id="left">
<article>
<p>这是一篇讲述网页设计的文章。</p>
</article>
<article>
<p>这还是一篇讲述网站开发的文章。</p>
```

```
</article>
</div>
<aside>
<h1>作者简介 </h1>
<p>莹莹，专业的网页设计开发工程师。</p>
</aside>
<footer>版权所有莹莹 </footer>
</body>
</html>
```

看来 HTML 的页面结构可以如此之美，不用注释也能一目了然。对于浏览器，找到对应的区块也不再会茫然无措。现在不再需要 Div 了。不再需要自己设置 class 属性，从标准的元素名就可以推断出各个部分的意义。这对于音频浏览器、手机浏览器和其他非标准浏览器尤其重要。在浏览器中浏览，效果如图 15-6 所示。

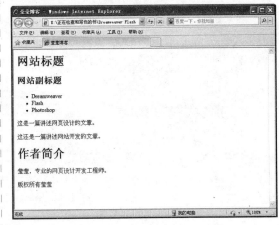

图15-6　浏览器中浏览效果

15.2 HTML 5结构元素

通过使用了新的结构元素，HTML 5 的文档结构比大量使用 div 元素的 HTML4 的文档结构清晰、明确了很多。如果再规划好文档结构的大纲，就可以创建出对人、对其他程序来说，都很清晰易读的文档结构。HTML 5 添加了一些新元素，专门用来标识这些常见的结构。

● section：用来表现普通的文档内容或应用区块。一个 section 通常由内容及其标题组成。

● header：页面上显示的页眉。

● aside：可以包含与当前页面或主要内容相关的引用、侧边栏、广告、nav 元素组，以及其他类似的、有别与主要内容的部分。

● footer：页脚，footer 通常包括其相关区块的附加信息，如作者、相关阅读链接，以及版权信息等。

● nav：用来将具有导航性质的链接划分在一起，使代码结构在语义化方面更加准确，同时对于屏幕阅读器等设备的支持也更好。

● article：元素用来在页面中表示一套结构完整且独立的内容部分。article 可以用来呈现论坛的一个帖子、杂志或报纸中的一篇文章、一篇博客、用户提交的评论内容、可互动的页面模块挂件等。

15.2.1 header

header 元素是一种具有引导和导航作用的结构元素，通常用来放置整个页面或页面内的一个内容区块的标题，header 内也可以包含其他内容，例如表格、表单或相关的 Logo 图片。在架构页面时，整个页面的标题常放在页面的开头，header 标签一般都放在页面的顶部。

我们在平常做网站定义网站头部时如果用 Div，那么就会这样：

```
<div id="header">
    .......
</div>
```

我们现在来看看 HTML 5 提供的元素 <header>：

```
<header>
    <h1> 风一样的博客 </h1>
</header>
```

在 HTML 5 中，一个 header 元素通常包括至少一个 headering 元素（h1-h6），也可以包括 hgroup、nav 等元素。页眉也可以包含导航，这对全站导航很有用，可以将 <nav> 放在 <header> 中，也可以将 <nav> 放在 <header> 之外。如下所示代码是一个 header 的使用实例，<nav> 就在 <header> 之中。

```
<title> 清韵 </title>
<header>
  <div class="logo">
   <h1>
   <a href="index.html"><strong> 清韵博主 </strong></a>
   </h1>
  </div>
  <nav>
  <ul>
   <li><a href="index.html"> 主页 </a></li>
    <li><a href="index-1.html"> 谈天说地 </a></li>
    <li><a href="index-2.html"> 色影之家 </a></li>
    <li><a href="index-3.html"> 谈股论金 </a></li>
```

```
      </ul>
    </nav>
  </header>
```

在浏览器中浏览，效果如图 15-7 所示，可以看到一个网站的标题，另外有网站的导航部分。

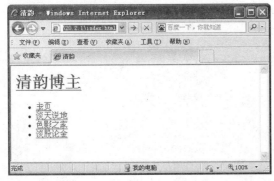

图15-7 header使用实例

15.2.2 nav

<nav> 元素在 HTML 5 中用于包裹一个导航链接组，用于显式的说明这是一个导航组，在同一个页面中可以同时存在多个 <nav>。HTML 5 结构元素 <nav> 元素用于构建一个页面或一个站点内的链接。与 <header> 和 <footer> 相同，我们并不限制每个页面中 <nav> 元素的数量。在一个页眉中，可以有全站的 <nav>、作为当前文章的目录的一个 <nav>，以及在其下面链接到站点的其他相关文章的 <nav>。

```
  <nav>
    <p><a href="/"> 首页 </a></p>
    <p><a href="/about"> 自我介绍 </a></p>
  </nav>
```

<nav> 元素的内容可能是链接的一个列表，标记为一个无序的列表，或者是一个有序的列表。注意，<nav> 元素是一个包装器，它不会替代 <ol> 或 <ul> 元素，但是会包围它。也可以包含标题以用于导航。

```
  <nav>
    <h2> 网站导航 </h2>
    <ul>
      <li><a href="about"> 自我介绍 </a></li>
      <li><a href="news"> 新闻动态 </a></li>
      <li><a href="news"> 个人爱好 </a></li>
      <li><a href="news"> 语文联系 </a></li>
    </ul>
  </nav>
```

nav 元素使用在哪行位置呢？

顶部传统导航条：现在主流网站上都有不同层级的导航条，其作用是将当前画面跳转到网站的其他主要页面上去。如图 15-8 所示为顶部传统网站导航条。

图15-8 顶部传统网站导航条

页内导航：页内导航的作用是在本页面几个主要的组成部分之间进行跳转，如图 15-9 所示为页内导航。

图15-9 页内导航

侧边导航：现在很多企业网站和购物类网站上都有侧边导航，如图 15-10 所示为左侧导航。

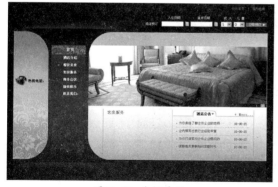

图15-10 左侧导航

在 HTML 5 中不要用 menu 元素代替 nav 元素。过去有很多 Web 应用程序的开发员喜欢用 menu 元素进行导航，menu 元素是用在 Web 应用程序中的。

15.2.3　footer

页脚 footer 一般包含版权数据、导航信息、备案信息、联系方式等内容。长久以来，我们习惯于使用 <div id="footer"> 这样的代码作为页面的页脚。在 HTML 5 中，可以使用用途更广、扩展性更强的 <footer> 元素了。

在 HTML 4 中在定义网站尾部时例如版权等信息，通常是这样定义的：

```
<div id="footer">
    <ul>
    <li> 版权声明 </li>
    <li> 站点地图 </li>
    <li> 联系我们 </li>
    </ul>
</div>
```

在 HTML 5 中，可以不使用 div，而用更加语义化的 footer 来写：

```
<footer>
    <ul>
    <li> 版权声明 </li>
    <li> 站点地图 </li>
    <li> 联系我们 </li>
    </ul>
</footer>
```

footer 元素即可以用做页面整体的页脚，也可以作为一个内容区块的结尾，例如可以将 <footer> 直接写在 <section> 或 <article> 中：

在 article 元素中添加 footer 元素。

```
<article>
    文章内容
    <footer>
    文章的脚注
    </footer>
</article>
```

在 section 元素中添加 footer 元素。

```
<section>
```

```
    分段内容
    <footer>
        分段内容的脚注
    </footer>
</section>
```

15.2.4　article

article 元素可以灵活使用，article 元素可以包含独立的内容项，所以可以包含一个论坛帖子、一篇杂志文章、一篇博客文章、用户评论等。这个元素可以将信息各部分进行任意分组，而不论信息原来的性质。

作为文档的独立部分，每一个 article 元素的内容都具有独立的结构。为了定义这个结构，可以利用前面介绍的 <header> 和 <footer> 标签的丰富功能。它们不仅仅能够用在正文中，也能够用于文档的各节中。

下面以一篇文章讲述 article 元素的使用，具体代码如下。

```
<article>
<header>
    <h1> 不能改变世界，就要改变自己去
适应环境 </h1>
        <p> 发表日期：<time
pubdate="pubdate">2013/05/09</time></p>
    </header>
    <p> 在人生的路上，无论人们走得多么
顺利，只要稍微遇上一些不顺的事，就会习惯
性地抱怨老天亏待他们，进而祈求老天赐予更
多的力量，以度过难关。实际上，人类世界有
的时候比自然界还要残酷，因为除能力的强弱
比较之外，其他的竞争实在是太多太多了。本
该淘汰出局的不合格者往往会颠覆公平合理的
竞争机制，从而制造出不公平、不合理的选拔
结果。<br>
    世人必须承认这种现实，必须打破事事公
```

平合理的梦想，只有这样才能不被困扰，才能不发牢骚。因此我们要清醒地认识到这一点，不要自己跟自己过不去。如果人们不能改变这个世界，那就要在这个世界里逐渐改变自我。事实上，每个困境都有其存在的正面价值。</p>

```
    <footer>
        <p><small> 版权所有 @ 非鱼科技。</
small></p>
    </footer>
</article>
```

在 header 元素中嵌入了文章的标题部分，在 h1 元素中是文章的标题"不能改变世界，就要改变自己去适应环境"，文章的发表日期在 p 元素中。在标题下部的 p 元素中是文章的正文，在结尾处的 footer 元素中是文章的版权。对这部分内容使用了 article 元素。在浏览器中浏览，效果如图 15-11 所示。

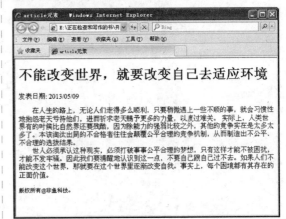

图15-11　article元素

另外，article 元素也可以用来表示插件，它的作用是使插件看起来好像内嵌在页面中一样。

```
<article>
<h1>article 表示插件 </h1>
<object>
<param name="allowFullScreen"
value="true">
```

```
<embed src="#" width="600"
height="395"></embed>
  </object>
 </article>
```

一个网页中可能有多个独立的 article 元素，每一个 article 元素都允许有自己的标题与脚注等从属元素，并允许对自己的从属元素单独使用样式。如一个网页中的样式可能如下所示。

```
header{
display:block;
color:green;
text-align:center;
}
aritcle header{
color:red;
text-align:left;
}
```

15.2.5　section

section 元素用于对网站或应用程序中页面上的内容进行分块。一个 section 元素通常由内容及其标题组成。但 section 元素也并非一个普通的容器元素，当一个容器需要被重新定义样式或者定义脚本行为的时候，还是推荐使用 Div 控制。

```
<section>
 <h1> 水果 </h1>
  <p> 水果是指多汁且有甜味的植物果
实，不但含有丰富的营养且能够帮助消化。水
果有降血压、减缓衰老、减肥瘦身、皮肤保
养、明目、抗癌、降低胆固醇等保健作用……
</p>
 </section>
```

下面是一个带有 section 元素的 article 元素例子。

```
<article>
```

```
 <h1> 水果 </h1>
  <p> 水果是指多汁且有甜味的植物果
实，不但含有丰富的营养且能够帮助消化。
水果有降血压、减缓衰老、减肥瘦身、皮肤
保养、明目、抗癌、降低胆固醇等保健作用……
……</p>
  <section>
   <h2> 香蕉 </h2>
   <p> 香蕉是人们喜爱的水果之一，欧洲
人因它能解除忧郁而称它为"快乐水果"，而且
香蕉还是女孩子们钟爱的减肥佳果……</p>
  </section>
  <section>
   <h2> 苹果 </h2>
   <p> 苹果，落叶乔木，叶子椭圆形，
花白色带有红晕。果实圆形，味甜或略酸，是
常见水果，具有丰富营养成分，有食疗、辅助
治疗的功能……</p>
  </section>
 </article>
```

从上面的代码可以看出，首页整体呈现的是一段完整独立的内容，所以我们要用 article 元素包起来，这其中又可分为三段，每一段都有一个独立的标题，使用了两个 section 元素为其分段。这样使文档的结构显得清晰。在浏览器中浏览，效果如图 15-12 所示。

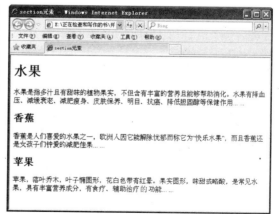

图15-12　带有section元素的article元素实例

article 元素和 section 元素有什么区别呢？在 HTML 5 中，article 元素可以看成是一种特殊种类的 section 元素，它比 section 元素更强调独立性。即 section 元素强调分段或分块，而 article 强调独立性。如果一块内容相对来说比较独立、完整的时候，应该使用 article 元素，但是如果你想将一块内容分成几段的时候，应该使用 section 元素。

15.2.6　aside

aside 元素用来表示当前页面或文章的附属信息部分，它可以包含与当前页面或主要内容相关的引用、侧边栏、广告、导航条，以及其他类似的、有别于主要内容的部分。

aside 元素主要有以下两种使用方法。

1．包含在 article 元素中作为主要内容的附属信息部分，其中的内容可以是与当前文章有关的参考资料、名词解释等。

```
<article>
<h1>…</h1>
<p>…</p>
<aside>…</aside>
</article>
```

2．在 article 元素之外使用作为页面或站点全局的附属信息部分。最典型的是侧边栏，其内容可以是友情链接、文章列表、广告单元等。代码如下所示，运行效果如图15-13 所示。

```
<aside>
<h2> 新闻资讯 </h2>
<ul>
<li> 企业新闻 </li>
<li> 行业信息 </li>
</ul>
<h2> 经营产品 </h2>
<ul>
```

```
<li> 上衣外套 </li>
<li> 时尚裙子 </li>
<li> 裤子鞋帽 </li>
</ul>
</aside>
```

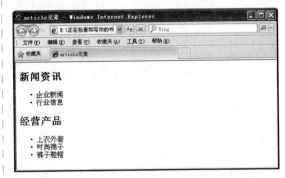

图15-13　aside元素实例

15.2.7　address

address 元素通常位于文档的末尾，address 元素用来在文档中呈现联系信息，包括文档创建者的名字、站点链接、电子邮箱、真实地址、电话号码等。address 不只是用来呈现电子邮箱或真实地址这样的"地址"概念，而应该包括与文档创建人相关的各类联系方式。

下面是 address 元素实例。

```
<!DOCTYPE html>
<html>
<head>
<meta http-equiv="Content-Type"
content="text/html; charset=gb2312" />
<title>address 元素实例 </title>
</head>
<body>
<address>
<a href="mailto:example@example.
com">webmaster</a><br />
重庆网站建设公司 <br />
```

```
xxx 区 xxx 号 <br/>
</address>
</body>
</html|
```

浏览器中显示地址的方式与其周围的文档不同，IE、Firefox 和 Safari 浏览器以斜体显示地址，如图 15-14 所示。

图15-14 address元素实例

还可以把 footer 元素、time 元素与 address 元素结合起来使用，具体代码如下。

```
<footer>
  <div>
    <address>
```

```
      <a title=" 文章作者：王军 ">
      王军 </a>
      </address>
      发 表 于 <time datetime="2013-05-
04">2013 年 05 月 4 日 </time>
    </div>
</footer>
```

在这个示例中，把文章的作者信息放在了 address 元素中，把文章发表日期放在了 time 元素中，把 address 元素与 time 元素中的总体内容作为脚注信息放在了 footer 元素中。如图 15-15 所示。

图15-15 footer元素、time元素与address元素结合

15.3 新增的嵌入多媒体元素与交互性元素

HTML 5 新增了很多多媒体和交互性元素如 video、audio。在 HTML 4 中如果要嵌入一个视频或音频，需要引入一大段的代码，还有兼容各个浏览器，而 HTML 5 只需要通过引入一个标签就可以，就像 img 标签一样方便。

15.3.1 video元素

video 元素定义视频，如电影片段或其他视频流。

HTML 5 中代码示例：

```
<video src="movie.ogg" controls="
```

```
controls">video 元素 </video>
```

HTML 4 中代码示例：

```
<object type="video/ogg" data="movie.ogv">
<param name="src" value="movie.ogv">
</object>
```

15.3.2 audio元素

audio 元素定义音频，如音乐或其他音频流。

HTML 5 中代码示例：

```
<audio src="someaudio.wav">audio 元素 </
audio>
```

HTML 4 中代码示例：

```
<object type="application/ogg"
data="someaudio.wav">
    <param name="src" value="someaudio.
wav">
</object>
```

15.3.3　embed元素

embed 元素用来插入各种多媒体，格式可以是 Midi、Wav、AIFF、AU、MP3 等。

HTML 5 中代码示例：

```
<embed src="horse.wav" />
```

HTML 4 中代码示例：

```
<object data="flash.swf" type="application/
x-shockwave-flash"></object>
```

15.4　新增的input元素的类型

在网站页面的时候，难免会碰到表单的开发，用户输入的大部分内容都是在表单中完成提交到后台的。在 HTML 5 中，也提供了大量的表单功能。

在 HTML 5 中，对 input 元素进行了大幅度的改进，使我们可以简单地使用这些新增的元素来实现需要 JavaScript 来能实现的功能。

15.4.1　url类型

input 元素里的 url 类型是一种专门用来输入 url 地址的文本框。如果该文本框中内容不是 url 地址格式的文字，则不允许提交。例如：

```
<form>
    <input name="urls" type="url" value="http://
www.linyikongtiao.com "/>
    <input type="submit" value=" 提交 "/>
</form>
```

设置此类型后，从外观上来看与普通的元素差不多，可是如果你将此类型放到表单中之后，当单击"提交"按钮，如果此输入框中输入的不是一个 URL 地址，将无法提交，如图 15-16 所示。

图15-16　url类型实例

15.4.2　email类型

如果将上面的 URL 类型的代码中的 type 修改为 email，那么，在表单提交的时候，会自动验证此输入框中的内容是否为 email 格式，如果不是，则无法提交。代码如下：

```
<form>
<input name="email" type="email" value=" http:
//www.linyikongtiao.com/"/>
    <input type="submit" value=" 提交 "/>
</form>
```

如果用户在该文本框中输入的不是 email 地址，则会提醒不允许提交，如图 15-17 所示。

图15-17 email类型实例

15.4.3 date类型

input 元素里的 date 类型在开发网页过程中是非常多见的。例如，我们经常看到的购买日期、发布时间、订票时间。这种 date 类型的时间是以日历的形式来方便用户输入的。

```
<form>
    <input id="lykongtiao _date"
name="linyikongtiao.com" type="date"/>
    <input type="submit" value=" 提交 "/>
</form>
```

在 HTML 4 中，需要结合使用 JavaScript 才能实现日历选择日期的效果，在 HTML 5 中，只需要设置 input 为 date 类型即可，提交表单的时候也不需要验证数据了，如图 15-18 所示。

图15-18 date类型实例

15.4.4 time类型

input 里的 time 类型是专门用来输入时间的文本框。并且会在提交时对输入时间的有效性进行检查。它的外观可能会根据不同类型的浏览器而出现不同表现形式。

```
<form>
    <input id=" linyikongtiao_time" name="
linyikongtiao.com" type="time"/>
    <input type="submit" value=" 提交 "/>
</form>
```

time 类型是用来输入时间的，在提交的时候检查是否输入了有效的时间，如图 15-19 所示。

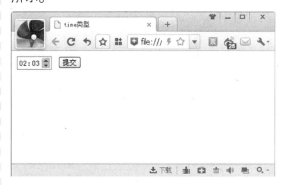

图15-19 time类型实例

15.4.5 datetime类型

datetime 类型是一种专门用来输入本地日期和时间的文本框，同样，它在提交的时候也会对数据进行检查。目前主流浏览器都不支持 datetime 类型。

```
<form>
    <input id=" linyikongtiao_datetime" name="
linyikongtiao.com" type="datetime"/>
    <input type="submit" value=" 提交 "/>
</form>
```

15.5   创建简单的HTML 5页面

尽管各种最新版浏览器都对HTML 5提供了很好的支持，但毕竟HTML 5是一种全新的HTML标记语言，许多新的功能必须在搭建好相应的浏览环境后才可以正常浏览。为此，在正式执行一个HTML 5页面之前，必须先搭建支持HTML 5的浏览器环境，并检查浏览器是否支持HTML 5标记。

15.5.1   HTML 5文档类型

因为各种浏览器的内核不同，对于默认样式的渲染也不尽相同，所以就需要一份各浏览器都遵循的规则来保证同一个网页文档在不同浏览器上呈现出来的样式是一致的，这个规则就是DOCTYPE声明。

每个HTML 5文档的第一行都是一个特定的文档类型声明。这个文档类型声明用于告知这是一个HTML 5网页文档。

```
<!DOCTYPE HTML >
```

可以看到HTML 5的文档类型声明极其简单。另外它不包含官方规范的版本号，只要有新功能添加到HTML语言中，你在页面中就可以使用它们，而不必为此修改文档类型声明。

15.5.2   字符编码

为了能被浏览器正确解释，HTML 5文档都应该声明所使用的字符编码。很多时候网页文档出现乱码大部分都是由于字符编码不对而引起的。

现有的编码标准有很多种。但实际上，所有英文网站今天都在使用一种叫UTF-8的编码，这种编码简洁、转换速度快，而且支持非英文字符。

在HTML 5文档中添加字符编码信息也很简单。只要在 `<head>` 区块的最开始处（如果没有添加 `<head>` 元素，则是紧跟在文档类型声明之后）添加相应的元数据（meta）元素即可。

```
<head>
<meta charset="utf-8" />
<title> 这是我的第一个HTML 5网页文档
</title>
</head>
```

Dreamweaver 在创建新网页时自动添加这个元信息，也会默认将文件保存为UTF 编码格式。

> ★提示★
>
> utf-8是unicode的一种变长度的编码表达方式，作为一种全球通用型的字符编码正被越来越多的网页文档所使用，使用utf-8字符编码的网页可最大程度地避免不同区域的用户访问相同网页时，因字符编码不同而导致出现乱码现象。

15.5.3   页面语言

为给内容指定语言，可以在任何元素上使用 lang 属性，并为该属性指定相应的语言代码（如 en 表示英语）。

为整个页面添加语言说明的最简单方式，就是为 `<HTML>` 元素指定 lang 属性。

```
<HTML lang="en">
```

如果页面中包含多种语言的文本，在这种情况下，可以为文本中的不同区块指定 lang 属性，指明该区块中文本的语言。

15.5.4   添加样式表

要想做出精美的网页一定要用到 CSS 样

式表。指定想要使用的样式表时，需要在 HTML 5 文档的 <head> 区块中添加 <link> 元素。

```
<link href="images/css.css" rel=
stylesheet>
```

这与向 HTML 4 文档中添加样式表大同小异，但稍微简单一点。因为 CSS 是网页中唯一可用的样式表语言，所以网页中过去要求的 type="text/css" 属性就没有什么必要了。

15.5.5   添加JavaScript

使用 JavaScript 特效可以改进网页站界面，从而得到更多的用户体验。如今 JavaScript 的主要用途不再是美化界面，而是开发高级的 Web 应用，包括在浏览器中运行的极其先进的电子邮件客户端、文字处理程序，以及地图引擎。

在 HTML 5 页面中添加 JavaScript 与在传统页面中添加类似。

```
<script src="script.js"></script>
```

这 里 没 有 像 HTML 4 中 那 样 加 上 language="JavaScript" 属性。不过，即使是引用外部 JavaScript 文件，也不能忘了后面的 </script> 标签。

15.5.6   测试结果

最终做成了一个如下所示的 HTML 5 文档。

```
<!DOCTYPE HTML>
<HTML lang="en">
<head>
<meta charset="utf-8"/>
<title> 这是我的第一个 HTML5 网页文档
</title>
<link href="images/css.css" rel=stylesheet>
<script src="script.js"></script>
</head>
<body>
<h1> 这是我的第一个 HTML5 网页文档 </h1>
</body>
</HTML>
```

虽然这不再是一个最短的 HTML 5 文档，但以它为基础可以构建出任何网页。

第16章　CSS 3指南

本章导读

从 HTML 4 诞生以来，整个互联网环境、硬件环境都发生了翻天覆地的变化，开发者期望标准统一、用户渴望更好体验的呼声越来越高。2010 年，随着 HTML 5 的迅猛发展，各大浏览器开发公司如 Google、微软、苹果和 Opera 的浏览器开发业务都变得异常繁忙。在这种局势下，学习 HTML 5 无疑成为 Web 开发者的一大重要任务，谁先学会 HTML 5，谁就掌握了迈向未来 Web 平台的一把钥匙。CSS 3 极大地简化了 CSS 的编程模型，它不仅对已有的功能进行了扩展和延伸，而且更多的是对 Web UI 的设计理念的和方法进行了革新。在未来，CSS 3 配合 HTML 5 标准，将掀起一场新的 Web 应用变革，甚至是整个互联网产业的变革。

知识要点

- CSS 3 的发展历史　　　　● 使用 CSS 3 实现圆角表格
- CSS 3 新增特性　　　　　● 使用 CSS 3 制作其他网页特效

实例展示

使用CSS 3制作文
字立体效果

多彩的网页图片库

CSS 3制作图片滚动菜单

使用CSS 3实现的幻灯图片效果

16.1 预览激动人心的CSS 3

随着用户要求的不断提高、各种新型网络应用的不断出现，以及 Web 技术自身的高速发展，CSS 2 在 Web 开发中显得越来越力不从心，人们对下一代 CSS 技术和标准——CSS 3 的需求越来越迫切。

16.1.1 CSS 3的发展历史

20 世纪 90 年代初，HTML 语言诞生，各种形式的样式表也开始出现。各种不同的浏览器结合自身的显示特性，开发了不同的样式语言，以便于开发者调整网页的显示效果。注意，此时的样式语言仅供开发者使用，而非供设计师使用。

早期的 HTML 语言只含有很少量的显示属性，用来设置网页和字体的效果。随着 HTML 的发展，为了满足网页设计师的要求，HTML 不断添加了很多用于显示的标签和属性。由于 HTML 的显示属性和标签比较丰富，其他的用来定义样式的语言就越来越没有意义了。

在这种背景下，1994 年初哈坤·利提出了 CSS 的最初想法，伯特·波斯（Bert Bos）当时正在设计一款 Argo 浏览器，于是他们一拍即合，决定共同开发 CSS。当然，这时市面上已经有一些非正式的样式表语言的提议了。

哈坤于 1994 年在芝加哥的一次会议上第一次展示了 CSS 的建议，1995 年他与波斯一起再次展示这个建议。当时 W3C 刚刚建立，W3C 对 CSS 的发展很感兴趣，它为此组织了一次讨论会。哈坤、波斯和其他一些人是这个项目的主要技术负责人。1996 年底，CSS 已经完成。1996 年 12 月 CSS 的第一版本被推出。

1998 年 5 月，CSS 2 正式发布。CSS 2 是一套全新的样式表结构，是由 W3C 推行的，同以往的 CSS 1 或 CSS 1.2 完全不同，CSS 2 推荐的是一套内容和表现效果分离的方式，HTML 元素可以通过 CSS 2 的样式控制显示效果，可完全不使用以往 HTML 中的 table 和 td 来定位表单的外观和样式，只须使用 div 和 Li 此类 HTML 标签来分割元素，之后即可通过 CSS 2 样式来定义表单界面的外观。

早在 2001 年 5 月，W3C 就着手开始准备开发 CSS 第三版规范。CSS 3 规范一个新的特点是规范被分为若干个相互独立的模块。一方面分成若干较小的模块较利于规范及时更新和发布，及时调整模块的内容，这些模块独立实现和发布，也为日后 CSS 的扩展奠定了基础。另外一方面，由于受支持设备和浏览器厂商的限制，设备或厂商可以有选择地支持一部分模块，支持 CSS 3 的一个子集，这样将有利于 CSS 3 的推广。

CSS 3 的产生大大简化了编程模型，它不是仅对已有功能的扩展和延伸，而更多的是对 Web UI 设计理念和方法的革新。相信未来 CSS 3 配合 HTML 5 标准，将极大地引起一场 Web 应用的变革，甚至是整个互联网产业的变革。

16.1.2 CSS 3新增特性

CSS 3 中引入了大量的新特性和功能，这些新特性极大地增强了 Web 程序的表现能力，同时简化了 Web UI 的编程模型。下面将详细介绍这些 CSS 3 的新增特性。

1. 强大的选择器

CSS 3 的选择器在 CSS 2.1 的基础上进行了增强，它允许设计师在标签中指定特定的 HTML 元素而不必使用多余的类、ID 或 JavaScript 脚本。

如果希望设计出简洁、轻量级的网页标签，希望结构与表现更好地分离，高级选择器是非常有用的。它可以大大简化我们的工作，提高代码效率，并让我们很方便地制作高可维护性的页面。

2. 半透明度效果的实现

RGBA 不仅可以设定色彩，还能设定元素的透明度。无论是文本、背景，还是边框均可使用该属性。该属性的语法在其支持的浏览器中相同。

RGBA 颜色代码示例：

```
background:rgba(252, 253, 202, 0.70);
```

上面代码所示，前三个参数分别是 R、G、B 三原色，范围是 0~255。第四个参数是背景透明度，范围是 0~1，如 0.70 代表透明度 70%。这个属性使我们在浏览器中也可以做到像 Win7 一样的半透明玻璃效果。如图 16-1 所示。

图16-1 半透明度效果

目前支持 RBGA 颜色的浏览器有：Safari 4+、Chrome 1+、Firefox 3.0.5+ 和 Opera 9.5+，IE 全系列浏览器暂都不支持该属性。

3. 多栏布局

新的 CSS 3 选择器可以让你不必使用多个 div 标签就能实现多栏布局。浏览器解释这个属性并生成多栏，让文本实现一个仿报纸的多栏结构。如图 16-2 所示的网页显示为四栏，这四栏并非浮动的 div，而是使用 CSS 3 多栏布局。

图16-2 多栏布局

4. 多背景图

CSS 3 允许背景属性设置多个属性值，如 background-image、background-repeat、background-size、background-position、background-originand、background-clip 等，这样就可以在一个元素上添加多层背景图片。

在一个元素上添加多背景的最简单的方法是使用简写代码，你可以指定上面的所有属性到一条声明中，只是最常用的还是 image、position 和 repeat，代码如下所示。

```
.div {
    background: url(example.jpg) top left no-repeat,
        url(example2.jpg) bottom left no-repeat,
        url(example3.jpg) center center repeat-y;
    }
```

5. 块阴影和文字阴影

尽管 box-shadow 和 text-shadow 在 CSS 2 中就已经存在，但是它们未被广泛应用。它们将在 CSS 3 中被广泛采用。块阴影和文字阴影可以不用图片就能对 HTML 元素添加阴影，增加显示的立体感，增强设计的细节。块阴影使用 box-shadow 属性，文字属性使用 text-shadow 属性，该属性目前在 Safari 和 Chrome 中可用。

```
box-shadow：5px 5px 25px #cc000c;
text-shadow：5px 5px 25px #cc000c;
```

前两个属性设置阴影的 X/Y 位移，这里分别是 5px，第 3 个属性定义阴影的模糊程度，最后一个设置阴影的颜色。

下面看一个 text-shadow 属性的使用实例。

```
<!DOCTYPE html>
<html>
<head>
<title>text-shadow</title>
<meta charset="utf-8" />
```

```
<style>
body{
        background-color:#666;
}
h1{
        text-shadow:0 1px 0 #fff;
        color:#292929;
        font:bold 90px/100% Arial;
        padding:50px;
}
</style>
</head>
<body>
<h1>Hello,World!</h1>
</body>
</html>
```

运行效果，在 Firefox 浏览器中预览，效果如图 16-3 所示。

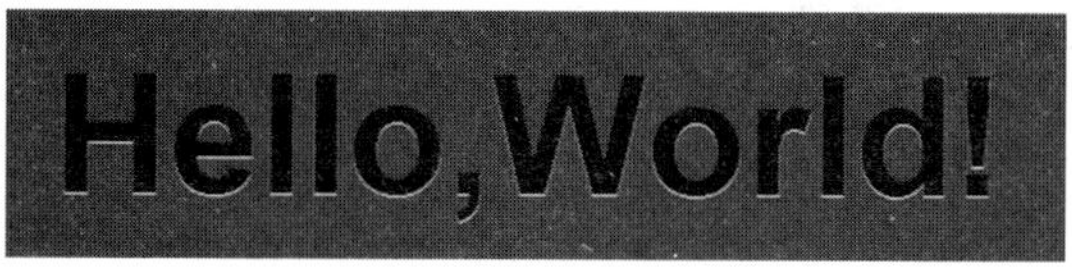

Hello,World!

图16-3 文字阴影

6. 圆角

CSS3 新功能中最常用的一项就是圆角效果，Border-radius 无需背景图片就能给 HTML 元素添加圆角。不同于添加 JavaScript 或多余的 HTML 标签，仅仅需要添加一些 CSS 属性。这个方案是清晰的和比较有效的，而且可以让你免于花费几个小时来寻找精巧的浏览器方案和基于 JavaScript 的圆角。

Border-radius 的使用方法如下。

border-radius: 5px 5px 5px 5px;

radius，就是半径的意思。用这个属性可以很容易做出圆角效果，当然，也可以做出圆形效果。如图 16-4 所示为用 CSS 3 制作的圆角表格。

目前 IE 9、webkit 核心浏览器、FireFox3+ 都支持该属性。

图16-4 CSS 3制作的圆角表格

7. 边框图片

border-image 属性允许在元素的边框上设定图片，这使原本单调的边框样式变得丰富起来。让你从通常的 solid、dotted 和其他边框样式中解放出来。该属性给设计师一个更好的工具，用它可以方便地定义设计元素的边框样式，比 background-image 属性或枯燥的默认边框样式更好用。也可以明确的定义一个边框，并进行缩放或平铺。

border-image 的使用方法如下。

border : 5px solid #cccccc;
border-image : url（/images/border-image.png）5 repeat;

如图 16-5 所示为用 CSS 3 制作的边框图片。

图16-5 CSS 3制作的边框图片

8.　形变效果

通常使用 CSS 和 HTML 我们是不可能使 HTML 元素旋转或倾斜一定角度的。为了使元素看起来更具有立体感，我们不得不把这种效果做成一个图片，这样就限制了很多动态的使用应用场景。Transform 属性的引入使我们以前通常要借助 SVG 等矢量绘图手段才能实现的功能，只需要一个简单的 CSS 属性就能实现。在 CSS 3 中 Transform 属性主要包括 rotate（旋转）、scale（缩放）、translate（坐标平移）、skew（坐标倾斜）、matrix（矩阵变换）。如图 16-6 所示为对元素的形变效果。

图16-6　对元素的形变效果

目前支持形变的浏览器有：Webkit 系列浏览器、FireFox3.5+、Opear10.5+，IE 全系列不支持。

9.　媒体查询

媒体查询（media queries）可以让你为不同的设备基于它们的能力定义不同的样式。如在可视区域小于 400 像素的时候，想让网站的侧栏显示在主内容的下边，这样它就不应该浮动并显示在右侧了。

```
#sidebar {
  float: right;
  display: inline;
  }
@media all and (max-width:400px) {
  #sidebar {
```

```
  float: none;
  clear: both;
  }
}
```

也可以指定使用滤色屏的设备。

```
a {
  color: grey;
  }
@media screen and (color) {
  a {
    color: red;
    }
}
```

这个属性是很有用的，因为不用再为不同的设备写独立的样式表了，而且也无须使用 JavaScript 来确定每个用户浏览器的属性和功能。一个实现灵活的布局的、更加流行的、基于 JavaScript 的方案是使用智能的流体布局，让布局对于用户的浏览器分辨率更加灵活。

媒体查询被基于 webkit 核心的浏览器和 Opera 支持，Firefox 在 3.5 版本中支持它，IE 目前不支持这些属性。

10.　CSS 3 线性渐变

渐变色是网页设计中很常用的一项元素，它可以增强网页元素的立体感，同时使单一颜色的页面看起来不是那么突兀。过去为了实现渐变色通常需要先制作一个渐变的图片，将它切割成很细的小片，然后使用背景重复，使整个 HTML 元素拥有渐变的背景色。这样做有两个弊端：为了使用图片背景很多时候使本身简单的 HTML 结构变得复杂；另外受制于背景图片的长度或宽度，HTML 元素不能灵活地动态调整大小。CSS 3 中 Webkit 和 Mozilla 对渐变都有强大的支持，如图 16-7 所示为使用 CSS 3 制作的渐变背景图。

图16-7 使用CSS 3制作的渐变背景图

从上面的效果图可以看出，线性渐变是一个很强大的功能。使用很少的 CSS 代码就能做出以前需要使用很多图片才能完成的效果。很可惜的是目前支持该属性的浏览器只有最新版的 Safari、Chrome、Firefox 浏览器，且语法差异较大。

16.1.3　主流浏览器对CSS 3的支持

　　CSS 3 带来了众多全新的设计体验，但是并不是所有浏览器都完全支持它。当然，网页不需要在所有浏览器中看起来都严格一致，有时候在某个浏览器中使用私有属性来实现特定的效果是可行的。

　　下面介绍使用 CSS 3 的注意事项。

　　● CSS 3 的使用不应当影响页面在各个浏览器中的正常显示。可以使用 CSS 3 的一些属性来增强页面表现力和用户体验，但是这个效果提升不应当影响其他浏览器用户正常访问该页面。

　　● 同一页面在不同浏览器中不必完全显示一致。功能较强的浏览器页面可以显示得更炫一些，而较弱的浏览器可以显示得不是那么酷，只要能完成基本的功能即可，大可不必为了在各个浏览器中得到同样的效果而大费周折。

　　● 在不支持 CSS 3 的浏览器中，可以使用替代方法来实现这些效果，但是需要平衡实现的复杂度和性能问题。

16.2　使用CSS 3实现圆角表格

　　传统的圆角生成方案，必须使用多张图片作为背景图案。CSS 3 的出现，使我们再也不必浪费时间去制作这些图片了，而且还有其他很多优点。

　　● 减少维护的工作量。图片文件的生成、更新、编写网页代码，这些工作都不再需要了。

　　● 提高网页性能。由于不必再发出多余的HTTP 请求，网页的载入速度将变快。

　　● 增加视觉可靠性。某些情况下（网络拥堵、服务器出错、网速过慢等），背景图片会下载失败，导致视觉效果不佳。CSS 3 就不会发生这种情况。

　　CSS 3 圆角只须设置一个属性：border-radius。为这个属性提供一个值，就能同时设置四个圆角的半径。CSS 度量值都可以使用em、ex、pt、px、百分比等。

　　下面是一个使用 CSS 3 实现圆角表格的代码。

```
<html
xmlns="http://www.w3.org/1999/xhtml">
<head>
<meta http-equiv="Content-Type"
content="text/html; charset=utf-8" />
<title> 圆角效果 border-radius</title>
```

DIV+CSS网页样式与布局完全学习手册

```
<style
type="text/css">
body,div{margin:0;padding:0;}
.border{
    width:400px;
    border:20px solid #096;
    height:100px;
    -moz-border-radius:15px;  /* 仅
Firefox 支持，实现圆角效果 */
    -webkit-border-radius:15px;  /* 仅
Safari,Chrome 支持，实现圆角效果 */
    -khtml-border-radius:15px;  /* 仅
Safari,Chrome 支持，实现圆角效果 */
    border-radius:15px;  /* 仅 Opera,
Safari,Chrome 支持，实现圆角效果 */
    }
</style>
</head>
<body>
<p> </p>
<div class="border"> 使用 border-radius 实
现最简单的圆角表格 </div>
</body>
</html>
```

border-radius 可以同时设置 1~4 个值。如果设置 1 个值，表示 4 个圆角都使用这个值；如果设置两个值，表示左上角和右下角使用第一个值，右上角和左下角使用第二个值；如果设置三个值，表示左上角使用第一个值，右上角和左下角使用第二个值，右下角使用第三个值；如果设置四个值，则依次对应左上角、右上角、右下角、左下角（顺时针顺序）。

除 IE 和遨游外，目前有 Firefox，Safari, Chrome，Opera 支持该属性，其中 Safari、Chrome、Opera 是支持最好的。在 Firefox 浏览器中浏览，效果如图 16-8 所示。

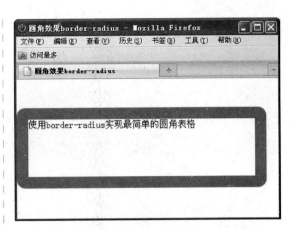

图16-8 圆角表格效果

我们还可以随意指定圆角的位置，上左、上右、下左、下右四个方向。在 Firefox、webkit 内核的 Safari、Chrome 和 Opera 的具体书写格式如下：

上左效果代码如下所示，其浏览效果如图16-9 所示。

```
-moz-border-radius-topleft :15px;
-webkit-border-top-left-radius :15px;
border-top-left-radius :15px;
```

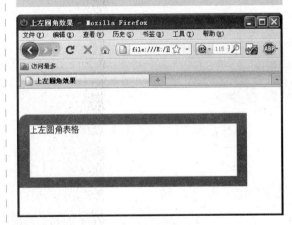

图16-9 上左圆角表格

同样的还有其他几个方向的圆角，这里就不再一一举例了。注意虽然各大浏览器基本都支持 border-radius，但是在某些细节上，实现都不一样。当四个角的颜色、宽度、风格（实线框、虚线框等）、单位都相同时，所有浏览器的渲染结果基本一致；一旦四个角的设置不相同，就会出现很大的差异。因此，目前最安全的做法，就是将每个圆角边框的风格和宽度，都设为一样的值，并且避免使用百分比值。

16.3　使用CSS 3制作图片滚动菜单

鼠标移到图片上之后，根据鼠标的移动，图片会跟随滚动，因使用 CSS 3 的部分属性，所以需要 Firepox 或 chrome 内核的浏览器才能看到真正效果，如图 16-10 所示，具体制作步骤如下。

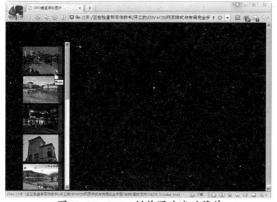

图16-10　CSS 3制作图片滚动菜单

❶首先使用 Div 插入 13 幅图片，其 HTML 结构代码如下所示。

```
<div class="sc_menu_wrapper">
    <div class="sc_menu">
    <a href=""><img src="001.jpg" /></a>
    <a href=""><img src="002.jpg" /></a>
    <a href=""><img src="003.jpg" /></a>

    <a href=""><img src="004.jpg" /></a>
    <a href=""><img src="005.jpg" /></a>
    <a href=""><img src="006.jpg" /></a>
    <a href=""><img src="007.jpg" /></a>
    <a href=""><img src="008.jpg" /></a>
    <a href=""><img src="009.jpg" /></a>
    <a href=""><img src="010.jpg" /></a>
    <a href=""><img src="011.jpg" /></a>
    <a href=""><img src="012.jpg" /></a>
```

```
    <a href=""><img src="013.jpg" /></a>
    </div>
</div>
```

❷使用如下 CSS 代码定义图片的外观样式。

```
<style type="text/css">
body {background: #0F0D0D;
    padding: 30px 0 0 50px; color:#FFFFFF;}
div.sc_menu_wrapper {        position:
relative;
    height: 500px;
    width: 160px;
    margin-top: 30px;
    overflow: auto;}
div.sc_menu {        padding: 15px 0;}
.sc_menu a {display: block;
    margin-bottom: 5px;
    width: 130px;
    border: 2px rgb(79, 79, 79) solid;
  -webkit-border-radius: 4px;
  -moz-border-radius: 4px;
    color: #fff;
    background: rgb(79, 79, 79);        }
.sc_menu a:hover {
    border-color: rgb(130, 130, 130);
    border-style: dotted;}
.sc_menu img {
    display: block;
    border: none;}
.sc_menu_wrapper .loading {
    position: absolute;
    top: 50px;
```

```
            left: 10px;
            margin: 0 auto;
            padding: 10px;
            width: 100px;
            -webkit-border-radius: 4px;
            -moz-border-radius: 4px;
            text-align: center;
            color: #fff;
            border: 1px solid rgb(79, 79, 79);
            background: #1F1D1D;}
    .sc_menu_tooltip {
            display: block;
            position: absolute;
            padding: 6px;
            font-size: 12px;
            color: #fff;
            -webkit-border-radius: 4px;
            -moz-border-radius: 4px;
            border: 1px solid rgb(79, 79, 79);
            background: rgb(0, 0, 0);
            background: rgba(0, 0, 0, 0.5);}
    #back {margin-left: 8px;
            color: gray;
            font-size: 18px;
            text-decoration: none;}
    #back:hover {
            text-decoration: underline;}
    </style>
```

❸使用 JavaScript 制作网页特效，代码
如下。

```
<script type= "text/javascript">
function makeScrollable(wrapper, scrollable){
    var wrapper = $(wrapper), scrollable =
$(scrollable);
    scrollable.hide();
    var loading = $('<div
class="loading">Loading...</div>').
```

```
appendTo(wrapper);
        var interval = setInterval(function(){
            var images = scrollable.
find('img');
            var completed = 0;
            images.each(function(){
                if (this.complete)
completed++;});
                if (completed
== images.length){
                    clearInterval(interval);
                    setTimeout(function(){
                        loading.hide();
                        wrapper.
css({overflow: 'hidden'});
                        scrollable.
slideDown('slow', function(){
                            enable();
                        });
                    }, 1000);
                }
        }, 100);
            function enable(){
            var inactiveMargin = 99;

            var wrapperWidth = wrapper.
width();
            var wrapperHeight = wrapper.
height();
            var scrollableHeight = scrollable.
outerHeight() + 2*inactiveMargin;
            var tooltip = $('<div class="sc_
menu_tooltip"></div>')
                .css('opacity', 0)
                .appendTo(wrapper);
            scrollable.find('a').
each(function(){
```

```
                    $(this).data('tooltipText',
this.title);
                });
                scrollable.find('a').
removeAttr('title');
                scrollable.find('img').
removeAttr('alt');
                var lastTarget;
                wrapper.
mousemove(function(e){
                    lastTarget = e.target;
                    var wrapperOffset =
wrapper.offset();
                    var tooltipLeft =
e.pageX - wrapperOffset.left;
                    tooltipLeft = Math.
min(tooltipLeft, wrapperWidth - 75); //tooltip.
outerWidth());
                    var tooltipTop =
e.pageY - wrapperOffset.top + wrapper.scrollTop()
- 40;
                    if (e.pageY -
wrapperOffset.top < wrapperHeight/2){
                            tooltipTop +=
80;
                    }
                    tooltip.css({top:
tooltipTop, left: tooltipLeft});

    var top = (e.pageY - wrapperOffset.top) *
(scrollableHeight - wrapperHeight)
                    if (top < 0){
                            top = 0;}
                    wrapper.scrollTop(top);
                });
                var interval =
```

```
setInterval(function(){
                    if (!lastTarget) return;
                        var currentText =
tooltip.text();
                        if (lastTarget.
nodeName == 'IMG'){

                            var newText =
$(lastTarget).parent().data('tooltipText');
                                if (currentText
!= newText) {

tooltip

.stop(true)

.css('opacity', 0)

.text(newText)

.animate({opacity: 1}, 1000);
                                }
                        }
                }, 200);
                wrapper.mouseleave(function(){
                        lastTarget = false;
                        tooltip.stop(true).
css('opacity', 0).text('');
                });
        }
    }
    $(function(){ makeScrollable("div.sc_menu_
wrapper", "div.sc_menu");});
    </script>
```

16.4 使用CSS 3制作文字立体效果

CSS 3 的功能真的很强大，总能制作出一些令人吃惊的效果，下面制作一个很棒的CSS 3 文字立体效果，如图 16-11 所示。用鼠标选中文字，效果更清晰，具体制作步骤如下。

图16-11 使用CSS 3制作文字立体效果

❶打开原始网页，再输入如下 CSS 代码，如图 16-12 所示。

```
<style>
.list_case_left{
position:absolute;left:10%;
font-size:60px;
font-weight:800;
color:#fff;
text-shadow:1px 0px #009807, 1px 2px
#006705, 3px 1px #009807, 2px 3px #006705,
4px 2px #009807, 4px 4px #006705, 5px 3px
#009807, 5px 5px #006705, 7px 4px #009807,
6px 6px #006705, 8px 5px #009807, 7px 7px
#006705, 9px 6px #009807, 9px 8px #006705,
11px 7px #009807, 10px 9px #006705, 12px 8px
#009807, 11px 10px #006705, 13px 9px #009807,
12px 11px #006705, 15px 10px #009807, 13px
12px #006705, 16px 11px #009807, 15px 13px
#006705, 17px 12px #009807
}
</style>
```

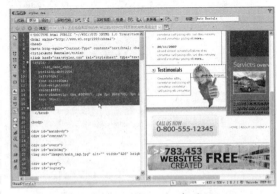

图16-12 输入CSS代码

❷在网页正文中输入如下代码，插入文字，如图 16-13 所示。

```
<div class="list_case_left"> 立体效果
</div>
```

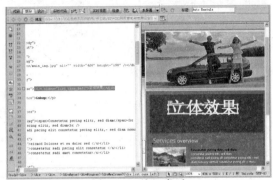

图16-13 输入代码

DIV＋CSS网页样式与布局完全学习手册

16.5 使用CSS 3制作多彩的网页图片库

利用纯 CSS 可以做出千变万化的效果，特别是 CSS 3 的引入让更多的效果可以做出来，现在就让我们动手做出一个多彩的图片库，如图 16-14 所示，这个实例对于 IE 来说支持得不好，但 Firefox 浏览器升级到最高版本是可以看出效果的。

制作时先用 CSS 的基本样式来构建图片，然后再加入一些阴影和翻转属性，最后使用 z-index 属性来改变图片的叠加顺序，具体制作步骤如下。

图16-14 多彩的网页图片库

❶首先输入以下 CSS 代码来构建一个基本的框架，设置好背景图 wood.jpg，此时案例效果如图 16-15 所示。

```
body {
        background: url(images/wood.jpg)
#959796
    }
    #container {
    width: 600px; margin: 40px auto;
    }
```

图16-15 构建基本的框架设置背景

❷用 ul 来定义一列图片，然后再给每张图片定义 li，如图 16-16 所示。

```
<ul class="gallery">
    <li><a href="#"><img src="images/1.jpg" /></li> </a>
    <li><a href="#"><img src="images/2.jpg" /></li>
    <li><a href="#"><img src="images/3.jpg" /></li>
    <li><a href="#"><img src="images/4.jpg" /></li>
    <li><a href="#"><img src="images/5.jpg" /></li>
    <li><a href="#"><img src="images/6.jpg"/></li>
</ul>
```

图16-16 用ul来定义一列图片

③现在来给 ul 添加 CSS 属性，首先要把列表默认的小圆点清除，使用一个简单的属性即可清除：list-style:none，此时效果如图 16-17 所示。

图16-17 清除列表圆点

```
ul.gallery {
list-style-type: none
}
ul.gallery li a {
float: left;
padding: 10px 10px 25px 10px;
background: #eee;
border: 1px solid #fff;
}
```

④现在让图片左浮动，再给它们增加一点填充，给图片添加一个浅灰色的背景，最后再加一个像素的白色边框让图片更加靓丽，如图 16-18 所示。

```
ul.gallery li a {
float: left;
padding: 10px 10px 25px 10px;
background: #eee;
border: 1px solid #fff;
-moz-box-shadow: 0px 2px 15px #333;
position: relative;
}
```

图16-18 让图片左浮动增加一点填充

⑤现在要对每个类加 CSS，因此给每张图加个唯一的类名。因为每张图片在位置上的不同，可以为其设置个性的风格，如 :z-index 和旋转的属性，如图 16-19 所示。

```
ul.gallery li a.pic-1 {
    z-index: 1; -webkit-transform: rotate(-10deg); -moz-transform: rotate(-10deg)
}
ul.gallery li a.pic-2 {
    z-index: 5; -webkit-transform: rotate(-3deg); -moz-transform: rotate(-3deg)
}
ul.gallery li a.pic-3 {
    z-index: 3; -webkit-transform: rotate(4deg); -moz-transform: rotate(4deg)
}
ul.gallery li a.pic-4 {
    z-index: 4; -webkit-transform: rotate(14deg); -moz-transform: rotate(14deg)
}
ul.gallery li a.pic-5 {
    z-index: 2; -webkit-transform: rotate(-12deg); -moz-transform: rotate(-12deg)
}
```

```
ul.gallery li a.pic-6 {
    z-index: 6; -webkit-transform:
rotate(5deg); -moz-transform: rotate(5deg)
    }
```

图16-19 给每张图添加类名并定义样式

❻添加 :hover 样式，给 z-index 加个更高的位置。

```
ul.gallery li a:hover {
    z-index: 10; -moz-box-shadow: 3px 5px
15px #333
    }
```

❼给网页添加 H1 标题，并且定义标题样式，如图 16-20 所示。至此多彩图片库网页制作完成。

```
h1 {
    font: bold 65px/60px helvetica, arial, sans-
serif; color: #eee; text-align: center;
    text-shadow: 0px 2px 6px #333
    }
```

图16-20 给网页添加H1标题，并且定义标题样式

16.6 使用CSS 3实现的幻灯图片效果

这个教程将介绍如何使用纯 CSS 创建一个干净的幻灯图片面板。主要是在面板中使用背景图片，然后在单击标签后使之动画，如图 16-21 所示。

图16-21 使用CSS 3实现的幻灯图片效果

❶页面整体容器中包括一个标题和图片，HTML 代码如下。

```
<div class="container">
    <header>
    <h1> 使用 CSS3 实现的幻灯图片效果
</h1>
    <p class="codrops-demos"> </p>
    </header>
    <section class="cr-container">

    <input id="select-img-1" name="radio-set-1" type="radio" class="cr-selector-img-1"
checked/>
    <label for="select-img-1" class="cr-label-img-1">1</label>
    <input id="select-img-2" name="radio-set-1" type="radio" class="cr-selector-img-2" />
    <label for="select-img-2" class="cr-label-img-2">2</label>
    <input id="select-img-3" name="radio-set-1" type="radio" class="cr-selector-img-3" />
    <label for="select-img-3" class="cr-label-img-3">3</label>
    <input id="select-img-4" name="radio-set-1" type="radio" class="cr-selector-img-4" />
    <label for="select-img-4" class="cr-label-img-4">4</label>
        <div class="clr"></div>
        <div class="cr-bgimg"><div>
            <span>Slice 1 - Image
1</span>
            <span>Slice 1 - Image
2</span>
            <span>Slice 1 - Image
3</span>
            <span>Slice 1 - Image
4</span>
        </div>
        <div>
            <span>Slice 2 - Image
1</span>
            <span>Slice 2 - Image
2</span>
            <span>Slice 2 - Image
3</span>
            <span>Slice 2 - Image
4</span>
        </div>
        <div>
            <span>Slice 3 - Image
1</span>
            <span>Slice 3 - Image
2</span>
            <span>Slice 3 - Image
3</span>
            <span>Slice 3 - Image
4</span>
        </div>
        <div>
            <span>Slice 4 - Image
1</span>
            <span>Slice 4 - Image
2</span>
            <span>Slice 4 - Image
3</span>
            <span>Slice 4 - Image
4</span>
        </div>
        </div>
    <div class="cr-titles"></div>
    </section>
</div>
```

❷下面设计 section 样式，并且给与一个白色边框及其 box 阴影。

```
.cr-container{
    width: 600px;
    height: 400px;
    position: relative;
    margin: 0 auto;
    border: 20px solid #fff;
    box-shadow: 1px 1px 3px rgba(0,0,0,0.1);
}
```

❸一般需要在容器前放置 label 来取得正确的图片块和标题，需要确认它们处于层次的顶端（z-index），并且通过添加一个 margin-top 来将位置拉低。

```
.cr-container label{
    font-style: italic;
    width: 150px;
    height: 30px;
    cursor: pointer;
    color: #fff;
    line-height: 32px;
    font-size: 24px;
    float:left;
    position: relative;
    margin-top:350px;
    z-index: 1000;
}
```

❹下面通过添加小圈来美化 label，添加一个虚假元素并且居中。

```
.cr-container label:before{
    content:'';
    width: 34px;
    height: 34px;
    background: rgba(130,195,217,0.9);
    position: absolute;
    left: 50%;
    margin-left: -17px;
    border-radius: 50%;
    box-shadow: 0px 0px 0px 4px
```

```
rgba(255,255,255,0.3);
    z-index:-1;
}
```

❺为 label 来创建另外一个虚假元素并且扩展到整个面板。使用渐变，我们将直线向上淡出。

```
.cr-container label:after{
    width: 1px;
    height: 400px;
    content: '';
    background: -moz-linear-gradient(top,
rgba(255,255,255,0) 0%, rgba(255,255,255,1)
100%);
    background: -webkit-gradient(linear, left
top, left bottom,
    color-stop(0%,rgba(255,255,255,0)), color-
stop(100%,rgba(255,255,255,1)));
    background:-webkit-linear-gradient(top,
rgba(255,255,255,0) 0%,
    rgba(255,255,255,1) 100%);
    background: -o-linear-gradient(top,
rgba(255,255,255,0) 0%,rgba(255,255,255,1)
100%);
    background:-ms-linear-gradient(top,
rgba(255,255,255,0) 0%,rgba(255,255,255,1)
100%);
    background: linear-gradient(top,
rgba(255,255,255,0) 0%,rgba(255,255,255,1)
100%);
    filter: progid:DXImageTransform.
Microsoft.gradient( startColorstr='#00ffffff',
    endColorstr='#ffffff',GradientType=0 );
    position: absolute;
    bottom: -20px;
    right: 0px;
}
```

❻面板需要去除那个直线，所以设置宽

度为 0，同时将 input 隐藏。

```
.cr-container label.cr-label-img-4:after{
    width: 0px;
}
.cr-container input{
    display: none;
}
```

❼不管是否单击 label，分开的输入都会被 checked。现在将使用一个统一的 sibling 属性选择器来处理分开的 label。因此修改选择的 label 颜色。

```
.cr-container label.cr-label-img-4:after{
    width: 0px;
}
.cr-container input.cr-selector-img-1:checked ~ label.cr-label-img-1,
.cr-container input.cr-selector-img-2:checked ~ label.cr-label-img-2,
.cr-container input.cr-selector-img-3:checked ~ label.cr-label-img-3,
.cr-container input.cr-selector-img-4:checked ~ label.cr-label-img-4{
    color: #68abc2;
}
```

❽同时需要修改背景颜色和 box 阴影。

```
.cr-container input.cr-selector-img-1:checked ~ label.cr-label-img-1:before,
.cr-container input.cr-selector-img-2:checked ~ label.cr-label-img-2:before,
.cr-container input.cr-selector-img-3:checked ~ label.cr-label-img-3:before,
.cr-container input.cr-selector-img-4:checked ~ label.cr-label-img-4:before{
    background: #fff;
    box-shadow: 0px 0px 0px 4px rgba(104,171,194,0.6);
}
```

❾图片面板的容器将会占据所有宽度并且绝对定位。这个容器将会在稍后使用，为了将图片设置为选择的图片，需要这样做来使图片默认可以显示。

```
.cr-bgimg{
    width: 600px;
    height: 400px;
    position: absolute;
    left: 0px;
    top: 0px;
    z-index: 1;
    background-repeat: no-repeat;
    background-position: 0 0;
}
```

❿因为有 4 个面板图片，一个面板将有 150px 的宽度（600 %4 = 150）。面板会左漂移，隐藏 overflow。

```
.cr-bgimg div{
    width: 150px;
    height: 100%;
    position: relative;
    float: left;
    overflow: hidden;
    background-repeat: no-repeat;
}
```

⓫每一个显示块都是初始绝对定位，它们将通过 left:-150px 来被隐藏。

```
.cr-bgimg div span{
    position: absolute;
    width: 100%;
    height: 100%;
    top: 0px;
    left: -150px;
    z-index: 2;
    text-indent: -9000px;
}
```

⓬接下来是背景图片容器和单独的图片

显示块。

```
    .cr-container input.cr-selector-img-
1:checked ~ .cr-bgimg,
    .cr-bgimg div span:nth-child(1){
        background-image: url(../images/1.jpg);
    }
    .cr-container input.cr-selector-img-
2:checked ~ .cr-bgimg,
    .cr-bgimg div span:nth-child(2){
        background-image: url(../images/2.jpg);
    }
    .cr-container input.cr-selector-img-
3:checked ~ .cr-bgimg,
    .cr-bgimg div span:nth-child(3){
        background-image: url(../images/3.jpg);
    }
    .cr-container input.cr-selector-img-
4:checked ~ .cr-bgimg,
    .cr-bgimg div span:nth-child(4){
        background-image: url(../images/4.jpg);
    }
```

⑬需要根据面板来设置图片块到正确
位置。

```
.cr-bgimg div:nth-child(1) span{
    background-position: 0px 0px;
}
.cr-bgimg div:nth-child(2) span{
    background-position: -150px 0px;
}
.cr-bgimg div:nth-child(3) span{
    background-position: -300px 0px;
}
.cr-bgimg div:nth-child(4) span{
    background-position: -450px 0px;
}
```

⑭当单击 label 时简单地移动所有内容块
到右边。

```
.cr-container input:checked ~ .cr-bgimg div
span{
        -webkit-animation: slideOut 0.6s ease-in-
out;
        -moz-animation: slideOut 0.6s ease-in-
out;
        -o-animation: slideOut 0.6s ease-in-out;
        -ms-animation: slideOut 0.6s ease-in-out;
        animation: slideOut 0.6s ease-in-out;}
@-webkit-keyframes slideOut{
    0%{ left: 0px; }
    100%{ left: 150px; }
}
@-moz-keyframes slideOut{
    0%{ left: 0px; }
    100%{ left: 150px; }
}
@-o-keyframes slideOut{
    0%{ left: 0px; }
    100%{ left: 150px; }
}
@-ms-keyframes slideOut{
    0%{ left: 0px; }
    100%{ left: 150px; }
}
@keyframes slideOut{
    0%{ left: 0px; }
    100%{ left: 150px; }
```

⑮所有的块都使用分开的图片，从
-150px 到 0px。最后在网页中浏览可以看到效
果，如图 16-22 和图 16-23 所示。

```
    .cr-container input.cr-selector-img-
1:checked ~ .cr-bgimg div span:nth-child(1),
    .cr-container input.cr-selector-img-
2:checked ~ .cr-bgimg div span:nth-child(2),
    .cr-container input.cr-selector-img-
3:checked ~ .cr-bgimg div span:nth-child(3),
```

```
.cr-container input.cr-selector-img-4:checked ~ .cr-bgimg div span:nth-child(4)
{ -webkit-transition: left 0.5s ease-in-out;
    -moz-transition: left 0.5s ease-in-out;
    -o-transition: left 0.5s ease-in-out;
    -ms-transition: left 0.5s ease-in-out;
    transition: left 0.5s ease-in-out;
    -webkit-animation: none;
    -moz-animation: none;
    -o-animation: none;
    -ms-animation: none;
    animation: none;
    left: 0px;
    z-index: 10;}
```

图16-22 使用CSS3实现的幻灯图片1

图16-23 使用CSS3实现的幻灯图片2

第17章 CSS与JavaScript的综合应用

本章导读

在网页制作中，JavaScript 是常见的脚本语言，它可以嵌入到 HTML 中，在客户端执行，是动态特效网页设计的最佳选择，同时也是浏览器普遍支持的网页脚本语言。几乎每个普通用户的计算机上都存在 JavaScript 程序的影子。JavaScript 几乎可以控制所有常用的浏览器，而且 JavaScript 是世界上最重要的编程语言之一，学习 Web 技术必须学会 JavaScript。

技术要点

- 了解 JavaScript 简介
- 熟悉 JavaScript 的基本语法
- 熟悉 JavaScript 事件
- 熟悉 JavaScript 内部对象

实例展示

鼠标跟随效果

图片循环隐现效果

17.1 JavaScript简介

JavaScript 是一种解释性的，基于对象的脚本语言（an interpreted, object-based scripting language）。

HTML 网页在互动性方面能力较弱，例如下拉列表，就是用户单击某一菜单项时，自动会出现该菜单项的所有选项，用纯 HTML 网页无法实现；又如验证 HTML 表单（Form）提交信息的有效性，用户名不能为空，密码不能少于 4 位，邮政编码只能是数字之类，用纯 HTML 网页也无法实现。要实现这些功能，就需要用到 JavaScript。

17.1.1 什么是JavaScript

JavaScript 是 Netscape 公司与 Sun 公司合作开发的。在 JavaScript 出现之前，Web 浏览器不过是一种能够显示超文本文档的软件的基本部分。而在 JavaScript 出现之后，网页的内容不再局限于枯燥的文本，它们的可交互性得到了显著改善。JavaScript 的第一个版本，即 JavaScript 1.0 版本，出现在 1995 年推出的 Netscape Navigator 2 浏览器中。

在 JavaScript 1.0 发布时，Netscape Navigator 主宰着浏览器市场，微软的 IE 浏览器则扮演着追赶者的角色。微软在推出 IE3 的时候发布了自己的 VBScript 语言，并以 JScript 为名发布了 JavaScript 的一个版本，以此很快跟上了 Netscape 的步伐。

面对微软公司的竞争，Netscape 和 Sun 公司联合 ECMA（欧洲计算机制造商协会）对 JavaScript 语言进行了标准化。其结果就是 ECMAScript 语言，这使同一种语言又多了一个名字。虽说 ECMAScript 这个名字没有流行开来，但人们现在谈论的 JavaScript 实际上就是 ECMAScript。

到了 1996 年，JavaScript、ECMAScript、JScript——随便你们怎么称呼它，已经站稳了脚跟。Netscape 和微软公司在它们各自的第 3 版浏览器中都不同程度地提供了对 JavaScript 1.1 语言的支持。

这里必须指出的是，JavaScript 与 Sun 公司开发的 Java 程序语言没有任何联系。人们最初给 JavaScript 起的名字是 LiveScript，后来选择 JavaScript 作为其正式名称的原因，大概是想让它听起来有系出名门的感觉，但令人遗憾的是，这一选择反而更容易让人们把这两种语言混为一谈，而这种混淆又因为各种 Web 浏览器确实具备这样或那样的 Java 客户端支持功能的事实被进一步放大和加剧。事实上，虽说 Java 在理论上几乎可以部署在任何环境中，但 JavaScript 却只局限于 Web 浏览器。

17.1.2 JavaScript特点

JavaScript 具有以下语言特点。

● JavaScript 是一种脚本编写语言，采用小程序段的方式实现编程，也是一种解释性语言，提供了一个简易的开发过程。它与 HTML 标识结合在一起，从而方便用户的使用操作。

● JavaScript 是一种基于对象的语言，同时也可以看做是一种面向对象的语言。这意味着它能运用自己已经创建的对象，因此许多功能可以来自于脚本环境中对象的方法与脚本的相互作用。

● JavaScript 具有简单性。首先它是一种基于 Java 基本语句和控制流之上的简单而紧凑的设计，其次它的变量类型采用弱类型，并未使用严格的数据类型。

● JavaScript 是一种安全性语言，它不允许访问本地硬盘，并且不能将数据存入到服务器上，不允许对网络文档进行修改和删除，只能通过浏览器实现信息浏览或动态交互，从而有效地防止数据丢失。

● JavaScript 是动态的，它可以直接对用户或客户输入做出响应，无须经过 Web 服务程序。它对用户的反映响应，是采用以事件驱动的方式进行的。所谓"事件驱动"，就是指在网页中执行了某种操作所产生的动作，就称为"事件"。例如按下鼠标、移动窗口、选择菜单等都可以视为事件。当事件发生后，可能会引起相应的事件响应。

● JavaScript 具有跨平台性。JavaScript 是依赖于浏览器本身，与操作环境无关，只要能运行浏览器的计算机，并支持 JavaScript 的浏览器就可正确执行。从而实现了"编写一次，走遍天下"的梦想。

17.2 JavaScript的基本语法

JavaScript 是一种脚本语言，比 HTML 要复杂。不过即便不懂编程，也不用担心，因为 JavaScript 写的程序都是以源代码的形式出现的，也就是说在一个网页里看到一段比较好的 JavaScript 代码，恰好也用得上，就可以直接复制，然后放到网页中去。下面就来介绍这种语言的基本语法。

17.2.1 常量和变量

常量也称"常数"，是执行程序时保持常数值、永远不变的命名项目。常数可以是字符串、数值、算术运算符或逻辑运算符的组合。

在程序执行过程中，其值不能改变的量称为"常量"。常量可以直接用一个数来表示，称为"常数"（或称为"直接常量"），也可以用一个符号来表示，称为"符号常量"。

下面通过实例讲述字符常量、布尔型常量和数值常量的使用，输入如下代码。

```
<script language="javascript">
<!--
document.write( "<li> 常量的使用方法 <br>" );                    // 使用字符串常量
document.write( "<li>" + 7 + " 一星期 7 天 " );                   // 使用数值常量
if( true )

                                                                 // 使用布尔型常量
true
{
document.write( "<br><li> 布尔常量：" + true );
}
document.write( "<li> 八进制数值常量 012 输出为十进制：" + 012);    // 使用 8 进制常量和
十进制常量
   -->
</script>
```

document.write("`<li>` 常 量 的 使 用 方 法 `<br>`") 代码使用字符串常量；document.write("`<li>`" + 7 + " 一星期 7 天 ") 代码使用数值常量 7；if（true）在 if 语句块中使用布尔型常量 true，document.write("`<li>` 八进制数值常量 012 输出为十进制：" + 012) 代码使用八进制数值 常量输出为十进制。运行代码，效果如图 17-1 所示。

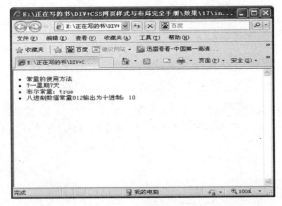

图17-1 常量的使用方法

变量是存取数字、提供存放信息的容器。 正如代数一样，JavaScript 变量用于保存值或 表达式。可以给变量起一个简短名称，例如 x。

```
x=4
y=5
z=x+y
```

在代数中，使用字母（例如 x）来保存值 （例如 4）。通过上面的表达式 z=x+y，能够计 算出 z 的值为 9。在 JavaScript 中，这些字母 被称为"变量"。

在 JavaScript 中有全局变量和局部变量。 全局变量是定义在所有函数体之外，其作用范 围是整个函数；而局部变量是定义在函数体之 内，只对其该函数是可见的，而对其他函数则 是不可见的。

例如：

```
<html>
<head>
<title> 变量的作用范围 </title>
```

```
<Script Language ="JavaScript">
<!--
greeting="<h1>hello the world</h1>";
welcome="<p>Welcome to
<cite>JavaScript</cite>.</p>";
-->
</Script>
</head>
<body>
<Script language="JavaScript">
<!--
document.write(greeting);
document.write(welcome);
-->
</Script>
</body>
</html>
```

greeting="`<h1>`hello the world`</h1>`" 和 welcome="`<p>`Welcome to `<cite>`JavaScript`</cite>`.`</p>`" 声明了两个字符串变量，最后使用 document.write 语句将两个页面分别显示在页 面中。运行代码，效果如图 17-2 所示。

图17-2 变量的使用

17.2.2 表达式和运算符

在定义完变量后，就可以进行赋值、改 变和计算等一系列操作。这一过程通常又由表 达式来完成。可以说表达式是变量、常量、布尔，以及运算的集合，因此 JavaScript 表达式可以分为算术表达式、字符串表达式、赋值表达式和布尔表达式等。

一个正则表达式就是由普通字符及特殊字符（称为"元字符"）组成的文字模式。该模式描述在查找文字主体时待匹配的一个或多个字符串。正则表达式作为一个模板，将某个字符模式与所搜索的字符串进行匹配。创建一个正则表达式有如下两种方法。

第一种方法：

```
var reg = /pattern/;
```

第二种方法：RegExp 是正则表达式的缩写。当检索某个文本时，可以使用一种模式来描述要检索的内容。RegExp 就是这种模式。

```
var reg = new RegExp('pattern');
```

实例代码：

```
<script type="text/javascript">
function execReg(reg,str)
{ var result = reg.exec(str);
alert(result); }
var reg = /test/;
var str = 'testString';
execReg(reg,str);
</script>
```

最终将会输出 test，因为正则表达式 reg 会匹配 str('testString') 中的 'test' 子字符串，并且将其返回。运行代码，效果如图 17-3 所示。

图17-3　表达式

运算符是一种用来处理数据的符号，日常算数中所用到的 +、-、×、÷ 都属于运算符。在 JavaScript 中的运算符大多也是由这样一些符号所表示，除此之外，还有一些运算符是使用关键字来表示的。

❶ JavaScript 具有下列种类的运算符：算术运算符、等同运算符与全同运算符、比较运算符。

❷ 目的分类：字符串运算符、逻辑运算符、逐位运算符和赋值运算符。

❸ 特殊运算符：条件运算符、typeof 运算符、new 创建对象运算符、delete 运算符、void 运算符号和逗号运算符。

算术运算符：+、-、*、/、%、++、--。

等同运算符与全同运算符：==、===、!==、!===。

比较运算符：<、>、<=、>=。

字符串运算符：<、>、<=、>=、=、+。

逻辑运算符：&&、||、!。

赋值运算符：=、+=、*=、-=、/=。

运算符所连接的是操作数，而操作数也就是变量或常量。变量和常量都有一个数据类型，因此，在使用运算符创建表达式时，一定要注意操作数的数据类型。每一种运算符都要求其作用的操作数符合某种数据类型。

最基本的赋值操作数是等号（=），它会将右操作数的值直接赋给左操作数。也就是说，x=y 将把 y 的值赋给 x。运算符 = 用于给 JavaScript 变量赋值。算术运算符 + 用于把值加起来。例如：

```
y=5;
z=3;
x=y+z;
```

在以上语句执行后，x 的值是 8。

17.2.3　基本语句

选择语句就是通过判断条件来选择执行的代码块。JavaScript 中选择语句有 if 语句和 switch 语句两种。

1．if 选择语句

If 语句只有当指定条件为 true 时，该语句才会执行代码。

基本语法：

```
if( 条件 )
    {
    只有当条件为 true 时执行的代码
    }
```

实例代码：

```
<!DOCTYPE html PUBLIC "-//W3C//DTD
XHTML 1.0 Transitional//EN"
    "http://www.w3.org/TR/xhtml1/DTD/xhtml1-transitional.dtd">
    <html xmlns="http://www.w3.org/1999/xhtml">
    <meta http-equiv="Content-Type" content="text/html; charset=gb2312" />
    <html>
    <body>
    <script type="text/javascript">
    var vText = "Good day";
    var vLen = vText.length;
    if (vLen < 20)
    {
    document.write("<p> 该字符串长度小于 20。</p>")
    }
    </script>
    </body>
    </html>
```

本实例用到了 JavaScript 的 if 条件语句。首先用 length 计算出字符串 Good day 的长度，

然后使用 if 语句进行判断，如果该字符串长度 <20，就显示 "该字符串长度小于 20"。运行代码，效果如图 17-4 所示。

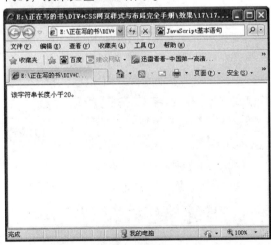

图17-4 if选择语句

2．if···else 选择语句

如果希望条件成立时执行一段代码，而条件不成立时执行另一段代码，那么，可以使用 if···else 语句。if···else 语句是 JavaScript 中最基本的控制语句，通过它可以改变语句的执行顺序。

基本语法：

```
if( 条件 )
{
条件成立时执行此代码
}
else
{
条件不成立时执行此代码
}
```

这句语法的含义是，如果符合条件，则执行 if 语句中的代码，反之，则执行 else 代码。

实例代码：

```
<!DOCTYPE html PUBLIC "-//W3C//DTD
XHTML 1.0 Transitional//EN"
    "http://www.w3.org/TR/xhtml1/DTD/xhtml1-
```

transitional.dtd">

```
<html xmlns="http://www.w3.org/1999/
xhtml">
<head>
<meta http-equiv="Content-Type"
content="text/html; charset=gb2312" />
</head>
<body>
<script language="javascript">
var hours = 5;        // 设定当前时间
if( hours < 8 )       // 如果不到 8 点则执
行以下代码
{
document.write(" 当前时间是 " + hours + "
点，还没到 8 点，你可以继续休息！ ");
}
</script>
</body>
</html>
```

使用 var hours=5 定义一个变量 hours 表示当前时间，其值设定为 5。接着使用一个 if 语句判断变量 hours 的值是否小于 8，小于 8 则执行 if 块花括号中的语句，即弹出一个提示框显示 "当前时间 5 点，还没到 8 点，你可以继续休息"。运行代码，效果如图 17-5 所示。

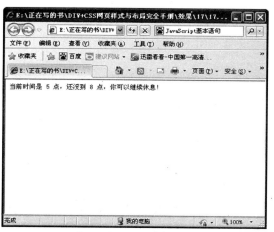

图17-5 if…else选择语句

3. If…else if…else 选择语句

当需要选择多套代码中的一套来运行时，那么，可以使用 if…else if…else 语句。

基本语法：

```
if( 条件 1)
{
当条件 1 为 true 时执行的代码
}
else if( 条件 2)
{
当条件 2 为 true 时执行的代码
}
else
{
当条件 1 和 条件 2 都不为 true 时执行的
代码
}
```

实例代码：

```
<!DOCTYPE html PUBLIC "-//W3C//DTD
XHTML 1.0 Transitional//EN"
    "http://www.w3.org/TR/xhtml1/DTD/xhtml1-
transitional.dtd">
<html xmlns="http://www.w3.org/1999/
xhtml">
<head>
<meta http-equiv="Content-Type"
content="text/html; charset=gb2312" />
</head>
<body>
<script type="text/javascript">
var d = new Date();
var time = d.getHours();
if (time<10)
{
document.write("<b> 早上好！ </b>");
}
```

```
else if (time>10 && time<16)
{
document.write("<b> 中午好 </b>");
}
else
{
document.write("<b> 下午好 !</b>");
}
</script>
</body>
</html>
```

如果时间早于 10 点，则将发送问候"早上好"；如果时间早于 16 点晚于 10 点，则发送问候"中午好"，否则发送问候"下午好"。运行代码，效果如图 17-6 所示。

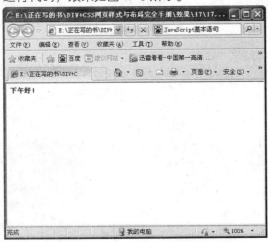

图17-6　if…else if…else选择语句

4．switch 多条件选择语句

当判断条件比较多时，为了使程序更加清晰，可以使用 switch 语句。使用 switch 语句时，表达式的值将与每个 case 语句中的常量做比较。如果相匹配，则执行该 case 语句后的代码；如果没有一个 case 的常量与表达式的值相匹配，则执行 default 语句。当然，default 语句是可选的。如果没有相匹配的 case 语句，也没有 default 语句，则什么也不执行。

基本语法：

```
switch(n)
  {
  case 1:
   执行代码块 1
   break
  case 2:
   执行代码块 2
   break
  default:
   如果 n 即不是 1 也不是 2，则执行此代码
  }
```

语法解释：

switch 后面的（n）可以是表达式，也可以（通常）是变量。然后表达式中的值会与 case 中的数字做比较，如果与某个 case 相匹配，那么，其后的代码就会被执行。

Switch 语句通常使用在有多种出口选择的分支结构上，例如，信号处理中心可以对多个信号进行响应，针对不同的信号均有相应的处理。

Switch 语句通常使用在有多种出口选择的分支机构上，例如，信号处理中心可以对多个信号进行响应。针对不同的信号均有相应的处理，举例帮助理解。

实例代码：

```
<!DOCTYPE html PUBLIC "-//W3C//DTD XHTML 1.0 Transitional//EN"
"http://www.w3.org/TR/xhtml1/DTD/xhtml1-transitional.dtd">
<html xmlns="http://www.w3.org/1999/xhtml">
<head>
<meta http-equiv="Content-Type" content="text/html; charset=gb2312" />
</head>
```

```
<body>
<script type="text/javascript">
var d = new Date()
theDay=d.getDay()
switch (theDay)
{
case 5:
document.write("<b> 今天是星期五哦。</
b>")
    break
case 6:
document.write("<b> 到周末啦！ </b>")
    break
case 0:
document.write("<b> 明天又要上班喽。</
b>")
    break
default:
document.write("<b> 周末过得真快，工作
时间好慢哦！ </b>")
    }
</script>
</body>
</html>
```

本实例使用了 switch 条件语句，根据星期几的不同，显示不同的输出文字。运行代码，效果如图 17-7 所示。

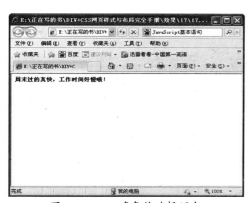

图17-7 switch多条件选择语句

17.2.4 函数

函数是 JavaScript 中最灵活的一种对象，函数是由事件驱动的或者当它被调用时执行的可重复使用的代码块。JavaScript 提供了许多函数供开发人员使用。

JavaScript 中的函数是可以完成某种特定功能的一系列代码的集合，在函数被调用前函数体内的代码并不执行，即独立于主程序。编写主程序时不需要知道函数体内的代码如何编写，只需要使用函数方法即可。可把程序中大部分功能拆解成一个个函数，使程序代码结构清晰，易于理解和维护。函数的代码执行结果不一定是一成不变的，可以通过向函数传参数，以解决不同情况下的问题，函数也可返回一个值。

函数是进行模块化程序设计的基础，编写复杂的应用程序，必须对函数有更深入的了解。JavaScript 中的函数不同于其他的语言，每个函数都是作为一个对象被维护和运行的。通过函数对象的性质，可以很方便地将一个函数赋值给一个变量，或者将函数作为参数传递。在继续讲述之前，先看一下函数的使用语法。

```
function func1(…){…}
var func2=function(…){…};
var func3=function func4(…){…};
var func5=new Function();
```

这些都是声明函数的正确语法。

可以用 function 关键字定义一个函数，并为每个函数指定一个函数名，通过函数名来进行调用。在 JavaScript 解释执行时，函数都被维护为一个对象，这就是要介绍的函数对象（Function Object）。

函数对象与其他用户所定义的对象有着本质的区别，这一类对象被称为"内部对象"，例如，日期对象（Date）、数组对象

（Array）、字符串对象（String）都属于内部对象。这些内置对象的构造器是由 JavaScript 本身所定义的，通过执行 new Array() 这样的语句返回一个对象，JavaScript 内部有一套机制来初始化返回的对象，而不是由用户来指定对象的构造方式。

函数就是包裹在花括号中的代码块，下面使用关键词 function。

```
function functionname()
{
这里是要执行的代码
}
```

当调用该函数时，会执行函数内的代码。

可以在某事件发生时直接调用函数（例如当用户单击按钮时），并且可由 JavaScript 在任何位置进行调用。

17.3 JavaScript事件

用户可以通过多种方式与浏览器载入的页面进行交互，而事件是交互的桥梁。Web 应用程序开发者通过 JavaScript 脚本内置的和自定义的事件来响应用户的动作，即可开发出更有交互性、动态性的页面。

JavaScript 事件可以分为下面几种不同的类别。最常用的类别是鼠标交互事件，然后是键盘和表单事件。

● 鼠标事件：可以利用鼠标事件在页面中实现鼠标移动、单击时的特殊效果。分为两种，追踪鼠标当前位置的事件（onmouseover、onmouseout）；追踪鼠标在被单击的事件（onmouseup、onmousedown、onclick）。

● 键盘事件：负责追踪键盘的按键何时，以及在何种上下文中被按下。与鼠标相似，三个事件用来追踪键盘：onkeyup、onkeydown、onkeypress。

● UI 事件：用来追踪用户何时从页面的一部分转到另一部分。例如，使用它能知道用户何时开始在一个表单中输入。用来追踪这一点的两个事件是 focus 和 blur。

● 表单事件：直接与只发生于表单和表单输入元素上的交互相关。submit 事件用来追踪表单何时提交；change 事件监视用户向元素的输入；select 事件当 <select> 元素被更新时触发。

● 加载和错误事件：事件的最后一类是与页面本身有关。如加载页面事件 onload；最终离开页面事件 onunload。另外，JavaScript 错误使用 onerror 事件追踪。

事件的产生和响应，都是由浏览器来完成的，而不是由 HTML 或 JavaScript 来完成的。使用 HTML 代码可以设置哪些元素响应什么事件，使用 JavaScript 可以告诉浏览器怎么处理这些事件。然而，不同的浏览器所响应的事件有所不同，相同的浏览器在不同版本中所响应的事件也会有所不同。

1. onClick 事件

onClick 单击事件是常用的事件之一，此事件是在一个对象上按下然后释放一个鼠标按钮时发生，它也会发生在一个控件的值改变时。这里的单击是指完成按下鼠标键并释放这一个完整的过程后产生的事件。

★提示★

单击事件一般应用于Button对象、Checkbox对象、Image对象、Link对象、Radio对象、Reset对象和Submit对象，Button对象一般只会用到onclick事件处理程序，因为该对象不能从用户那里得到任何信息，如果没有onclick事件处理程序，按钮对象将不会有任何作用。

使用单击事件的语法格式如下。

基本语法：

onClick= 函数或是处理语句

实例代码：

```
<!DOCTYPE html PUBLIC "-//W3C//DTD
XHTML 1.0 Transitional//EN"
    "http://www.w3.org/TR/xhtml1/DTD/xhtml1-
transitional.dtd">
    <html xmlns="http://www.w3.org/1999/
xhtml">
    <head>
    <meta http-equiv="Content-Type"
content="text/html; charset=gb2312" />
    <title> 无标题文档 </title>
    </head>
    <body><input type="submit" name="submit"
value=" 打印本页 "
    onClick="javascript:window.print()">
    </body>
    </html>
```

本段代码运用 onClick 事件，设置当单击按钮时实现打印效果。运行代码，效果如图 17-8 和图 17-9 所示。

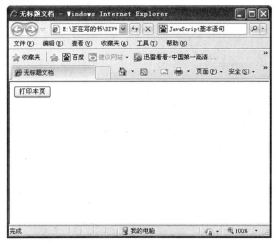

图17-8 onClick事件

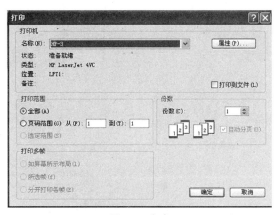

图17-9 打印

2. onchange 事件

onchange 事件通常在文本框或下拉列表中激发。在下拉列表中，只要修改了可选项，就会激发 onchange 事件；在文本框中，只有修改了文本框中的文字并在文本框失去焦点时才会被激发。

基本语法：

on change= 函数或处理语句

实例代码：

```
<!DOCTYPE html PUBLIC "-//W3C//DTD
XHTML 1.0 Transitional//EN"
    "http://www.w3.org/TR/xhtml1/DTD/xhtml1-
transitional.dtd">
    <html xmlns="http://www.w3.org/1999/
xhtml">
    <head>
    <meta http-equiv="Content-Type"
content="text/html; charset=gb2312" />
    <title> 无标题文档 </title>
    </head>
    <body>
    <form name=searchForm action= >
    <tbody>
    <tr>
    <td align=middle width="100%">
```

DIV+CSS网页样式与布局完全学习手册

```
<input name="textfield" type="text"
size="20" onchange=alert("输入搜索内容")>
    </td>
    </tr>
    <tr>
    <t align=middle width="100%">
    <select size=1 name=search>
    <option value=Name selected> 按 名 称 </
option >
    <option value=Singer> 按歌手 </option>
    < option value=Flasher> 按作者 </ option>
    </select >
    <input type="submit" name="Submit2"
value=" 提交 " /></td>
    </tr>
    </form>
    </body>
    </html>
```

本段加粗代码在一个文本框中使用了
onchange=alert(" 输入搜索内容 ")，从而
显示表单内容变化引起 onchange 事件执
行处理效果。这里的 onchange 结果是弹
出提示对话框，运行代码，效果如图 17-10
所示。

图17-10 onchange事件

3. onSelect 事件

onSelect 事件是指当文本框中的内容被选
中时所发生的事件。

基本语法：

onSelect= 处理函数或处理语句

实例代码：

```
<script language="javascript">
        // 脚本程序开始
    function strcon(str)
                        // 连接字符串
    {
        if(str!=' 请选择 ')
            // 如果选择的是默认项
        {
                form1.text.value=" 您选择的是：
"+str;   // 设置对话框提示信息
        }
        else
                            // 否则
        {
                form1.text.value="";
                // 设置对话框提示信息
        }
    }
    </script>
                            <!--
脚本程序结束 -->
    <form id="form1" name="form1"
method="post" action=""> <!-- 表单 -->
    <label>
    <textarea name="text" cols="50" rows="2"
onSelect="alert(' 您 想 复 制 吗？ ')"></
textarea>
    </label>
    <p><label>
    < select name = "select1"
```

```
onchange="strAdd(this.value)">
    <option value=" 请 选 择 "> 请 选 择 </option><option value=" 北 京 "> 北 京 </option><!-- 选项 -->
    <option value=" 上海 "> 上海 </option>
    <option value=" 广州 "> 广州 </option>
    <option value=" 山东 "> 深圳 </option>
    <option value=" 天津 "> 哈尔滨 </option>
    <!-- 选项 --><!-- 选项 -->
    <option value=" 其他 "> 其他 </option>
    </select>
    </label>
    </p>          <!-- 选项 -->
    </form>
```

本段代码定义函数处理下拉列表的选择事件，当选择其中的文本时输出提示信息。运行代码的，效果如图 17-11 所示。

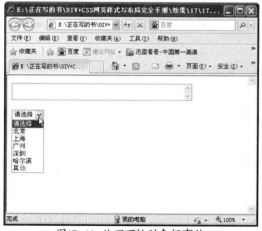

图17-11 处理下拉列表框事件

4. onfocus 事件

获得焦点事件（onfocus）是当某个元素获得焦点时触发事件处理程序。失去焦点事件（onblur）是当前元素失去焦点时触发事件处理程序。在一般情况下，这两个事件是同时使用的。onfocus 事件即得到焦点通常是指选中了文本框等，并且可以在其中输入文字。

基本语法：

onfocus= 处理函数或处理语句

实例代码：

```
<!DOCTYPE html PUBLIC "-//W3C//DTD XHTML 1.0 Transitional//EN"
    "http://www.w3.org/TR/xhtml1/DTD/xhtml1-transitional.dtd">
    <html xmlns="http://www.w3.org/1999/xhtml">
    <head>
    <meta http-equiv="Content-Type" content="text/html; charset=gb2312"/>
    <title>onFocus 事件 </title>
    </head>
    <body>
    国内城市：
    <form name="form1" method="post" action="">
    <p>
    <label>
    <input type="radio" name="RadioGroup1" value=" 北京 "
    onfocus=alert("选择北京！")>北京 </label>
    <br>
    <label>
    <input type="radio" name="RadioGroup1" value=" 天津 "
    onfocus=alert("选择天津！")> 天津 </label>
    <br>
    <label>
    <input type="radio" name="RadioGroup1" value=" 长沙 "
    onfocus=alert("选择长沙！")>长沙 </label>
    <br>
    <label>
```

```
        <input type="radio" name="RadioGroup1"
value=" 沈阳 "
        onfocus=alert("选择沈阳！")> 沈阳 </
label>
        <br>
        <label>
        <input type="radio" name="RadioGroup1"
value=" 上海 "
        onfocus=alert("选择上海！")> 上海 </
label>
        <br>
        </p>
        </form>
        </body>
        </html>
```

在代码中加粗部分代码应用了 onfocus 事件，选择其中的一项，弹出选择提示的对话框，如图 17-12 所示。

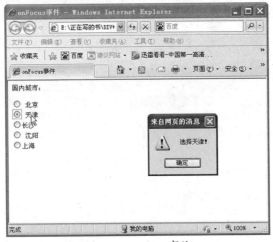

图17-12 onfocus事件

5. onload 事件

加载事件（onload）与卸载事件（onunload）是两个相反的事件。在 HTML 4.01 中，只规定了 body 元素和 frameset 元素拥有加载和卸载事件，但是大多浏览器都支持 img 元素和 object 元素的加载事件。以 body 元素为例，加载事件是指整个文档在浏览器窗口中加载完毕后所激发的事件。卸载事件是指当前文档从浏览器窗口中卸载时所激发的事件，即关闭浏览器窗口或从当前网页跳转到其他网页时所激发的事件。onLoad 事件语法格式如下。

基本语法：

onLoad= 处理函数或处理语句

实例代码：

```
<!DOCTYPE html PUBLIC "-//W3C//DTD
XHTML 1.0 Transitional//EN"
    "http://www.w3.org/TR/xhtml1/DTD/xhtml1-
transitional.dtd">
    <html xmlns="http://www.w3.org/1999/
xhtml">
    <head>
    <meta http-equiv="content-Type"
content="text/html; charset=gb2312" />
    <title>onLoad 事件 </title>
    <script type="text/JavaScript">
    <!--
    function MM_popupMsg(msg) { //v1.0
     alert(msg);
    }
    //-->
    </script>
    </head>
    <body onLoad="MM_popupMsg(' 欢 迎 光
临！ ')">
    </body>
    </html>
```

在代码中加粗部分代码应用了 onLoad 事件，在浏览器中预览效果时，会自动弹出提示的对话框，如图 17-13 所示。

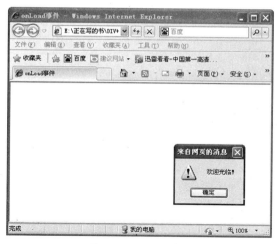

图17-13 onLoad事件

6. 鼠标移动事件

鼠标移动事件包括三种，分别为 onmouseover、onmouseout 和 onmousemove。其中，onmouseover 是当鼠标移动到对象之上时所激发的事件；onmouseout 是当鼠标从对象上移开时所激发的事件；onmousemove 是鼠标在对象上进行移动时所激发的事件。可以用这三个事件在指定的对象上移动鼠标时，实现其对象的动态效果。

基本语法：

```
onMouseover= 处理函数或处理语句
onMouseout= 处理函数或处理语句
onMousemove= 处理函数或处理语句
```

实例代码：

```
<!DOCTYPE html PUBLIC "-//W3C//DTD
XHTML 1.0 Transitional//EN"
   "http://www.w3.org/TR/xhtml1/DTD/xhtml1-
transitional.dtd">
   <html xmlns="http://www.w3.org/1999/
xhtml">
   <head>
   <meta http-equiv="content-Type"
content="text/html; charset=gb2312" />
   <title>onmouseover 事件 </title>
```

```
<script type="text/JavaScript">
   <!--
   function MM_findObj(n, d) { //v4.01
     var p,i,x; if(!d) d=document;
     if((p=n.indexOf("?"))>0&&parent.frames.
length) {
       d=parent.frames[n.substring(p+1)].
document; n=n.substring(0,p);}
     if(!(x=d[n])&&d.all) x=d.all[n];
     for (i=0;!x&&i<d.forms.length;i++) x=d.forms[i]
[n];
     for(i=0;!x&&d.layers&&i<d.layers.length;i++)
     x=MM_findObj(n,d.layers[i].document);
     if(!x && d.getElementById) x=d.
getElementById(n); return x;
   }
   function MM_showHideLayers() { //v6.0
     var i,p,v,obj,args=MM_showHideLayers.
arguments;
     for (i=0; i<(args.length-2); i+=3)
     if ((obj=MM_findObj(args[i]))!=null) {
v=args[i+2];
       if (obj.style) { obj=obj.style;
v=(v=='show')?'visible':(v=='hide')?'hidden':v;
}
     obj.visibility=v; }
   }
   //-->
   </script>
   </head>
   <body>
   <input name="Submit" type="submit"
   onMouseOver="MM_showHideLayers('Lay
er1','','show')" value="显示图像" />
   <div id="Layer1"><img src="in.jpg"
width="300" height="200" /></div>
   </body>
   </html>
```

在代码中加粗部分代码应用了 onmouseover 事件，在浏览器中预览效果时，将光标移动到"显示图像"按钮的上方，显示图像，如图 17-14 所示。

图17-14 onMouseOver事件

7. onblur 事件

失去焦点事件正好与获得焦点事件相对，失去焦点（onblur）是指将焦点从当前对象中移开。当 text 对象、textarea 对象或 select 对象不再拥有焦点而退到后台时，引发该事件。

实例代码：

```
<!DOCTYPE html PUBLIC "-//W3C//DTD
XHTML 1.0 Transitional//EN"
"http://www.w3.org/TR/xhtml1/DTD/xhtml1-
transitional.dtd">
<html xmlns="http://www.w3.org/1999/
xhtml">
<head>
<meta http-equiv="Content-Type"
content="text/html; charset=gb2312" />
<title>onBlur 事件 </title>
<script type="text/JavaScript">
<!--
function MM_popupMsg(msg) { //v1.0
 alert(msg);
}
//-->
</script>
</head>
<body>
<p> 用户注册：</p>
<p> 用  户  名：<input name="textfield"
type="text"
    onBlur="MM_popupMsg('文档中的"用户
名"文本域失去焦点！')" />
</p>
<p> 密  码：<input name="textfield2"
type="text"
    onBlur="MM_popupMsg('文档中的"密
码"文本域失去焦点！')" />
</p>
</body>
</html>
```

在代码中加粗部分代码应用了 onBlur 事件，在浏览器中预览效果时，将光标移动到任意一个文本框中，再将光标移动到其他的位置，就会弹出一个提示对话框，说明某个文本框失去焦点，如图 17-15 所示。

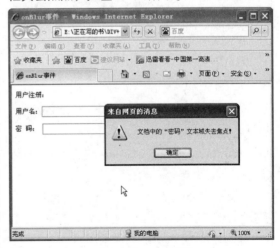

图17-15 onBlur事件

8. onsubmit 事件和 onreset 事件

表单提交事件（onsubmit）是在用户提交表单时（通常使用"提交"按钮，也就是将按钮的 type 属性设为 submit），在表单提交之前被触发，因此，该事件的处理程序通过返回 false 值来阻止表单的提交。该事件可以用来验证表单输入项的正确性。

表单重置事件（onreset）与表单提交事件的处理过程相同，该事件只是将表单中的各元素的值设置为原始值。它能够清空表单中的所有内容。onreset 事件和属性的使用频率远低于 onsubmit。

基本语法：

```
<form name="formname" onReset="return Funname"
onsubmit="return Funname "></form>
```

formname：表单名称。

Funname：函数名或执行语句，如果是函数名，在该函数中必须有布尔型的返回值。

> ★提示★
>
> 在Web站点中填写完表单，并单击发送表单数据的按钮，此时将会显示一条消息，告诉你没有输入某些数据或输入错误的数据。当这种情况发生时，很可能是遇到了使用 onsubmit 属性的表单，该属性在浏览器中运行一段脚本，在表单被发送给服务器之前检查所输入数据的正确性。

实例代码：

```
<!DOCTYPE html PUBLIC "-//W3C//DTD XHTML 1.0 Transitional//EN"
    "http://www.w3.org/TR/xhtml1/DTD/xhtml1-transitional.dtd">
    <html xmlns="http://www.w3.org/1999/xhtml">
    <head>
    <meta http-equiv="Content-Type"
content="text/html; charset=gb2312" />
    <title>onsubmit 事件 </title>
    </head>
    <body><form name="testform" action=""
onsubmit="alert('Hello ' + testform.fname.value +'!')">
    请输入你的名字。<br />
    <input type="text" name="fname" />
    <input type="submit" value=" 提交 " />
    </form>
    </body>
    </html>
```

在本例中，当用户单击"提交"按钮时，会显示一个对话框，如图 17-16 所示。

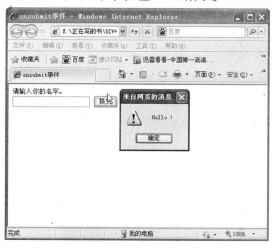

图17-16 onsubmit事件

9. onresize 页面大小事件

页面的大小事件（onresize）是用户改变浏览器的大小时触发事件处理程序，它主要用于固定浏览器的大小。

```
<!DOCTYPE html PUBLIC "-//W3C//DTD XHTML 1.0 Transitional//EN"
    "http://www.w3.org/TR/xhtml1/DTD/xhtml1-transitional.dtd">
    <html xmlns="http://www.w3.org/1999/xhtml">
```

```
<head>
<title> 固定浏览器的大小 </title>
<meta http-equiv="Content-Type"
content="text/html; charset=gb2312">
</head>
<body>
<center><img src="index.jpg"></center>
<script language="JavaScript">
function fastness(){
window.resizeTo(850,650);}
document. body. onresize=fastness;
document. body. onload=fastness;
</script>
</body>
</html>
```

上面的实例是在用户打开网页时，将浏览器以固定的大小显示在屏幕上，当用鼠标拖曳浏览器边框改变其大小时，浏览器将恢复原始大小，如图17-17所示。

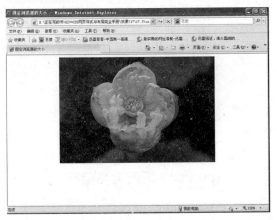

图17-17　onresize页面大小事件

10. 键盘事件

鼠标和键盘事件是在页面操作中使用最频繁的操作，可以利用键盘事件来制作页面的快捷键。键盘事件包含 onkeypress、onkeydown 和 onkeyup 事件。

onkeypress 事件是在键盘上的某个键被按下并且释放时触发此事件的处理程序，一般用于键盘上的单键操作。

Onkeydown 事件是在键盘上的某个键被按下时触发此事件的处理程序。

Onkeyup 事件是在键盘上的某个键被按下后释放时触发此事件的处理程序，一般用于组合键的操作。

```
<!DOCTYPE html PUBLIC "-//W3C//DTD
XHTML 1.0 Transitional//EN"
    "http://www.w3.org/TR/xhtml1/DTD/xhtml1-
transitional.dtd">
    <html xmlns="http://www.w3.org/1999/
xhtml">
    <head>
    <meta http-equiv="Content-Type"
content="text/html; charset=gb2312" />
    <title> 键盘事件 </title>
    </head>
    <body>
    <img src="pic05.jpg" width="1024"
height="683" />
    <script language="javascript">
    <!--
    function Refurbish(){
        if (window.event.keyCode==97){
                    // 当在键盘中按 A 键时
            location.reload();
                    // 刷新当前页
        }
    }
    document. onkeypress=Refurbish;
    //-->
    </script>
    </body>
    </html>
```

上面的实例是应用键盘中的 A 键，对页面进行刷新，而无须用鼠标在 IE 浏览器中单击"刷新"按钮，如图17-18所示。

DIV +CSS网页样式与布局完全学习手册

图17-18　键盘事件

17.4　JavaScript内部对象

对象是描述一类事物中的若干个变量的集合体，同时也包括对这些变量进行操作的函数。对象中所包含的变量就是对象的属性，对象中用于对这些属性进行操作的函数就是对象的方法，对象的属性和对象的方法都被称为"对象的成员"。

17.4.1　navigator对象

navigator 对象可用来存取浏览器的相关信息，浏览器对象 navigator 中包括的常用属性，如表 17-1 所示。

表17-1　navigator对象中的常用属性

属性	含义
appName	浏览器的名称
appVersion	浏览器的版本
appCodeName	浏览器的代码名称
browserLanguage	浏览器所使用的语言
platform	浏览器系统所使用的平台
cookieEnabled	浏览器的cookie功能是否打开

实例代码：

在代码视图中输入如下代码。

```
<html>
<head>
<title>navigator 对象 </title>
</head>
<body onload=check()>
```

```
<script language=javascript>
function check()
{name=navigator. appName;
if(name=="Netscape"){
document.write("您目前的是 Netscape
浏览器 <br>");}
else if(name=="Microsoft Internet
```

```
Explorer"){
    document.write("您目前的是 Microsoft
Internet Explorer 浏览器 <br>");}
    else{
    document.write(" 您 目 前 的 是
"+navigator.appName+" 浏览器 <br>");}}
    </script>
</body>
</html>
```

代码中加粗的部分用来判断浏览器的名称。运行代码，在浏览器中预览，效果如图17-19所示。

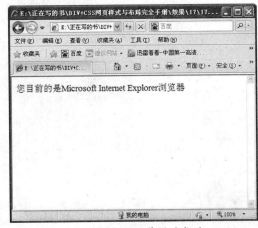

图17-19 判断浏览器的类型

17.4.2 document对象

JavaScript 是基于对象的脚本编程语言，输出可通过 document 对象实现。在 document 中主要有 links、anchor 和 form3 个主要对象。

document 对象有以下方法。

输出显示 write() 和 writeln()：该方法主要用来实现在 Web 页面上显示输出信息。

表17-2 Document对象常用的属性

属性	含义
title	当前文档标题，如果未定义则包含Untitled
location	文档的完整URL
lastModified	含有文档最后修改日期
referrer	调用者URL，即用户是从哪个URL链接到当前页面的
bgColor	背景色
fgColor	前景文本颜色
linkColor	超链接颜色
vlinkColor	访问过的超链接颜色
alinkColor	激活链接颜色（鼠标按住未释放时）
Forms〔〕	文档中form对象的数组，按定义次序存储
Forms.length	文档中的form对象数目
Links〔〕	与文档中所有HREF链对应的数组对象，按次序定义存储
Links. length	文档中HREF链的数目
Anchors〔〕	锚(…)数组，按次序定义存储
Anchors. length	文档中锚的数目

实例代码：

```
<!DOCTYPE html PUBLIC "-//W3C//DTD XHTML 1.0 Transitional//EN"
 "http://www.w3.org/TR/xhtml1/DTD/xhtml1-transitional.dtd">
<html xmlns="http://www.w3.org/1999/xhtml">
<head>
<meta http-equiv="Content-Type" content="text/html; charset=gb2312"/>
<title> 无标题文档 </title>
</head>
<body>
<img src="tu.jpg" width="467" height="354" border="0" alt=""><br/>
<SCRIPT LANGUAGE="JavaScript">
<!--
document.write("文件地址 :"+document.location+"<br/>")
document.write("文件标题 :"+document.title+"<br/>");
document.write("图片路径 :"+document.images[0].src+"<br/>");
document.write("文本颜色 :"+document.fgColor+"<br/>");
document.write("背景颜色 :"+document.bgColor+"<br/>");
//-->
</SCRIPT>
</body>
</html>
```

代码中加粗的部分用来设置 document 对象。运行代码，在浏览器中预览，效果如图 17-20 所示。

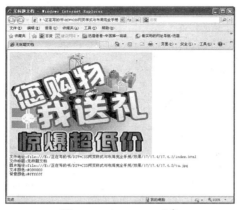

图17-20 document对象

17.4.3 window对象

window 对象表示浏览器中打开的窗口，提供关于窗口状态的信息。可以用 window 对象访问窗口中绘制的文档、窗口中发生的事件和影响窗口的浏览器特性。window 对象常用的方法如

表17-3 所示。

表17-3　window对象常用的方法

方法	含义
open(url,windowName,parameterlist)	创建一个新的浏览器窗口，并在新窗口中载入一个指定的URL地址。
close()	关闭一个浏览器窗口
alert(text)	弹出式窗口，text参数为窗口中显示的文字
confirm(text)	弹出确认域，text参数为窗口中的文字
promt(text,defaulttext)	弹出提示框，text为窗口中的文字，document参数用来设置默认情况下显示的文字
moveby(水平位移,垂直位移)	将窗口移至指定的位移
moveto(x,y)	将窗口移动到指定的坐标
resizeby(水平位移,垂直位移)	按给定的位移量重新设置窗口大小
resizeto(x,y)	将窗口设定为指定大小
back()	页面后退
forward()	页面前进
home()	返回主页
stop()	停止装载网页
print()	打印网页
status	状态栏信息
location	当前窗口URL信息

打开如图 17-21 所示的网页，在"拆分"视图中，在 <head> 与 </head> 之间添加如下代码，使用 window.open 定义打开窗口函数。

图17-21　打开网页

```
<script type="text/JavaScript">
<!--
    function MM_openBrWindow(theURL,winName,features) {//v2.0
        window.open(theURL,winName,features);
```

```
    }
//-->
</script>
```

在"拆分"视图中的 <body> 内添加如下代码，如图 17-22 所示。

```
<body onLoad="MM_openBrWindow
('images/chuangkou.html','','width=400,height=3
50')">
```

图17-22　window对象

保存网页，在浏览器中浏览，效果如图 17-23 所示。

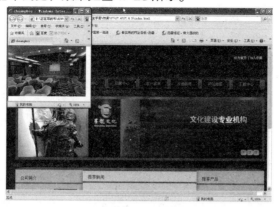

图17-23　弹出窗口

17.4.4　location对象

location 对象是当前网页的 URL 地址，可以使用 location 对象来打开网页。location 对象中常用的属性，如表 17-4 所示。

表17-4　location对象中的常用属性

属性	含义
protocol	返回地址的协议，取值为http:、https:、file:等
hostname	返回地址的主机名，例如"http://www.microsoft.com/china/"的地址主机名为www.microsoft.com
port	返回地址的端口号，一般http的端口号是80
host	返回主机名和端口号，如www.a.com:8080
pathname	返回路径名，如"http://www.a.com/d/index.html"的路径为d/index.html
hash	返回"#"及以后的内容，如地址为c.html#chapter4，则返回#chapter4；如果地址里没有"#"，则返回字符串
search	返回"?"及以后的内容；如果地址里没有"?"，则返回空字符串
href	返回整个地址，即返回在浏览器的地址栏上显示的内容

location 对象中常用的方法包括：

● reload()：相当于 Internet Explorer 浏览器上的"刷新"功能。

● replace()：打开一个 URL，并取代历史对象中当前位置的地址。

17.4.5　history对象

history 对象包含了浏览器保存的历史列表，它提供了 back() 和 forward() 方法来引导浏览器在历史列表中后退或前进。

● back()：后退，与单击"后退"按钮是等效的。

● forward()：前进，与单击"前进"按钮是等效的。

● go()：该方法用来进入指定的页面。

实例代码：

```
<!DOCTYPE html PUBLIC "-//W3C//DTD
XHTML 1.0 Transitional//EN"
    "http://www.w3.org/TR/xhtml1/DTD/xhtml1-
transitional.dtd">
    <html xmlns="http://www.w3.org/1999/
xhtml">
    <head>
    <meta http-equiv="Content-Type"
content="text/html; charset=gb2312" />
    <title> 无标题文档 </title>
    </head>
    <body><script language="vbscript">
Sub back_onclick
history.back()
End Sub
Sub forward_onclick
history.forward()
End Sub
```

```
</script>
    <input type="button" id="back" value=" 后 退
">
    <input type="button" id="forward" value=" 前
进 ">
    </body>
    </html>
```

代码中 history.back() 用来设置浏览器在历史列表中后退，history.forward() 用来设置浏览器在历史列表中前进，如图 17-24 所示。

图17-24 location对象

17.5 综合实战

通过 JavaScript 与 CSS 的配合可以实现很多网页特效，下面通过一些范例介绍各种特效网页效果。

17.5.1 实战——随鼠标移动的图像

随鼠标移动的图像是一种特殊的动态鼠标效果，一般会有一些动态图像跟随鼠标运动，可以直接调用 JavaScript 的代码来设置鼠标效果，具体操作步骤如下。

❶打开网页文档，如图 17-25 所示。

CSS布局

图17-25 打开网页文档

❷ 切换到 "代码" 视图，在 <body> 和 </body> 之间相应的位置输入以下代码，如图17-26 所示。

```javascript
<SCRIPT LANGUAGE="JavaScript">
    var newtop=0
    var newleft=0
    layerStyleRef="layer.style.";
            layerRef="document.all";
            styleSwitch=".style";
    function doMouseMove() {
            layerName = 'picture'
            eval('var curElement='+layerRef
+'["'+layerName+'"]')
            eval(layerRef+'["'+layerName+'"]
'+styleSwitch+'.visibility="hidden"')
                eval('curElement'+styleSwitch+'.
visibility="visible"')
        eval('newleft=document.body.clientWidth-
curElement'+styleSwitch+'.pixelWidth')
        eval('newtop=document.body.clientHeight-
curElement'+styleSwitch+'.pixelHeight')
                eval('height=curElement'+styleS
witch+'.height')
                eval('width=curElement'+styleS
witch+'.width')
            width=parseInt(width)
            height=parseInt(height)
            if (event.clientX > (document.
body.clientWidth -width))
                {
                newleft=document.body.
clientWidth + document.body.scrollLeft - width
                }
            else
                {
                newleft=document.body.
scrollLeft + event.clientX
                }
            eval('curElement'+styleSwitch+'.
pixelLeft=newleft')
            if (event.clientY > (document.
body.clientHeight - height))
                {
                newtop=document.body.
clientHeight + document.body.scrollTop - height
                }
            else
                {
                newtop=document.body.
scrollTop + event.clientY
                }
            eval('curElement'+styleSwitch+'.
pixelTop=newtop')
    }
    document.onmousemove =
doMouseMove;
    //定义图像的路径名称和样式
    document.write('<img ID=picture
src="images/piao.gif"
    style="position:absolute;top:0pt;left:0pt;z-
index:2;visibility:hidden;">')
    </script>
```

图17-26　输入代码

③ 保存网页，在浏览器中预览，效果如图 17-27 所示。

图17-27　鼠标跟随效果

17.5.2　实战——制作图片循环隐现效果

制作图片循环隐现效果的具体操作步骤如下。

前面介绍了 CSS 中的 alpha 滤镜，这些滤镜配合 JavaScript 能更好发挥作用。下面结合 JavaScript 和 alpha 滤镜制作图片循环隐现的效果。

① 打开网页文档，如图 17-28 所示。

图17-28　打开网页文档

② 切换至代码视图，在 \<body\> 和 \</body\> 之间相应的位置输入以下代码，如图 17-29 所示。

```
<script language="JavaScript">
var b = 1;
var c = true;
function fade(){
if(document.all);
if(c == true) {
b++;
}
if(b==100) {
b--;
c = false
}
if(b==10) {
b++;
```

```
c = true;
}
if(c == false) {
b--;
}
u.filters.alpha.opacity=0 + b;
setTimeout("fade()",50);
}
</script>
```

style="filter:alpha(opacity=0)" />

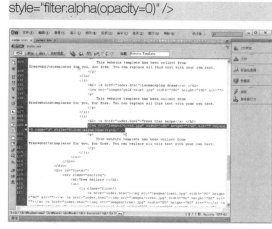

图17-31 输入代码

❺ 保存网页，在浏览器中预览，效果如图 17-32 所示。

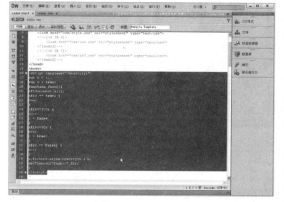

图17-29 输入代码

❸ 打开拆分视图，在 <body> 语句中输入代码 onLoad="fade()"，如图 17-30 所示。

图17-30 输入代码

❹ 打开拆分视图，在 <body> 和 </body> 之间相应的位置输入以下代码，如图 17-31 所示。

```
<img src="images/trees.jpg" width="280"
height="140" alt="" vspace=5 name="u"
```

图17-32 图片循环隐现效果

17.5.3　实战——制作幻灯片效果

CSS 的 RevealTrans 动态滤镜是一个神奇的滤镜，它能产生 23 种动态效果，更为奇妙的是它还能在 23 种动态效果中随机抽用其中的一种，其 CSS 语法如下。

RevealTrans(Duration= 变换方式 , Transition= 秒数)

RevealTrans 滤镜只有两个参数，Duration 是切换时间，以 "秒" 为单位；Transition 是切换方式，它有 24 种方式，如表 17-5 所示。

表17-5　RevealTrans滤镜的切换方式

切换效果	Transition参数值	切换效果	Transition参数值
矩形从大至小	0	随机溶解	12
矩形从小至大	1	从上下向中间展开	13
圆形从大至小	2	从中间向上下展开	14
圆形从小至大	3	从两边向中间展开	15
向上推开	4	从中间向两边展开	16
向下推开	5	从右上向左下展开	17
向右推开	6	从右下向左上展开	18
向左推开	7	从左上向右下展开	19
垂直形百叶窗	8	从左下向右上展开	20
水平形百叶窗	9	随机水平细纹	21
水平棋盘	10	随机垂直细纹	22
垂直棋盘	11	随机选取一种特效	23

❶打开原始文件，如图 17-33 所示。

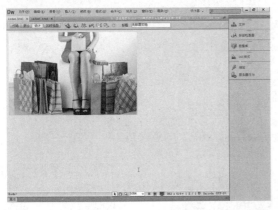

图17-33　打开原始文件

❷执行 "窗口" | "CSS 样式" 命令，打开 "CSS 样式" 面板，在 "CSS 样式" 面板中单击鼠标右键，在弹出的菜单中选择 "新建" 选项，如图 17-34 所示。

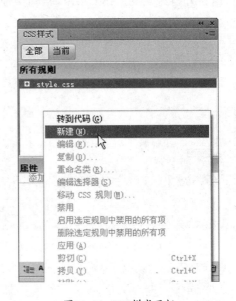

图17-34　CSS样式面板

❸弹出 "新建 CSS 规则" 对话框，在 "选择器类型" 中选择 "类"，在 "名称" 文本

框中输入 img,"规则定义"选择"仅限该文档",如图 17-35 所示。

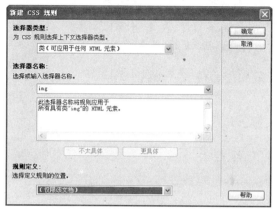

图17-35 "新建CSS规则"对话框

❹ 单击"确定"按钮,弹出".img 的 CSS 规则定义"对话框,在"分类"列表中选择"扩展"选项,"过滤器"选择 RevealTrans(Duration=?, Transition=?),将 Duration 设置为 3,Transition 设置为 23,如图 17-36 所示。

图17-36 ".img的CSS规则定义"对话框

❺ 单击"确定"按钮,在文档中选择图像文件,在属性面板中,在"类"下拉列表选择 img 选项,如图 17-37 所示。

❻ 在 `<body>` 与 `</body>` 之间相应的位置输入以下代码,如图 17-38 所示。

```
<script language="javascript">
function img2(x){this.length=x;}
jname=new img2(5);
jname[0]="picture/01.jpg";
jname[1]="picture/02.jpg";
jname[2]="picture/03.jpg";
jname[3]="picture/04.jpg";
jname[4]="picture/05.jpg";
var j=0;
function play2(){
    if (j==4){j=0;}
    else{j++;}
    tp2.filters[0].apply();
    tp2.src=jname[j];
    tp2.filters[0].play();
    mytimeout=setTimeout("play2()",4000);
}
</script>
```

图17-37 "类"下拉列表选择img

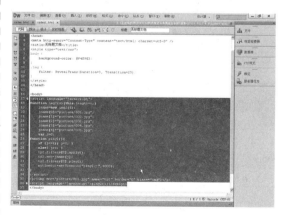

图17-38 输入代码

⑦ 保存文档，在浏览器中预览，效果如图 17-39 所示。若是想看看其他的转换效果，只要改变一下 Revealtrans 滤镜中的 Transition 参数值即可，其他什么也不用改动。

图17-39 幻灯片效果

17.5.4 实战——制作灯光效果

Light 滤镜可以模仿光源的投射效果。它最多可以控制 10 个单独的光源照射到一个元素上，并调节亮度、颜色和光源的位置。其表示方法如下：

Fliter:Light()

"Light" 可用的方法，如表 17-6 所示。

表17-6 "Light"可用的方法

参数	说明
AddAmbient	加入包围的光源
AddCone	加入锥形光源
AddPoint	加入点光源
Changstrength	改变光源的强度
Changcolor	改变光的颜色
Clear	清除所有的光源
MoveLight	移动光源

使用 CSS 可以通过高级滤镜 Light 来给图片添加灯光效果，具体操作步骤如下。

① 打开网页文档，如图 17-40 所示。

图17-40 打开网页文档

② 执行 "窗口" | "CSS 样式" 命令，打开 "CSS 样式" 面板，在 "CSS 样式" 面板中单击鼠标右键，在弹出的菜单中选择 "新建" 选项，如图 17-41 所示。

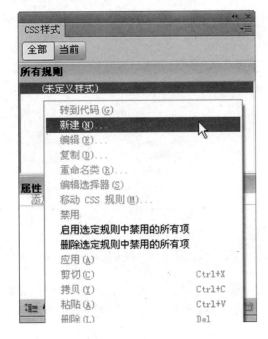

图17-41 "CSS样式" 面板

③ 弹出 "新建 CSS 规则" 对话框，在对话框中的 "选择器类型" 中选择 "类"，"名称" 文本框中输入 img.light，"定义在" 选择 "(仅限该文档)"，如图 17-42 所示。

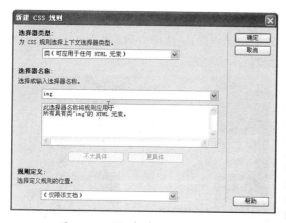

图17-42 "新建CSS规则"对话框

❹单击"确定"按钮,弹出"img.的CSS规则定义"对话框,在对话框中的"分类"列表中选择"扩展"选项,在Filter下拉列表中选择Light,如图17-43所示。

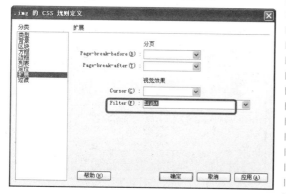

图17-43 "img.的CSS规则定义"对话框

❺在 <body> 与 </body> 之间相应的位置输入以下代码,如图17-44所示。

```
<script language="javascript">
// 调用设置光源函数
window.onload=setlights1;
// 调用 light 滤镜方法
function setlights1(){
```

```
        var ix2=campo.offsetwidth;
// 获得图片宽度
        var iy2=campo.offsetheight;
// 获得图片高度
        campo.filters[0].addcone(0,0,5,ix2,iy2,60,
130,255,50,20);
        campo.filters[0].addcone(0,iy2,5,ix2,0,60,
130,255,50,20);
        //campo.filters[0].addcone(430,120,10,10
0,100,255,255,0,70,55);
    }
</script>
```

❻保存文档,在浏览器中预览,灯光效果如图 17-45 所示。

图17-44 输入代码

图17-45 灯光效果

17.5.5 实战——可以任意选择网页中的文字颜色、背景颜色、字号

每个人都有自己的喜好,当然每个人对颜色的喜好也有所不同。如果能在网页中可以让浏览者自由地选择文字的颜色、背景颜色、字号,将大大增加网页的吸引力,具体操作步骤如下。

❶打开网页文档，如图17-46所示。

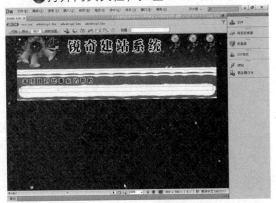

图17-46　打开网页文档

❷将光标放置在要插入表格的位置，执行"插入"｜"表格"命令，插入2行1列的表格，如图17-47所示。

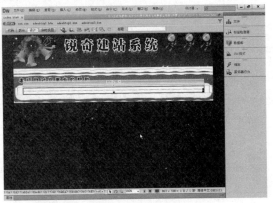

图17-47　插入表格

❸将光标放置在第1行第1列单元格中，在【属性】面板中将"高"设置为50，并输入文字，如图17-48所示。

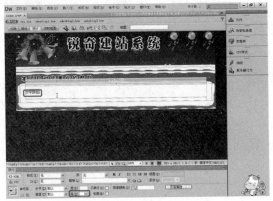

图17-48　输入文字

❹将光标放置在文字的后面，执行"插入"｜"表单"｜"选择（列表 / 菜单）"命令，如图17-49所示。

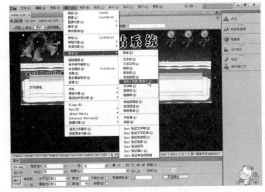

图17-49　执行"选择（列表/菜单）"命令

❺执行命令后，插入列表 / 菜单，在属性面板中单击 列表值... 按钮，弹出"列表值"对话框，在对话框中单击⊞按钮，添加内容，如图17-50所示。

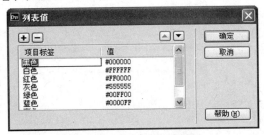

图17-50　"列表值"对话框

❻单击"确定"按钮，添加到"初始化时选定"文本框中，将"列表 / 菜单名称"设置为seltextcolor，"类型"勾选"菜单"选项，如图17-51所示。

图17-51　设置列表/菜单属性

⑦选中列表／菜单，切换到拆分视图，在相应的位置输入代码，如图 17-52 所示。

style="width: 60px; height: 20px; fontsize: 9pt" onChange=setFontColor(this.value);

图17-54 设置列表/菜单

⑩单击"确定"按钮，添加到"初始化时选定"文本框中，将"列表／菜单名称"设置为 selbkcolor，在"类型"中勾选"菜单"选项，如图 17-55 所示。

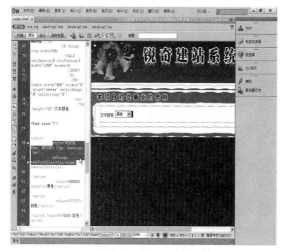

图17-52 输入代码

⑧光标放置在列表／菜单的后面，输入文字，如图 17-53 所示。

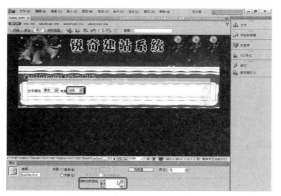

图17-55 设置列表/菜单属性

⑪选中插入的列表菜单，切换到拆分视图，在相应的位置输入代码，如图 17-56 所示。

style="width: 60px; height: 20px; fontsize: 9pt"onChange=setBgColor(this.value);

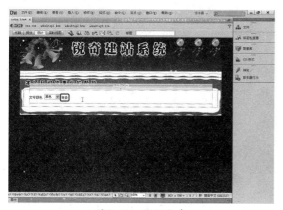

图17-53 输入文本

⑨将光标放置在文字的后面，执行"插入"｜"表单"｜"选择（列表／菜单）"命令，插入列表／菜单，在属性面板中单击 列表值... 按钮，弹出"列表值"对话框，在对话框中单击 + 按钮，添加内容，如图 17-54 所示。

图17-56 输入代码

⑫将光标放置在列表菜单的后面，输入文字，如图 17-57 所示。

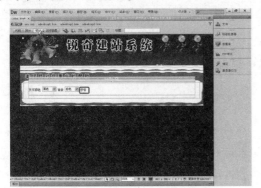

图17-57 输入文字

⑬将光标放置在文字的后面，执行"插入"|"表单"|"选择（列表/菜单）"命令，插入列表/菜单，在属性面板中单击 列表值... 按钮，弹出"列表值"对话框，在对话框中单击 ➕ 按钮，添加内容，如图17-58 所示。

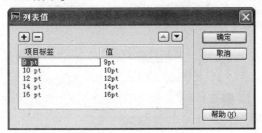

图17-58 "列表值"对话框

⑭单击"确定"按钮，添加到"初始化时选定"文本框中，将"列表/菜单名称"设置为 selfontsize，在"类型"中选择"菜单"选项，如图 17-59 所示。

图17-59 设置列表/菜单属性

⑮选中插入的列表菜单，切换到拆分视图，在相应的位置输入代码，如图 17-60 所示。

```
style="width: 60px; height: 20px; fontsize:
9pt" onChange=setFontSize(this.value);
```

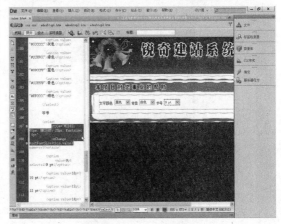

图17-60 输入代码

⑯将光标放置在第 2 行单元格中，输入文字，并设置相应的属性，如图 17-61 所示。

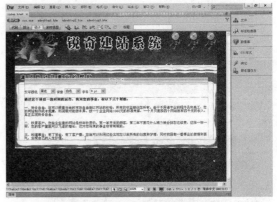

图17-61 输入文字

⑰切换到代码视图，在 `<head>` 和 `</head>` 之间相应的位置输入以下代码，如图17-62 所示。

```
<script language=javascript>
<!--
var m_textcolor,m_fontsize,m_bkcolor;
m_textcolor='#000000';
m_fontsize='9 pt';
```

```
m_bkcolor='#ffffff';
getit();
function getit()
{
var str=document.cookie;
i=str.indexof('km169edujc1=');
if(i==-1)return;
str=str.substring(i+12);
str1=str.split('&');
m_textcolor=str1[0];
m_bkcolor=str1[1];
m_fontsize=str1[2];
}
function setbgcolor(color)
{
if(color=="none")
return;
window.renyi.bgcolor=color;
m_bkcolor=color;
}
function setfontsize(size)
{
if(size=="none")
return;
window.renyi.style.fontsize=size;
m_fontsize=size;
}
function setfontcolor(color)
{
```

```
if(color=="none")
return;
window.renyi.style.color=color;
m_textcolor=color;
}
//-->
</script>
```

图17-62 输入代码

⑱保存文档，在浏览器中预览，效果如
图 17-63 所示。

图17-63 任意选择网页中的文字颜色、背景颜色、字号

第5篇
CSS 布局综合实例

第18章　设计富有个性的个人网站

本章导读

　　随着互联网的快速普及，越来越多的人想在网上展示自己，因此诞生了很多的个人展示网站。如今拥有自己的个人网站也越来越成为一种时尚，个人网站已经成为网络媒体非常重要的补充力量。本章就来讲述制作富有个性的个人网站。

技术要点

- 熟悉个人网站设计概述
- 熟悉个人网站色彩搭配和结构设计
- 熟悉个人网站前期策划
- 掌握个人网站主要页面的制作

实例展示

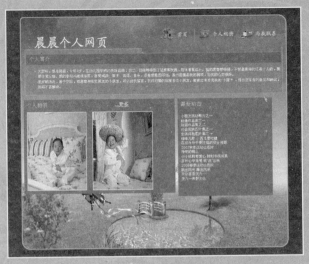

个人网站效果

18.1 个人网站设计概述

个人网站的创建目的是为了宣扬自己的个性，展示个人的风采。个人站点可以说是个人在网络上的家，可以存放个人信息资料，让更多的网页浏览者了解站长，相互结识成为网络中的朋友，还可以存放一些个人收藏整理的资料并不断更新，也为网络浏览者们提供了资讯服务，使个人站点发挥了更强大的功能。

个人网站是针对个人的爱好和专业特长，并按个人的想法收集资料，然后制作的网站。个人网站的性质决定了网络赋予每个人无限的自由和空间，只要在法律允许范围内，任何个人或企业，都可以自由创建自己的网站。

一个成功的个人网站，先期的准备工作是很重要的，好的开始等于成功的一半。有以下主要的问题需要考虑。

❶站点的定位：主题的选择对今后的发展方向有决定性的影响，考虑好做什么内容就要努力做出特色。

❷空间的选择：目前大部分个人主页还在使用免费的空间。网上的免费主页空间很多，但真正稳定而且快速的并不多，选择那些口碑不错的站点提交申请，然后做进一步的测试，直到筛选出理想的空间。

❸导航清晰，布局合理，层次分明，页面的链接层次不要太深，尽量让用户用最短的时间找到需要的资料。

❹风格统一：保持统一的风格，有助于加深访问者对网站的印象。要实现风格的统一，不一定要把每个栏目做得一模一样，可以让导航条样式统一，各个栏目采用不同的色彩搭配，在保持风格统一的同时为网站增加一些变化。

❺色彩和谐、重点突出：在网页设计中，根据和谐、均衡和重点突出的原则，将不同的色彩进行组合、搭配、从而构成美观的页面。

❻界面清爽：大量的文字内容要使用舒服的背景色，前景文字和背景之间要对比鲜明，这样访问者浏览时眼睛才不致疲劳。

本章制作的个人网站效果，如图 18-1 所示。

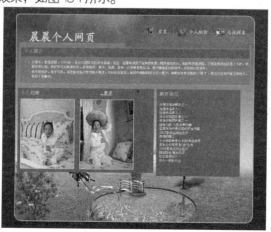

图18-1 个人网站主页

18.2　个人网站色彩搭配和结构设计

个人网站没有什么特殊的形式限定，可以自由发挥自己的想象，以任何表现形式传达自己的个人观点和兴趣。这类网站更多的不是追求访问量，而是注重自我观点的表达。这类网站可以最大限度地发挥设计者自身的长处和优点，从而展示出自己的实力和设计思想。

网站内容和网站气氛决定网站用色，个人网站会因设计者的喜好而选择网站的色彩搭配。一些消极情绪是不可以出现在商业网站中的，但在个人网站创作时完全没有这方面的限制。在个人网站中，可以看到很多个性极强而又富有尝试精神的色彩搭配。

个人网站的内容往往都是与个人有关的方面组成的，包括个人简介、个人相册等。在创建网站前首先要确定网站的主要栏目。网站是否有价值，关键是看它是否能够满足访问者的需求。如果一个网站没有任何可以吸引人的地方，那么再怎么宣传都是无济于事的。

18.3　网站前期策划

通常在设计制作网页前都要有一个成熟的构思过程。在这个构思过程中没有空间的限制，可以随意发挥自己的艺术想象力，在借鉴别人的基础上做大胆的突破和创新，把别人的精华融入到自己的构思中，也可以从某个艺术作品中得到启发。网页蓝图的构思呈现出各种形态，因人而异，但最终的构思要归结于一个共性，那就是个人创意的独特性和技术实现的可行性。

如果主题已经确定，就可以围绕主题给该网站起一个名字，网站名称也是网站设计的一部分，而且是很关键的要素。

18.3.2　确定目录结构

网站的目录是指建立网站时创建的目录。目录结构的好坏，对浏览者来说并没有什么太大的感觉，但是对站点本身的上传维护，以及以后内容的扩充和移植有着重要的影响。

本站只是个人介绍性质的页面，主要是静态的几个页面，因此在建立目录时，可以将其中的页面文件直接放在根目录下，所有的图片可以放在 images 文件夹中。

18.3.1　确定网站主题

对于主题的选择主要按下列 3 个条件去考虑，本例所讲的是一个个人介绍性质的网站，主题就是介绍个人的相关信息。

★提示★

●主题要小而精。一般来说，个人主页的选材定位要小，内容要精。

●对于个人网站来说主题最好是自己擅长或喜爱的内容。如这样在制作时，才不会觉得无聊或力不从心。兴趣是制作网站的动力，没有热情，很难设计制作出优秀的作品。

●主题不要太滥或目标太高。

★提示★

下面是建立目录结构的建议。

● 不要将所有文件都存放在根目录下。

● 按栏目内容建立子目录。

● 在每个主目录下都建立独立的images目录。

● 目录的层次不要太深。

312

18.3.3　网站蓝图的规划

因为每台显示器分辨率不同，所以同一个页面的大小可能出现 640 像素 × 480 像素、800 像素 × 600 像素、1024 像素 × 768 像素等不同尺寸。

通常网站蓝图的规划将按照如下步骤。

● 草案

新建页面就像一张白纸，没有任何表格、框架和约定俗成的东西，可以尽可能发挥想象力，用一张白纸和一支铅笔将想到的景象画上去，当然用做图软件 Photoshop、Fireworks 等都可以。这属于创造阶段，不讲究细腻工整，不必考虑细节功能，只以粗陋的线条勾画出创意的轮廓即可。尽可能多画几张，最后选定满意的作为继续创作的样板。

● 粗略布局

在草案的基础上，将确定需要放置的功能模块安排到页面上。必须遵循"突出重点、平衡协调"的原则，将网站标志、主要栏目等最重要的模块放在最显眼、最突出的位置，然后再考虑次要模块的排放。如图 18-2 所示为本站页面的布局草图。

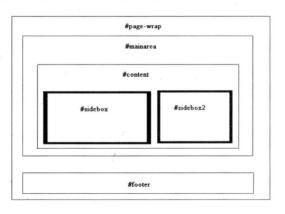

图18-2　页面的布局草图

其页面中的 HTML 框架代码如下所示。

```
<div id="page-wrap">
<div id="mainarea">
<div class="clear"></div>
    <div id="content">
    <div class="sidebox">
    <div class="boxhead"></div>
    <div class="boxbody"></div>
</div>
    <div class="sidebox2">
    <div class="boxhead2">
    <h2> </h2>
        </div>
        <div class="boxbody"><p> </p></div>
        </div>
    <div class="clear"></div>
    </div>
    </div>
<div id="footer"></div>
    </div>
```

18.4　制作网站主页

本例的页面布局图如图18-3所示，整个页面放在 #page-wrap 对象内；网页的主要内容放在 #mainarea 对象内；在 #mainarea 对象内包括网站的导航信息和正文内容部分；正文内容包含在 #content 对象内；网页的版权信息放在 #footer 对象内。

图18-3　网站页面布局图

18.4.1　导入外部CSS

导入外部 CSS 的具体操作步骤如下。

❶执行"文件"|"新建"命令，弹出"新建文档"对话框，在对话框中选择"空白页"|HTML|"无"选项，如图18-4所示。

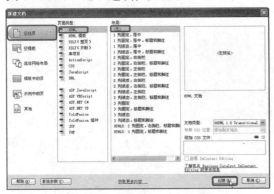

图18-4　"新建文档"对话框

❷单击"创建"按钮，新建空白文档。执行"文件"|"保存"命令，弹出"另存为"

对话框，在对话框中的"文件名"文本框中输入 index.htm，如图18-5所示。

图18-5 "另存为"对话框

❸单击"保存"按钮，保存文档，在"标题"文本框中输入"晨晨个人网页"，如图18-6所示。

图18-6 保存文档

❹执行"格式"｜"CSS样式"｜"附加样式表"命令，弹出"链接外部样式表"对话框，在对话框中单击"文件/URL"文本框右边的"浏览"按钮，弹出"选择样式表文件"对话框，如图18-7所示。

图18-7 "选择样式表文件"对话框

❺在对话框中选择style.css，单击"确定"按钮，添加到文本框中，在"添加为"中选中"链接"单选按钮，如图18-8所示。

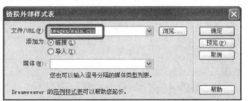

图18-8 "链接外部样式表"对话框

★高手支招★

执行"窗口"｜"CSS样式"命令，打开"CSS样式"面板，在面板中单击鼠标右键，在弹出的菜单中选择"附加样式表"选项，弹出"链接外部样式表"对话框，也可以导入外部CSS样式。

❻单击"确定"按钮，导入外部CSS样式，如图18-9所示。

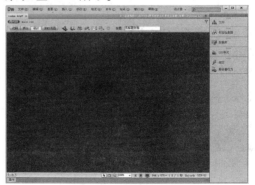

图18-9 导入外部CSS样式

18.4.2 制作顶部文件

顶部文件效果，如图18-10所示，具体操作步骤如下。

图18-10 顶部文件效果

❶将光标置于页面中，执行"插入"|"布局对象"|"Div标签"命令，弹出"插入Div标签"对话框，在对话框中的ID下拉列表中选择page-wrap，如图18-11所示。

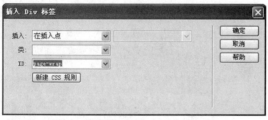

图18-11 "插入Div标签"对话框

❷单击"确定"按钮，插入Div标签，如图18-12所示，使用如下的CSS样式定义#page-wrap对象的边界和宽度。

```
#page-wrap {
    margin: 0px auto;
    width: 906px
}
```

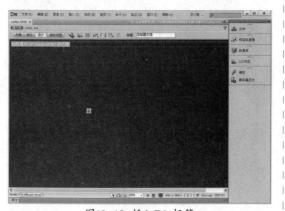

图18-12 插入Div标签

❸将光标置于page-wrap标签中，执行"插入"|"布局对象"|"Div标签"命令，弹出"插入Div标签"对话框，在对话框中的ID下拉列表中选择mainarea，如图18-13所示。

图18-13 "插入Div标签"对话框

❹单击"确定"按钮，插入Div标签，如图18-14所示，使用如下的CSS样式定义#mainarea对象的上边界为24px，背景图像为mainbj.jpg，块的高度为782px。

```
#mainarea {
    margin-top: 24px;
    background-image: url(mainbg.jpg);
    background-repeat: no-repeat;
    height: 782px
}
```

图18-14 插入Div标签

CSS布局综合实例

⑤将光标置于 mainareas 标签中，执行 "插入" | "图像" 命令，弹出 "选择图像源文件" 对话框，在对话框中选择图像 images/logo.gif，如图 18-15 所示。

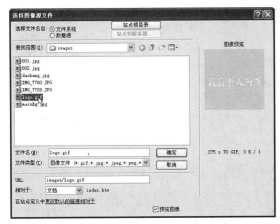

图18-15 "选择图像源文件" 对话框

⑥单击 "确定" 按钮，插入图像，在 "属性" 面板中的 "图像名称" 文本框中输入 logo，如图 18-16 所示。

图18-16 插入图像

⑦将光标置于图像的后面，切换到 "拆分" 视图，输入以下代码，用于创建项目列表，如图 18-17 所示。

```
<ul id="menu" name="menu">
<li></li>
</ul>
```

图18-17 输入代码

★提示★

单击 "属性" 面板中的 "项目列表" 按钮 ☰，也可以创建项目列表。

⑧将光标置于项目列表中，执行 "插入" | "图像" 命令，插入图像 images/daohang.jpg，如图 18-18 所示。

图18-18 插入图像

⑨将光标置于项目列表的右边，执行 "插入" | "布局对象" | "Div 标签" 命令，弹出 "插入 Div 标签" 对话框，在对话框中的 "类" 下拉列表中选择 clear，如图 18-19 所示。

⑩单击 "确定" 按钮，插入 Div 标签，如图 18-20 所示，样式 clear 中的代码如下，用来清除两旁的 float 对象。

```
.clear {
    clear: both
}
```

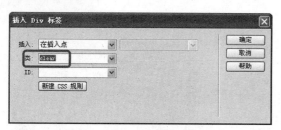

图18-19 "插入Div标签"对话框

图18-20 插入Div标签

18.4.3 制作个人简介

个人简介效果如图18-21所示，其中"个人简介"文字放在 \<h1\> \</h1\> 之间，其他正文放在一个无序列表内，具体操作步骤如下。

图18-21 个人简介效果

❶将光标置于 clear 标签的右边，执行"插入" | "布局对象" | "Div 标签"命令，在弹出的"插入 Div 标签"对话框中的 ID 下拉列表中选择 content，单击"确定"按钮，插入 Div 标签，如图 18-22 所示，使用如下 CSS 样式定义 #content 对象的整体外观。

```
#content {
border-right: #64c8fd 2px solid;
padding-right: 4px;
border-top: #64c8fd 2px solid;
padding-left: 4px;
```

```
font-size: 12px;
padding-bottom: 4px;
margin: 5px auto auto;
border-left: #64c8fd 2px solid;
width: 865px;
color: #ffffff;
line-height: 18px;
padding-top: 4px;
border-bottom: #64c8fd 2px solid;
font-family: Arial, Helvetica, sans-serif;
background-color: #34ace8
}
```

图18-22 插入Div标签

❷将光标置于 content 标签中，输入文字"个人简介"，在"属性"面板中的"格式"下拉列表中选择"标题1"，如图 18-23 所示。

图18-23 输入文字

在"属性"面板中的"格式"下拉列表中提供了一些默认的字符格式。

● 无：无特殊格式的规定，仅是文本本身。

● 段落：正文段落，这种格式的文字开始和结尾都会自动换行，而同一段的文字各行之间行距较小。

● 标题1~6：标题1的字号最大，标题6最小。

● 预先格式化的：使用预定义的格式。

❸将光标置于文字的右侧，切换到拆分视图，输入以下代码，用于创建无序列表，如图18-24所示。

```
<ul class="subcontent">
<li></li>
</ul>
```

图18-24 输入代码

❹将光标置于项目列表中，输入相应的文字，如图18-25所示。

图18-25 输入文字

18.4.4 制作个人相册

个人相册效果如图18-26所示，这部分主要放在 #sidebox 对象内，在 #sidebox 对象内又包括 #boxhead 和 #boxbody 两个对象，分别放置头部的"个人相册"文字和下面的照片，具体操作步骤如下。

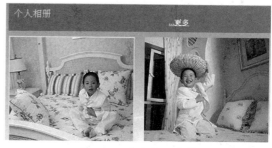

图18-26 个人相册效果

❶将光标置于项目列表的右侧，执行"插入"|"布局对象"|"Div 标签"命令，在弹出的"插入 Div 标签"对话框中的"类"下拉列表中选择 sidebox，单击"确定"按钮，插入 Div 标签，如图18-27所示，使用如下样式定义 #sidebox 对象的样式。

```
.sidebox {background: url(br.jpg) #1497d9 no-repeat right bottom;
    float: left;
    margin: 15px auto 10px 10px;
    width: 515px}
```

图18-27 插入Div标签

第18章 设计富有个性的个人网站

319

❷ 将光标置于 Div 标签中，执行"插入"|"布局对象"|"Div 标签"命令，在弹出的"插入 Div 标签"对话框中的"类"下拉列表中选择 boxhead，单击"确定"按钮，插入 Div 标签，如图 18-28 所示，使用如下样式定义 #boxhead 对象的样式。

.boxhead {padding-right: 0px;

padding-left: 0px;

background: url(tr.jpg) no-repeat right top;

padding-bottom: 0px;

margin: 0px;

padding-top: 0px}

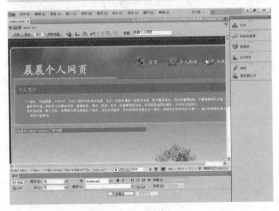

图18-28 插入Div标签

❸ 将光标置于 Div 标签中，输入文字"个人相册"，在"属性"面板中的"格式"下拉列表中选择"标题 2"，如图 18-29 所示。

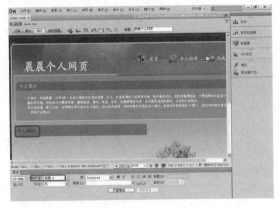

图18-29 输入文字

❹ 将光标置于文字的后面，输入文字，在"属性"面板中的"链接"下拉列表中输入 #，创建空链接，如图 18-30 所示。

图18-30 创建空链接

★提示★

空链接用于向页面上的对象或文本附加行为。创建空链接后，可向空链接附加行为，以便当鼠标指针滑过该链接时，交换图像或显示层。

❺ 将光标置于 Div 标签中，执行"插入"|"布局对象"|"Div 标签"命令，在弹出的"插入 Div 标签"对话框中的"类"下拉列表中选择 boxbody，单击"确定"按钮，插入 Div 标签，如图 18-31 所示，使用如下样式定义 #boxbody 对象的样式。

.boxbody{

clear: both;

padding-right: 12px;

padding-left: 11px;

background: url(bl.jpg) no-repeat left bottom;

padding-bottom: 20px;

margin: 0px;

padding-top: 0px;

height: 255px

}

图18-31 插入Div标签

❻ 将 光 标 置 于 Div 标 签 中，执 行 "插 入" | "布局对象" | "Div 标签" 命令，在弹出 的 "插 入 Div 标 签" 对话框中的 "类" 下拉列 表中选择 featured，单击 "确定" 按钮，插入 Div 标签，如图 18-32 所示，样式 featured 中 的代码如下。

```
.featured {
font-size: 11px;
float: left
}
.featured img {
border-right: #a3f9fe 2px solid;
border-top: #a3f9fe 2px solid;
margin-bottom: 3px;
border-left: #a3f9fe 2px solid;
border-bottom: #a3f9fe 2px solid
}
```

图18-32 插入Div标签

❼ 将 光 标 置 于 Div 标 签 中，执 行 "插 入" | "图 像" 命 令，插 入 图 像 images/ IMG_7700.JPG，如图 18-33 所示。

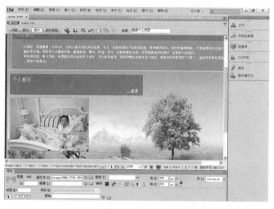

图18-33 插入图像

❽ 将 光 标 置 于 Div 标 签 中，执 行 "插 入" | "图 像" 命 令，插 入 图 像 images/ IMG_7728.JPG，在 "拆分视图" 中输入代码 hspace="20"，如图 18-34 所示。

图18-34 插入图像

18.4.5 制作最新动态

最新动态效果如图 18-35 所示，这部分 内容放在 #sidebox2 对象内，在此对象内又 包 括 #boxhead2 对 象 和 #boxbody 对 象， 分别放置标题和动态新闻文章，具体操作步 骤如下。

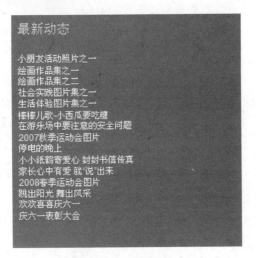

图18-35 最新动态效果

❶将光标置于 Div 标签的右侧，执行"插入"|"布局对象"|"Div 标签"命令，在弹出的"插入 Div 标签"对话框中的"类"下拉列表中选择 sidebox2，单击"确定"按钮，插入 Div 标签，如图 18-36 所示，使用如下样式定义 #sidebox2 对象的样式。

```
.sidebox2 {
background: url(br.jpg) #1497d9 no-repeat
right bottom;
float: left; margin: 15px auto 10px 10px;
width: 515px
}
```

图18-36 插入Div标签

❷将光标置于 Div 标签中，执行"插入"|"布局对象"|"Div 标签"命令，在弹出

的"插入 Div 标签"对话框中的"类"下拉列表中选择 boxhead2，单击"确定"按钮，插入 Div 标签，如图 18-37 所示，使用如下样式定义 #boxhead2 对象的填充、边界和背景图像等样式。

```
.boxhead2 {
padding-right: 0px;
padding-left: 0px;
background: url(tr.jpg) no-repeat right top;
padding-bottom: 0px;
margin: 0px;
padding-top: 0px
}
```

图18-37 插入Div标签

❸将光标置于 Div 标签中，输入文字，在"属性"面板中的"格式"下拉列表中选择"标题 2"，如图 18-38 所示。

图18-38 输入文字

CSS布局综合实例

❹ 将 光 标 置 于 Div 标 签 中，执 行 "插 入" | "布局对象" | "Div 标签" 命令，在弹出 的 "插 入 Div 标 签" 对话框中的 "类" 下拉列 表中选择 boxbody，单击 "确定" 按钮，插入 Div 标签，如图 18-39 所示。

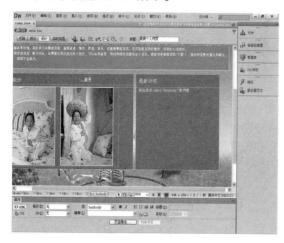

图18-39 插入Div标签

❺ 将光标置于 Div 标签中，输入相应的文 字，如图 18-40 所示。

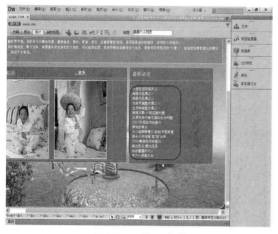

图18-40 输入文字

❻ 将光标置于 Div 标签右边，执行 "插 入" | "布局对象" | "Div 标签" 命令，在弹出 的 "插 入 Div 标 签" 对话框中的 "类" 下拉列 表中选择 clear，单击 "确定" 按钮，插入 Div 标签，如图 18-41 所示。

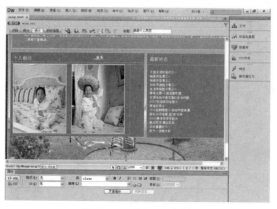

图18-41 插入Div标签

18.4.6 制作底部文件

底部文件效果如图 18-42 所示，主要是网 站的版权信息，放在 #footer 对象内，具体操 作步骤如下。

图18-42 底部文件效果

❶ 将光标置于 Div 标签的右侧，执行 "插 入" | "布局对象" | "Div 标签" 命令，在弹 出 的 "插 入 Div 标 签" 对话框中的 "类" 下拉 列表中选择 footer，单击 "确定" 按钮，插入 Div 标签，如图 18-43 所示。

```
#footer {     margin-top: 30px;
             font-size: 12px;
             color: #6cb7e8;
             font-family: Arial, Helvetica, sans-serif;
             height: 50px;
             width: 906px;
             text-align: center;}
```

第18章 设计富有个性的个人网站

323

图18-43 插入Div标签

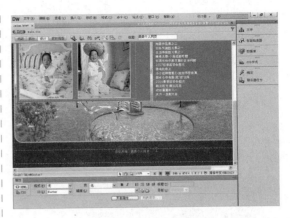

图18-44 输入文字

❷将光标置于 footer 标签中，输入文字，如图 18-44 所示。

至此个人网站页面布局完成。

第19章 公司宣传网站的布局

本章导读

　　企业在网上形象的树立已成为企业宣传的重点，越来越多的企业更加重视自己的网站。企业通过对企业信息的系统介绍，让浏览者了解企业所提供的产品和服务，并通过有效的在线交流方式搭起客户与企业间的桥梁。企业网站的建设能够提高企业的形象和吸引更多的人关注公司，以获得更大的发展。

技术要点

● 熟悉企业网站设计概述
● 熟悉企业网站结构设计
● 熟悉企业网站设计制作

实例展示

企业网站效果

19.1　企业网站设计概述

企业网站是商业性和艺术性的结合，同时企业网站也是一个企业文化的载体，通过视觉元素，承接企业的文化和企业的品牌。制作企业网站通常需要根据企业所处的行业，企业自身的特点，企业的主要客户群，以及企业最全的资讯等信息，才能制作出适合企业特点的网站。

一般企业网站主要有以下功能。

● 公司概况：包括公司背景、发展历史、主要业绩、经营理念、经营目标及组织结构等，让用户对公司的情况有一个概括的了解。

● 企业新闻动态：可以利用互联网的信息传播优势，构建一个企业新闻发布平台，通过建立一个新闻发布/管理系统，企业信息发布与管理将变得简单、迅速，及时向互联网发布本企业的新闻、公告等信息。通过公司动态可以让用户了解公司的发展动向，加深对公司的印象，从而达到展示企业实力和形象的目的。

● 产品展示：如果企业提供多种产品服务，利用产品展示系统对产品进行系统的管理，包括产品的添加与删除、产品类别的添加与删除、特价产品和最新产品、推荐产品的管理、产品的快速搜索等。可以方便、高效地管理网上产品，为网上客户提供一个全面的产品展示平台，更重要的是网站可以通过某种方式建立起与客户的有效沟通，更好地与客户进行对话、收集反馈信息，从而改进产品质量和提供服务水平。

● 产品搜索：如果公司产品比较多，无法在简单的目录中全部列出，而且经常有产品升级换代，为了让用户能够方便地找到所需要的产品，除了设计详细的分级目录之外，增加关键词搜索功能不失为有效的措施。

● 网上招聘：这也是网络应用的一个重要方面，网上招聘系统可以根据企业自身特点，建立一个企业网络人才库，人才库对外可以进行在线网络即时招聘，对内可以方便管理人员对招聘信息和应聘人员的管理，同时人才库可以为企业储备人才，为日后需要时使用。

● 销售网络：目前用户直接在网站订货的并不多，但网上看货网下购买的现象比较普遍，尤其是价格比较贵重或销售渠道比较少的商品，用户通常喜欢通过网络获取足够信息后在本地的实体商场购买。因此尽可能详尽地告诉用户在什么地方可以买到他所需要的产品。

● 售后服务：有关质量保证条款、售后服务措施，以及各地售后服务的联系方式等都是用户比较关心的信息，而且，是否可以在本地获得售后服务往往是影响用户购买决策的重要因素，对于这些信息应该尽可能详细地提供。

● 技术支持：这一点对于生产或销售高科技产品的公司尤为重要，网站上除了产品说明书之外，企业还应该将用户关心的技术问题及其答案公布在网上，如一些常见故障处理、电子产品的驱动程序、软件工具的版本等信息资料，可以在线提问或常见问题回答的方式体现。

● 联系信息：网站上应该提供足够详尽的联系信息，除了公司的地址、电话、传真、邮政编码、网管 E-mail 地址等基本信息之外，最好能详细地列出客户或业务伙伴可能需要联系的具体部门的联系方式。对于有分支机构的企业，同时还应当有各地分支机构的联系方式，在为用户提供方便的同时，也起到了对各地业务的支持作用。

● 辅助信息：有时由于企业产品比较少，网页内容显得有些单调，可以通过增加一些辅助信息来弥补这种不足。辅助信息的内容比较广泛，可以是本公司、合作伙伴、经销商或用户的一些相关新闻、趣事，或产品保养、维修常识等。

19.2　分析架构

公司信息发布型的网站是企业网站的主流形式。因此信息内容显得更为重要，该种类型网站的网页页面结构的设计主要是从公司简介、产品展示、服务等几个方面来进行的。与一般的门户型网站不同，企业网站相对来说信息量比较少。作为一个企业网站，最重要的是可以为企业经营服务，除了在网站上发布常规的信息之外，还要重点地突出用户最需要的内容。如图 19-1 所示为本例制作的企业网站主页，主要包括"关于我们"、"网站建设"、"网站推广"、"主机域名"、"联系我们"、"友情链接"和"解决方案"等栏目。页面整体采用蓝色为主的色调，再配合适量的绿色形成大气的感觉。

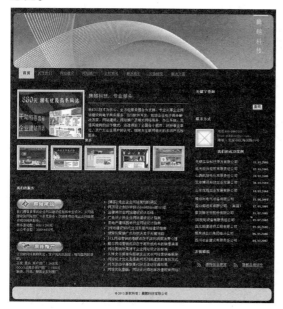

图19-1　网站主页

19.2.1　设计分析

在设计企业网站时，要采用统一的风格和结构来把各页面组织在一起。所选择的颜色、字体、图形，以及页面布局应能传达给用户一个形象化的主题，并引导他们去关注站点的内容。

企业网站的风格体现在企业的 Logo、CI，以及企业的用色等多方面。企业用什么样的色调、用什么样的 CI，是区别于其他企业的一种重要的手段。如果风格设计得不好会对客户造成不良影响。

企业网站给人的第一印象是网站的色彩，因此确定网站的色彩搭配是相当重要的一步。一般来说，一个网站的标准色彩不应超过 3 种，太多则让人眼花缭乱。标准色彩用于网站的标志、标题、导航栏和主色块，给人以整体统一的感觉。至于其他色彩在网站中也可以使用，但只能作为点缀和衬托，决不能喧宾夺主。

19.2.2　排版构架

本网站的页面内容很多，页面整体部分放在一个大的 #main 对象中，在这个 #main 对象中包括 4 行 2 列的布局方式，顶部的 Banner 放在 #header 对象中；导航栏目放在 #nav 对象中；中间的正文部分放在 #cols 对象中；在 #cols 对象中又分成 #content 和 #aside 两列；在底部为 #footer 对象，在此对象中放置底部版权信息。如图 19-2 所示网站的排版架构。

其页面中的 HTML 框架代码，如下所示。

```html
<div id="main">
    <div id="header"></div>
    <div id="nav" class="box"></div>
    <div id="cols" class="box">
        <div id="content"></div>
        <div id="aside"></div>
    </div>
    <div id="footer-top"></div>
    <div id="footer"></div>
    <div id="footer-bottom"></div>
</div>
```

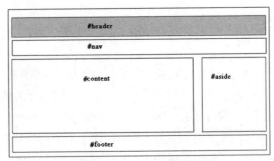

图19-2 网站排版架构

19.3 各模块设计

整理好页面的框架后，就可以利用CSS对各个板块进行定位，实现对页面的整体规划，然后再往各个板块添加内容。

19.3.1 布局设计

下面使用 Dreamweaver 布局页面，具体操作步骤如下。

❶ 启 动 Dreamweaver CS6，执行"文件"|"新建"命令，弹出"新建文档"对话框，在对话框中选择"空白页"|HTML|"无"选项，如图19-3 所示，单击"创建"按钮，新建名称为 index.htm 的空白文档。

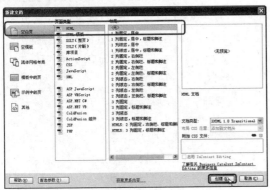

图19-3 新建文档

❷将光标置于页面中，执行"插入"|"布局对象"|"Div 标签"命令，弹出"插入 Div 标签"对话框，在对话框中的"插入"下拉

列表中选择"在开始标签之后"，在其后的下拉列表中选择 body，表示新插入的 Div 对象放置在 body 标签之后，ID 在下拉列表中输入 main，如图 19-4 所示。单击"确定"按钮，插入 #main 对象。此时在 Dreamweaver 中的效果，如图 19-5 所示。

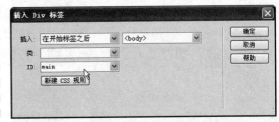

图19-4 插入#main对象

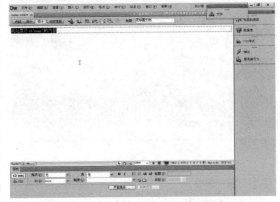

图19-5 插入#main对象效果

❸将光标置于 #main 对象之后，执行"插入"|"布局对象"|"Div 标签"命令，弹出"插入 Div 标签"对话框，在对话框中的"插

入"下拉列表中选择"在开始标签之后",在其后的下拉列表中选择 <div id="main">,表示新插入的 Div 对象放置在 #main 对象之后,在 ID 下拉列表中输入 header,如图 19-6 所示。单击"确定"按钮,插入 #header 对象。

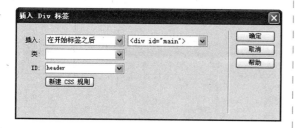

图19-6　插入#header对象

❹使用同样的方法插入其他的 Div 对象,如图 19-7 所示,上面布局的 xhtml 代码如下所示。

```
<div id="main"> 此处显示 id "main" 的内容
    <div id="header"> 此处显示 id "header" 的内容 </div>
    <div id="nav" class="box"> 此处显示 id "nav" 的内容 </div>
    <div id="cols" class="box"> 此处显示 id "cols" 的内容
        <div id="content"> 此处显示 id "content" 的内容 </div>
        <div id="aside"> 此处显示 id "aside" 的内容 </div>
    </div>
    <div id="footer-top"> 此处显示 id "footer-top" 的内容 </div>
    <div id="footer"> 此处显示 id "footer" 的内容 </div>
    <div id="footer-bottom"> 此处显示 id "footer-bottom" 的内容 </div>
</div>
```

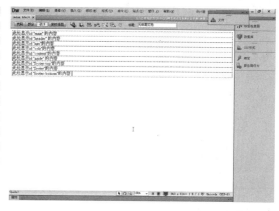

图19-7　页面布局

19.3.2　页面的通用规则

CSS 的开始部分定义页面的通用规则,通用规则对所有的选择符都起作用,这样就可以声明绝大部分标签都会涉及的属性,具体操作步骤如下。

❶单击"新建 CSS 规则"按钮,弹出"新建 CSS 规则"对话框,在"选择器名称"处输入通配符"*","规则定义"选择"新建样式表文件",如图 19-8 所示。

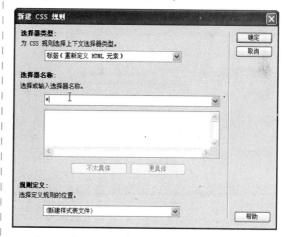

图19-8　新建通配符的CSS规则

❷单击"确定"按钮,打开"将样式表文件另存为"对话框,在对话框上输入样式名为 main.css,即可新建一个样式表文件,如图 19-9 所示。

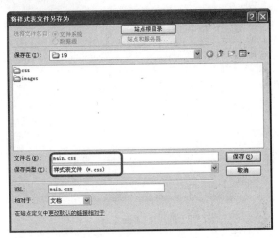

图19-9　保存main.css样式表文件

❸单击"保存"按钮，弹出"*的CSS规则定义"对话框，在对话框中选择"方框"分类，在padding和margin中设置上下左右的填充和边界都为0，如图19-10所示，这样所有元素的填充和边界都为0，其CSS代码如下所示。

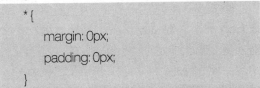

```
* {
    margin: 0px;
    padding: 0px;
}
```

❹在CSS中还可以进行其他的样式声明，下面的CSS代码是定义网页中的大部分元素的边框宽度为0。

body, div, span, p, a, img, ul, ol, li, caption, table, thead, tbody, tfoot, tr, th, td, form,

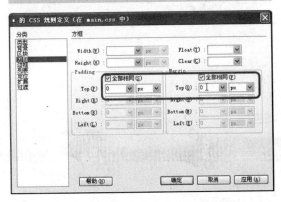

图19-10　设置通配符"*"的填充和边界

fieldset, legend, label, dl, dt, dd, blockquote, applet, object, h1, h2, h3, h4, h5 {border:0;}

❺接下来需要定义body标签的属性，在"body的CSS规则定义"对话框的"类型"分类中设置字体、大小和行高，如图19-11所示。

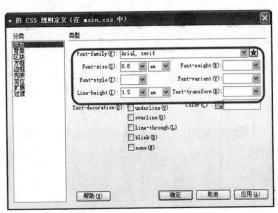

图19-11　设置body标签的字体、大小和行高

❻在"body的CSS规则定义"对话框的"背景"分类中设置背景图像的位置、背景为repeat-x，background-position(x)和background-position(y)都为0，如图19-12所示。

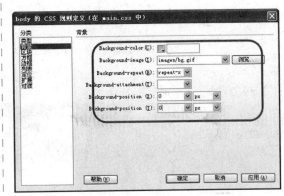

图19-12　设置body标签的背景图像

❼在"body的CSS规则定义"对话框的"方框"分类中，设置上填充和下填充为50，如图19-13所示。

330

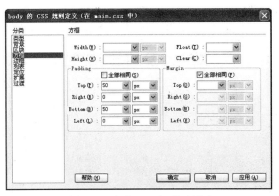

图19-13 设置body标签的填充

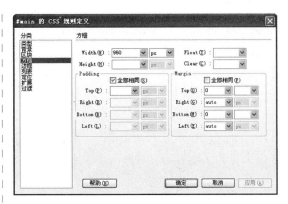

图19-14 定义#main对象样式

❽设置完整的 body 标签的 CSS 代码如下所示。

```
body {
    background-image: url(images/bg.gif);
    background-repeat: repeat-x;
    background-position: 0px 0px;
    padding-top: 50px;
    padding-right: 0px;
    padding-bottom: 50px;
    padding-left: 0px;
}
```

❾ #main 对象是一个宽为 960px 的块，定义其 CSS 样式，如图 19-14 所示，其 CSS 代码如下所示。

```
#main {width:960px; margin:0 auto; text-
align:left;}
    #header {
        position:relative;
        width:960px;
        height:200px;
        overflow:hidden;
        background-image: url(images/header.
jpg);
        background-repeat: no-repeat;
        background-position: 0 0;
```

❿此外还有其他一些通用的 CSS 规则，用于定义 h1、h2、h3、h4、h5、h6 样式，定义表格和列表的样式，其 CSS 代码如下所示。

```
h1, h2, h3, h4, h5, h6 {margin:15px 0 10px 0;}
h1 {font-size:200%;}
h2 {font-size:160%;}
h3 {font-size:140%;}
h1, h2, h3 {font-weight:normal;}
h4, h5 {font-size:100%;}
p, table, ul, ol, dl, fieldset {margin:15px 0;}
table {border-collapse:collapse; border-
spacing:0; font-size:100%;}
th {text-align:center; font-weight:bold;}
th, td {padding:3px 7px;}
ul, ol {margin-left:30px;}
ul ul, ol ol {margin:0; margin-left:20px;}
ol {list-style-type:decimal;}
li {display:list-item;}
dt {font-weight:bold;}
dd {margin-left:30px;}
fieldset {position:relative; padding:10px;}
legend {position:absolute; top:-1em;
margin:0; padding:5px 10px; font-size:100%; font-
weight:bold;}
```

19.3.3 制作#header对象部分

在 #header 对象部分，主要包括网页的 Banner 图片和网站名称，如图 19-15 所示，具体制作步骤如下。

图19-15 #header对象部分

❶首先新建一个名称为 #header 的样式，在"背景"分类中定义 #header 对象的背景图像 images/header.jpg，背景设置为 no-repeat，如图 19-16 所示。

图19-16 定义#header对象的背景

❷在"方框"分类中设置 with 和 height 分别为 960px 和 200px，如图 19-17 所示。

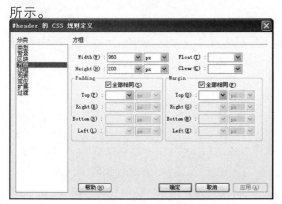

图19-17 定义#header对象的方框属性

❸在"定位"分类中设置 with 和 height 分别为 960px 和 200px，Position(P) 设置

为 relative，Overflow(F) 设置为 hidden，如图 19-18 所示。

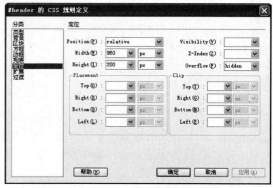

图19-18 定义#header对象的定位属性

❹上述设置的 CSS 代码如下所示，此时在 Dreamweaver 中可以看到 #header 部分的效果，如图 19-19 所示。

```
#header{
position:relative;
width:960px;
height:200px;
background:url("images/header.jpg") 0 0 no-repeat;
overflow:hidden;
}
```

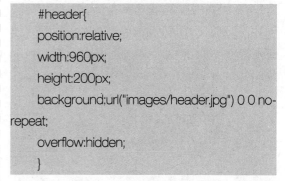

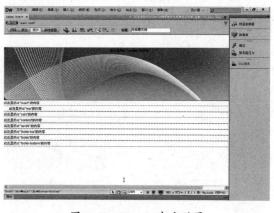

图19-19 #header部分效果

❺在 index.html 文档的"代码"视图中 <div id="header"></div 之间 > 输入如下代码显示网站的名称。

```
<div id="header">
<h1 id="logo"><a href="#"> 腾 越 科 技 ..</a></h1>
</div>
```

❻新建一个名称为 #logo 的样式，在"类型"分类中设置 Font-size 为 180 %，如图 19-20 所示。

图19-20 设置#logo样式的字体大小

❼在"定位"分类中设置 Width 为 1px，Position 设置为 absolute，Placment 中的 Top 设置为 0，Right 设置为 20px，如图 19-21 所示。

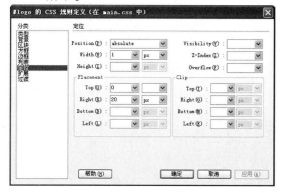

图19-21 设置#logo样式的定位属性

❽设置的 #logo 样式的 CSS 代码如下所示，此时在 Dreamweaver 中可以看到效果，如图 19-22 所示。

```
#logo {
    position:absolute;
    top:0;
    right:20px;
```

```
    margin:0;
    font-size:180%;
    font-weight:normal;
    width: 1px;
}
```

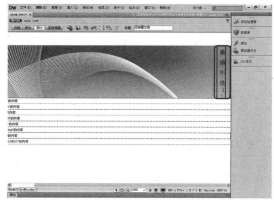

图19-22 网页效果

❾使用同样的方法设置 #logo a 和 #logo span 样式，如图 19-23 所示，其 CSS 代码如下所示。

```
#logo a
{display:block;
padding:5px 10px 0 10px;
text-decoration:none;}
#logo span
{font-weight:bold;}
```

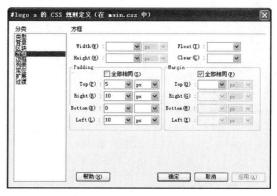

图19-23 设置#logo样式

第19章 公司宣传网站的布局

19.3.4 制作导航#nav对象部分

在 #nav 对象部分，主要包括网站的导航，这部分主要是利用无序列表 ul 来制作的，然后利用 CSS 定义列表的样式，如图 19-24 所示，具体制作步骤如下。

图19-24 网站导航#nav对象部分

❶ 在 index.html 文档的"代码"视图中，在 `<div id="nav"></div>` 之间输入如下无序列表，如图 19-25 所示。

```
<div id="nav" class="box">
 <ul>
  <li id="nav-active"><a href="#"> 首页 </a></li>
  <li><a href="#"> 关于我们 </a></li>
  <li><a href="#"> 网站建设 </a></li>
  <li><a href="#"> 网站推广 </a></li>
  <li><a href="#"> 主机域名 </a></li>
  <li><a href="#"> 联系我们 </a></li>
  <li><a href="#"> 友情链接 </a></li>
  <li><a href="#"> 解决方案 </a></li>
 </ul>
</div>
```

图19-25 输入无序列表

❷ 下面创建一个名称为 #nav 的样式，用来定义 #nav 对象的背景图像 images/nav-bottom.gif 和方框的内边距属性，如图 19-26 和图 19-27 所示。

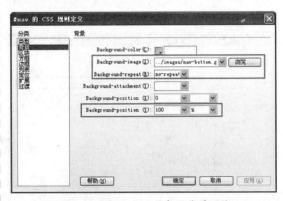

图19-26 定义#nav对象的背景图像

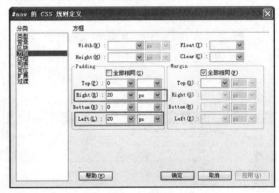

图19-27 定义#nav对象的内边距属性

❸ 定义后的 #nav 样式代码如下。

```
#nav {
padding:0 20px;
background:url("../images/nav-bottom.gif") 0 100% no-repeat;
overflow:hidden;}
```

❹ 创建一个名称为 #nav ul 的样式，用来定义无序列表的内边距 padding 和外边距 margin 都为 0，list-style-type 和 list-style-image 为 none，如图 19-28 和图 19-29 所示，其 CSS 代码如下所示。

```
#nav ul {
margin:0; padding:0;
list-style:none;}
```

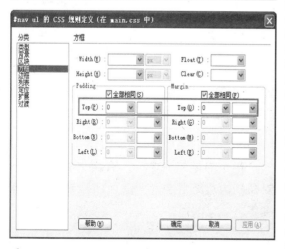

图19-28　设置#nav ul样式的padding和margin

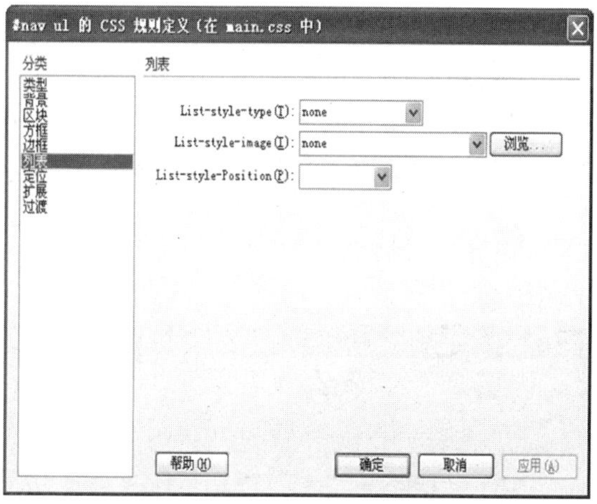

图19-29　设置#nav ul样式的列表属性

❺使用同样的方法，创建无序列表的其他样式，其CSS代码如下所示。

```
#nav ul li {display:inline; margin:0; padding:0;}
#nav ul li a {display:block; float:left;
padding:10px 14px 10px 15px;
text-decoration:underline;}
#nav ul li#nav-active a {border:0; font-weight:bold; text-decoration:none;}
#nav ul li a:hover {text-decoration:none;}
```

19.3.5　制作公司介绍和图片展示部分

公司介绍和图片展示部分放置在 #content 对象的上部，如图 19-30 所示，主要包括公司介绍文字，这部分主要是放在 #topstory-desc 对象中，图片展示部分是用来展示客户案例，这部分放在 #photos 对象中，另外还包括一个在 #topstory-img 对象中的图片，具体制作步骤如下。

图19-30　公司介绍和图片展示部分

❶新建名称为 #content 的样式表，设置 #content 对象的 width 为 650px，flat 设置为 left，定位下的 overflow 设置为 hidden，如图 19-31 和图 19-32 所示，其 CSS 代码如下所示。

```
#content {
float:left;
width:650px;
overflow:hidden;
}
```

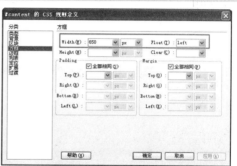

图19-31　设置#content样式的宽度和浮动方式

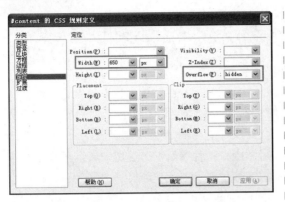

图19-32　设置#content样式的定位属性

❷在 index.html 文档的"代码"视图中，将光标放在 `<div id="content"></div>` 之间，执行"插入"|"布局对象"|"Div 标签"命令，弹出"插入 Div 标签"对话框，在对话框中的"插入"下拉列表中选择"在标签之后"，在其后的下拉列表中选择 `<div id="content">`，表示新插入的 Div 对象放置在 #content 对象之后，在 ID 下拉列表中输入 topstory，如图 19-33 示。单击"确定"按钮，插入 #topstory 对象。

图19-33　插入#topstory

❸在 #topstory 对象内再插入一个名称为 #topstory-img 的对象，如图 19-34 所示。在 #topstory-img 对象内插入一个图像，如图 19-35 所示。

图19-34　#topstory-img对象

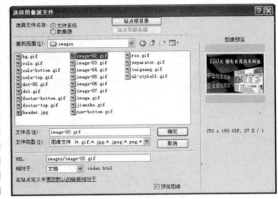

图19-35　插入图像

❹下面使用如下 CSS 代码定义 #topstory 对象的内边距、字号、图像的浮动方式、宽度等。

```
#topstory {padding:15px 0 15px 15px;}
#topstory h2 {font-size:140%;}
#topstory h2, #topstory p.info {margin:0;}
#topstory p.info {font-size:85%;}
#topstory #topstory-img {float:left; width:250px;}
```

❺在 #topstory-img 对象后再插入一个 #topstory-desc 对象，如图 19-36 所示。

图19-36　插入#topstory-desc对象

❻在 #topstory-desc 对象内，再插入一个 #topstory-title 对象，在这个对象内容输入标题文字"腾越科技，专业服务"，其代码如下所示。

```
<div id="topstory-title">
   <h2> 腾越科技，专业服务 </h2>
</div>
```

❼输入如下的代码，用于输入公司介绍文字，代码如下所示。

DIV +CSS网页样式与布局完全学习手册

```
<div id="topstory-desc-in">
    <p> 我们以技术为核心、全方位服务理念为支撑，专业从事企业网站建设和电子商务服务、
B/S 软件开发，包括企业电子商务解决方案、网站建设、网站推广及相关网络商务、办公系统。
凭借其独特的运作模式，迅速得到了全国各个城市、政府事业单位，以及广大企业用户的认可。
拥有与互联网相关的多项产品和服务。</p>
    </div>
```

❽ 下面使用 CSS 定义 #topstory-desc 对象的浮动方式为右对齐和宽度为 370 像素，如图 19-37 所示，其 CSS 代码如下所示。

```
#topstory #topstory-desc {
float:right;
width:370px;
}
```

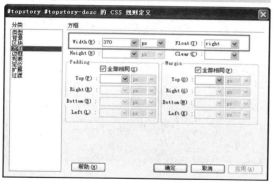

图19-37 定义#topstory-desc对象的浮动方式和宽度

❾ 下面使用 CSS 定义 # topstory-title 对象的内边距 padding 都设置为 10 像素，如图 19-38 所示，其 CSS 代码如下所示。

```
#topstory #topstory-title
{padding:10px;}
```

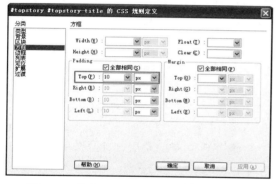

图19-38 定义# topstory-title对象的padding

❿ 下面使用 CSS 定义 # topstory-desc-in 对象的右边距都为 15 像素，如图 19-39 所示，其 CSS 代码如下所示。

```
#topstory #topstory-desc-in {padding-
right:15px;}
```

```
#topstory #topstory-desc-in p {margin-
bottom:0;}
```

⓫ 下面再插入一个 "content-padding" 对象，在这个对象中再插入图像，其代码如下所示。

```
<div class="content-padding">
    <h3 class="hx-style01 nomt"> 更多 </h3>
    <div id="photos" class="box">
        <a href="#"><img src="images/image-
03.gif" alt="" /></a>
        <a href="#"><img src="images/image-
04.gif" alt="" /></a>
        <a href="#"><img src="images/image-
05.gif" alt="" /></a>
        <a href="#"><img src="images/image-
06.gif" alt="" /></a>
        <a href="#"><img src="images/image-
07.gif" alt=""/></a>
    </div>
    </div>
```

⓬ 下面使用 CSS 定义 #content-padding 对象的内边距都设置为 15 像素，如图 19-39 所示，其 CSS 代码如下所示。

```
#content.content-padding {padding:
15px;}
```

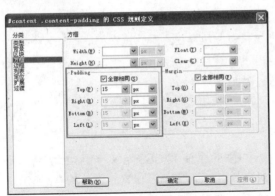

图19-39　设置#content-padding对象的内边距

⓭使用 CSS 定义 #photos 对象的下边距为 15 像素，如图 19-40 所示，其 CSS 代码如下所示。

```
#photos {margin-bottom:15px;
font-size:0;}
```

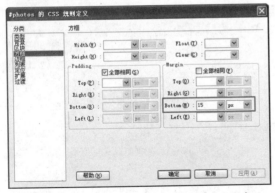

图19-40　定义#photos对象的下边距为15像素

⓮使用 #photos img 样式定义图像的样式，如图 19-41 所示，其 CSS 代码如下所示。

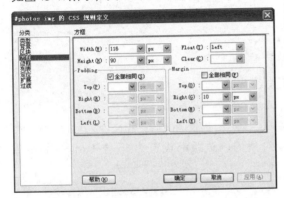

图19-41　定义图像样式

```
#photos img {display:block;
float:left;
width:116px; height:90px;
border:0;
margin-right:10px;}
```

19.3.6　制作"我们的服务"部分

"我们的服务"部分主要包括服务范围和一些技术文章，如图 19-42 所示，这些内容放在 #cols50 box 对象内，在这个对象内又分成两列，分别是 col50 和 col50-right，在左侧的 col50 部分为服务范围，在右侧的 col50-right 部分为一些技术文章，具体制作步骤如下。

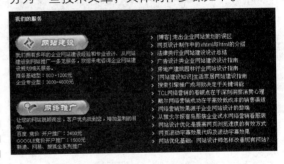

图19-42　"我们的服务"部分

❶在 index1.html 文档的"代码"视图中，将光标放在 <div id=" content-padding"></div> 之后，执行"插入"|"布局对象"|"Div 标签"命令，如图 19-43 所示，在对话框中设置"类"为 cols50 box，插入 Div。

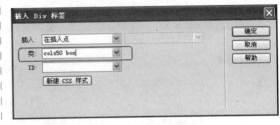

图19-43　插入Div

❷创建 .cols50 样式，在"背景"分类选项中设置背景图像和重复，以及水平和垂直位置，如图 19-44 所示。

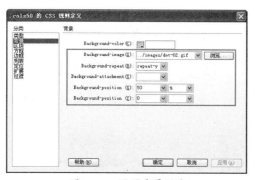

图19-44 设置背景图像

❸在刚才插入的 <Div> 内输入如下代码，显示"我们的服务"文字。

<h3 class="hx-style01 nom"> 我们的服务 </h3>

❹再插入一个 col50 的 Div，用于放置左侧的服务范围部分，如图 19-45 所示。

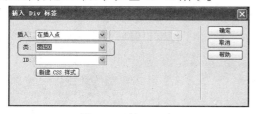

图19-45 插入col50

❺创建一个名称为 .col50 的 CSS 样式表，在"方框"属性中设置 width 为 325px，浮动方式 float 设置为 left，如图 19-46 所示，其 CSS 代码如下所示。

```
.col50 {
float:left;
width:325px;
}
```

图19-46 设置方框属性和浮动方式

❻在 col50 这个 Div 内输入如下代码用于显示服务范围内容，如图 19-47 所示。

```
<div class="col50">
<div class="article bg">
<h4><img src="images/jianshe.gif" alt="" width="174" height="37" /></h4>
<p class="info"> 我们拥有多年的企业网站建设经验和专业设计，从网站建设到网站推广一条龙服务，欢迎来电咨询企业网站建设规划相关服务。<br />
商务基础型：800～1200 元 <br />
企业专业型：3000~4800 元 </p>
</div>
<div class="article">
<h4><img src="images/tuiguang.gif" alt="" width="174" height="37" /></h4>
<p class="info">让您的网站脱颖而出，客户优先找到您，增加盈利的目的。<br />
百度 竞价 开户推广：2400 元 <br />
google 竞价开户推广：1500 元 <br />
新浪、网易、搜狐全系列推广 </p>
</div>
</div>
```

图19-47 输入代码

❼创建如下的 CSS 样式，用于定义服务范围内对象的样式。

DIV＋CSS网页样式与布局完全学习手册

```
.col50 .article {padding:15px;}
.col50 .article h4 {margin:0; margin-bottom:3px;}
.col50 .article p {margin:0;}
.col50 .article p.info {
margin:0;
margin-bottom:5px;
font-weight:normal;
font-size:85%;
}
```

❽再插入一个 col50-right 的 Div，用于放置右侧的知识文章部分，如图 19-48 所示。

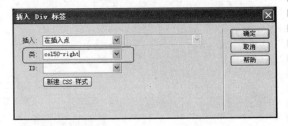

图19-48 插入col50-right

❾创建一个名称为 .col50-right 的 CSS 样式，在"方框"属性中设置 width 为 310px，浮动方式 float 设置为 left，如图 19-49 所示，其 CSS 代码如下所示。

```
.col50-right {
float:right;
width:310px;
}
```

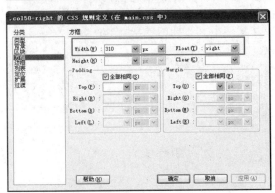

图19-49 定义.col50-right样式

❿在 col50-right 的 Div 内输入如下列表代码，用于显示知识文章，如图 19-50 所示。

```
<div class="col50-right">
    <ul class="ul-style01 box">
        <li>[ 博客 ] 走出企业网站策划的误区 </li>
        <li> 网页设计制作中的 xhtml 与 html 的介绍 </li>
        <li> 法律类行业网站建设设计总结 </li>
        <li> 广告设计类企业网站建设设计指南 </li>
        <li> 房地产建筑园林行业网站设计指南 </li>
        <li>[ 网站建设知识 ] 生活家居网站建设指南 </li>
        <li> 搜索引擎推广成与败决定于关键词 </li>
        <li>TCL 网络营销的着眼点在于深刻洞察消费心理 </li>
        <li> 戴尔网络营销成功在于高效低成本的销售渠道 </li>
        <li> 网络营销效果源于企业网站设计的弊端 </li>
        <li> 从雅戈尔报喜鸟服装企业试水网络营销看服装 </li>
        <li> 网站设计优化是提高网页浏览速度的有效方式 </li>
        <li> 网页滚动字幕效果代码及滚动字幕效果 </li>
        <li> 网站优化基础：网站设计师怎样改善现有网站？.<br /></li>
    </ul>
</div>
```

图19-50 输入列表

19.3.7 制作#aside对象部分

右侧的 #aside 对象部分主要包括"关键字查询"、"联系方式"和"我们的成功案例",如图 19-51 所示,这些内容放在 #aside 对象内,在这个对象内又分成 4 行,具体制作步骤如下。

图19-51 #aside对象部分

❶在 # aside 对象内输入如下代码,用于显示"关键字查询"标题,并且插入两个 Div。

```
<h3 class="title"> 关键字查询 </h3>
<div class="aside-padding">
    <div id="search">
    </div>
</div>
```

❷创建一个名称为 #aside 的样式,在"方框"分类中设置 width 为 300px,float 设置为 right,如图 19-52 所示,其 CSS 代码如下所示。

```
#aside {
float:right;
width:300px;
overflow:hidden;
}
```

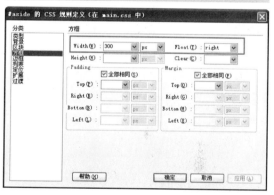

图19-52 设置#aside样式的方框属性

❸在 <div id="search"></div> 内插入一个包含文本域和按钮的表单对象,如图 19-53 所示,其代码如下所示。

```
<div id="search">
 <form action="" method="get">
<div>
<span class="noscreen">Fulltext:</span>
        <input type="text" size="30"
name="query" id="search-input" />
```

```
<input type="submit" value=" 查询 " />

</div>

</form>

</div>
```

图19-53 插入表单对象

❹使用如下 CSS 定义表单对象的样式。

```
#aside.aside-padding {padding:0 15px;}
#aside.title {margin:0; padding:10px 15px;
font-size:100%; font-weight:bold;}
#aside #search {padding:15px 0; text-
align:center;}
#aside #search #search-input {
width:170px;
padding:5px;
font:normal 100%/1.2 "arial",sans-serif;}
#aside #search #search-submit {
padding:4px 5px;
border:0;
font:bold 100%/1.2 "arial",sans-serif;}
```

❺输入如下代码显示网站的联系信息，
如图 19-54 所示。

```
<h3 class="title"> 联系方式 </h3>
    <div class="aside-padding smaller low box">
        <p> 电  话 :<strong>010-0002112</
strong><br />
        Email: <strong>si44ner</strong>@
ee.xom<br />
        <strong> 地址：北京市区海淀路 25
```

号 </strong></p>

```
    </div>
```

图19-54 网站联系信息

❻输入如下代码显示 "我们的成功案例"
标题和插入一个 Div，如图 19-55 所示。

```
<h3 class="title"> 我们的成功案例 </h3>
<div class="aside-padding">

</div>
```

图19-55 输入代码

❼在 Div 内插入一个 12 行 2 列的表格
archive，在表格内输入成功案例，其代码如
下，如图 19-56 所示。

```
<table id="archive">
    <tr>
        <td><a href="#"> 无锡实华科技开发有
限公司 </a></td>
        <td class="t-right low"><span class="hx-
style01">11. 01.2005</span></td>
    </tr>
    <tr>
        <td><a href="#"> 运光投资控股有限责
任公司 </a></td>
        <td class="t-right low"><span class="hx-
```

```
style01">12. 05.2005</span></td>
    </tr>
    <tr>
        <td><a href="#"> 山西凯旋电化有限责
任公司 </a></td>
        <td class="t-right low"><span class="hx-
style01">24.01.2008</span></td>
    </tr>
    <tr>
        <td><a href="#"> 北京博讯科技实业发
展公司 </a></td>
        <td class="t-right low"><span class="hx-
style01">30.01.2004</span></td>
    </tr>
    <tr>
        <td height="30"><a href="#"> 山东花冠
实业发展有限公司 </a></td>
        <td class="t-right low"><span
class="hx-style01">14.01.2004</span></td>
    </tr>
    <tr>
        <td><a href="#"> 煤综利电气设备有
限公司 </a></td>
        <td class="t-right low"><span
class="hx-style01">15. 06.2004</span></td>
    </tr>
    <tr>
        <td><a href="#"> 孟山都远东有限公
司（美国） </a></td>
        <td class="t-right low"><span
class="hx-style01">17. 01.2001</span></td>
    </tr>
    <tr>
        <td><a href="#"> 蒙古新宏宇股份有
限公司 </a></td>
        <td class="t-right low"><span
class="hx-style01">11. 07.2005</span></td>
```

```
    </tr>
    <tr>
        <td><a href="#">S8 发电设备有限责
任公司 </a></td>
        <td class="t-right low"><span
class="hx-style01">11. 07.2007</span></td>
    </tr>
    <tr>
        <td><a href="#"> 西北城建道桥工程
有限公司 </a></td>
        <td class="t-right low"><span
class="hx-style01">11. 05.2008</span></td>
    </tr>
    <tr>
        <td><a href="#"> 煤炭进出口集团临
汾公司 </a></td>
        <td class="t-right low"><span
class="hx-style01">06. 01.2008</span></td>
    </tr>
    <tr>
        <td><a href="#"> 西川冶金建设有限
责任公司 </a></td>
        <td class="t-right low"><span
class="hx-style01">04. 12.2007</span></td>
    </tr>
</table>
```

图19-56 插入表格输入成功案例

❽使用如下 CSS 样式定义表格和文字的
样式。

第19章 公司宣传网站的布局

#aside table#archive {margin:5px 0 10px 0; padding:0; width:270px;}

#aside table#archive a {text-decoration:none;}

#aside table#archive td {padding:3px 0;}

#aside table#archive td {background:url("../images/dot.gif") 0 100% repeat-x;}

❾输入如下代码显示"友情链接"信息，如图19-57所示。

```
<h3 class="title"> 友情联接 </h3>
<div class="aside-padding">
  <ul id="rss">
    <li><a href="#"> 源翔实业商贸 </a></li>
    <li><a href="#"> 新概念培训中 </a></li>
  </ul>
</div>
```

图19-57 "友情链接"信息

❿使用如下 CSS 代码定义友情链接部分的样式。

```
#aside ul#rss {margin:10px 0; padding:0; list-style:none;}
#aside ul#rss li {display:block; float:left; width:135px; margin:0; padding:0;}
#aside ul#rss li a {
display:block;
padding:7px 0 7px 40px;
background:url("../images/rss.gif") 0 50% no-repeat;
text-decoration:underline;
}
```

19.3.8 制作底部版权信息部分

底部版权信息部分是网站的版权信息，如图 19-58 所示，这些内容放在 3 个 Div 对象内，在中间的 Div 内放置版权文字，具体制作步骤如下。

图19-58 底部版权信息

❶底部版权信息部分的 XHTML 框架代码如下。

```
<div id="footer-top"></div>
<div id="footer">
    <p align="center">&copy; 2013 版权所有：腾越科技有限公司 </p>
</div>
<div id="footer-bottom"></div>
```

❷创建一个名称为 #footer-top 的样式，分别定义其"背景"和"方框"属性，如图 19-59 和图 19-60 所示，其 CSS 代码如下所示。

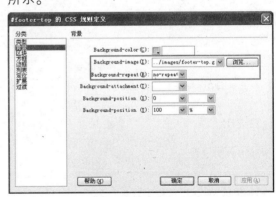

图19-59 设置背景属性

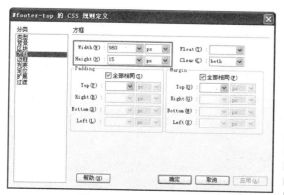

图19-60 设置方框属性

```
#footer-top {
clear:both;
width:960px;
height:15px;
background:url("../images/footer-top.gif") 0
100% no-repeat;
font-size:0;
line-height:0;
}
```

❸ 使用同样的方法创建 #footer-bottom、#footer 等样式，其 CSS 代码如下所示。

```
#footer-bottom {
clear:both;
width:960px;
height:15px;
background:url("../images/footer-bottom.gif") 0 0 no-repeat;
font-size:0;
line-height:0;
}
#footer {clear:both; padding:0 15px; font-size:85%;}
#footer p {margin:0;}
#footer a {font-weight:bold; text-decoration:none;}
#footer a:hover {text-decoration:underline;}
```

至此，整个公司网站主页制作完成。

第20章　旅游网站的设计

本章导读

　　随着经济的发展和人们生活的富裕，旅游业也飞速发展。据世界旅游组织预测，中国将成为 21 世纪全球最大的旅游市场。与此同时，旅游行业电子商务也成为旅游业乃至互联网行业的热点之一，它的赢利前景更是为业界所看好。

技术要点

- 熟悉旅游网站的设计
- 熟悉旅游网站布局设计分析
- 掌握旅游网站页面的具体制作过程

实例展示

旅游网站效果

20.1 旅游网站设计概述

随着经济的发展和人们生活的富裕，旅游业也飞速发展。据世界旅游组织预测，中国将成为21世纪全球最大的旅游市场。与此同时，旅游行业电子商务也成为旅游业乃至互联网行业的热点之一，它的赢利前景更是为业界所看好。

20.1.1 旅游网站分类

在互联网飞速发展的今天，我们又多了一个旅游的好帮手——旅游类网站。目前，我国有很多的专业旅游网站，这些网站主要分为五大类。

❶大型综合旅游网站，如携程旅行网，主要为旅游者提供包括：吃、住、行、游、购、娱等六大要素在内的全部旅游资源，提供全国各地的旅游信息查询，游客也可以直接进行网上订票订房、订线路等。如图20-1所示为携程旅行网的首页。

图20-1 大型旅游网站携程旅行网

这类旅游网站信息更丰富、经营方式更合理，游客可在网站里收集文字、图片、游记、评论，以及目的地的景点、食宿和交通等详尽的信息，还可通过链接和搜索引擎带你漫游相关网站。

❷旅行社类网站，可以提供网上线路、网上订线路、网上多家银行提供信用卡支付等服务。如图20-2所示为旅行社类网站。

图20-2 旅行社类网站

❸度假村及预定类网站，主要提供度假村的服务和设施介绍，并开辟预定业务。如图20-3所示为度假村及预定类网站。

图20-3　度假村及预定类网站

④航空公司及机票预定类网站，主要提供航班信息、机票、预定服务和其他专业服务。如图20-4所示为航空公司及机票预定类网站。

图20-4　航空公司机票预定类网站

⑤景区及地方性旅游网站，主要提供地方性旅游景点、旅游线路、服务设施等信息，有一些也涉及网上预定业务。如图20-5所示

为景区旅游网站。

图20-5　景区旅游网站

借助互联网能够解决游客行、吃、住、游、玩一体化的需求；同时还由于旅游也作为一个整体的商业生态链，涉及到旅行服务机构、酒店、景区和交通等，利用互联网可以将这些环节连成一个统一的整体，进而可以大大提高服务的水平和业务的来源。

20.1.2　页面配色分析

一想到旅游，很容易让人联想到森林、公园、海洋等，绿色、蓝色都很适合这类站点。这类站点的插图可以选择名胜古迹、风土人情等各种图片，这些图片放在网页上会给人带来憧憬。在主页顶部插入景区的风景图，一下子就能让人感觉到景区的外貌和周围的风景，吸引人的注意力。如图20-6所示为舟山旅游网站。

图20-6 舟山旅游网站

旅游网站是充满活力、色彩鲜明的网站，色彩和网站的活力，不仅仅体现在Flash、图片的多少，更多的在于怎样去把图片、色彩、动画进行合理搭配和布局。

旅游网站的图片是营造气氛的最主要手段，图片可以传递更多的信息，这种信息是无法运用一种色彩或两种色彩表现出来的。除此之外，音乐的作用也十分重要，很多旅游网站中都使用了背景音乐。这些音乐可以使视觉设计更加完美，给浏览者留下更深的印象。

20.1.3 排版构架

设计购物网站时首先要抓住商品展示的特点，合理布局各个板块，显著位置留给重点宣传栏目或经常更新的栏目，以吸引浏览者的眼球，结合网站栏目设计在主页导航上突出层次感，使浏览者渐进接受。为了将丰富的含义和多样的形式组织成统一的页面结构形式，应灵活运用各种手段，通过空间、文字、图形之间的相互关系建立整体的均衡状态，产生和谐的

美感。点、线、面相结合，充分表达完美的设计意境，使用户可以从主页获得有价值信息。如图20-7所示为页面布局图。

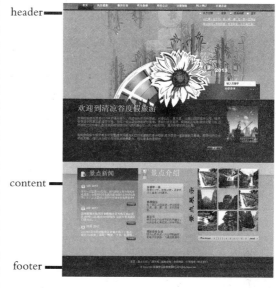

图20-7 页面布局图

本章网页的结构属于3行3列式布局。顶行用于显示header对象中的网站导航按钮和Banner信息，底部部分footer放置网站的版权信息，中间部分content分三列显示网站的主要内容。

由于本网站包含大量的图文信息内容，浏览者面对繁杂的信息如何快速地找到所需信息，是需要考虑的一个首要问题。因此页面导航在网站中非常重要。

其页面中的HTML框架代码如下所示。

```
<div id="header">
    <div id="menublank">
    <div id="menu"></div>
    </div>
<div id="headerrightblank">
    <div id="headernav"></div>
    <div id="searchblank"> </div>
    <div id="advancedsearch"></div>
    <div id="go"></div>
</div>
```

```
        <div id="bannertxtblank"></div>              <div id="projectblank">
        <div id="bannerpic"></div>                       <div id="project"></div>
    </div>                                           </div>
    <div id="content">                           </div>
        <div id="bannerbot"></div>               <div id="footer">
        <div id="contentleft"></div>                 <div id="footerlinks"></div>
        <div id="contentmid">                        <div id="copyrights"></div>
            <div id="awardtxtblank"></div>       </div>
        </div>
```

20.2　各部分设计

由上一节的分析可以看出，页面的整体框架并不复杂，下面就具体制作各个模块，制作时采用从上而下，从左到右的制作顺序。

20.2.1　页面的通用规则

CSS 的开始部分定义页面的 body 属性和一些通用规则，具体代码如下。

```
@charset "utf-8";  /* 定义网页编码，可以用到中文、韩文等所有语言编码上 */
body
    {        margin:0px;       /* 定义网页整体的外边距为 0 */
             padding:0px;      /* 定义网页整体的内边距为 0 */
             background-color:#66d2a6; /* 定义背景颜色 */
    }
h1,h2,h3,h4,h5,h6,span
    {
             margin:0px;       /* 定义网页内标题元素和行内元素的外边距为 0 */
             padding:0px;      /* 定义网页内标题元素和行内元素的内边距为 0 */
    }
```

定义完网页的整体页边距和背景颜色，以及网页内标题元素和 span 元素的边距后，页面实际效果，如图 20-8 所示。

图20-8　定义页面通用规则后的效果

20.2.2 制作网站导航部分

一般企业网站通常都将导航放置在页面的左上角，让用户一进入网站就能够看到。下面制作顶部导航部分，这部分主要放在 header 对象中的 menu 内，如图 20-9 所示。

| 首页 | 风景揽胜 | 餐饮住宿 | 娱乐保健 | 商务会议 | 出游指南 | 网上预订 | 交通信息 |

图20-9 网站导航部分

❶ 首先使用 Dreamweaver 建立一个 XHTML 文档，名称为 index1.html，在"拆分"视图中，输入如下 Div 代码建立导航部分框架，如图 20-10 所示。

```
<div id="header">
  <div id="menublank">
  <div id="menu">
  <ul>
  <li><a href="#" class="menu"> 首页 </a></li>
  <li><a href="#" class="menu"> 风景揽胜 </a></li>
  <li><a href="#" class="menu"> 餐饮住宿 </a></li>
  <li><a href="#" class="menu"> 娱乐保健 </a></li>
  <li><a href="#" class="menu"> 商务会议 </a></li>
  <li><a href="#" class="menu"> 出游指南 </a></li>
  <li><a href="#" class="menu"> 网上预订 </a></li>
  <li><a href="#" class="menu"> 交通信息 </a></li>
  </ul>
  </div>
  </div>
  </div>
```

❷ 下面定义外部 Div 的整体样式，定义完样式后的网页，如图 20-11 所示。

图20-10 建立导航部分框架

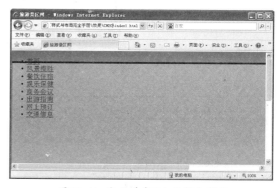

图20-11 定义外部Div的整体样式

| `#headerbg {width:100%;` | /* 定义宽度 */ |
| `height:740px;` | /* 定义高度 */ |

```
                float:left;                                          /* 定义左对齐 */
                margin:0px;                                          /* 定义外边距为 0 */
                padding:0px;                                         /* 定义内边距为 0 */
                background-image: url(images/headerbg.jpg);  /* 定义背景图片 */
                background-repeat:repeat-x;
                background-position:left top;}
#headerblank{width:1004px;                                          /* 定义宽度 */
                height:740px;                                        /* 定义高度 */
                float:none;                                          /* 定义浮动方式 */
                margin:0 auto;                                       /* 定义外边距 */
                padding:0px;                                         /* 定义内边距为 0*/    }
```

❸下面定义 header 部分的宽度、高度、浮动左对齐、边距和背景颜色样式，定义完样式后的网页，如图 20-12 所示。

```
#header     {width:1004px;                                          /* 定义宽度 */
                height:740px;                                        /* 定义高度 */
                float: left;                                         /* 定义浮动左对齐 */
                margin:0px;                                          /* 定义外边距为 0 */
                padding:0px;                                         /* 定义内边距为 0 */
                background-image: url(images/header.jpg);    /* 定义背景图片 */
                background-repeat:no-repeat;                  /* 定义背景图片不重复 */            }
```

图20-12 定义header部分的样式

❹定义导航菜单 menu 的整体外观样式，定义完样式后的网页，如图 20-13 所示。

```
#menublank{width:935px;                                             /* 定义宽度 */
                height:29px;                                         /* 定义高度 */
                float:left;                                          /* 定义浮动左对齐 */
                margin:0px;                                          /* 定义外边距为 0 */
                padding:0 0 0 69px;                                  /* 定义内边距 */}
#menu{      width:867px;                                            /* 定义宽度 */
                height:29px;                                         /* 定义高度 */
```

float:left;	/*定义浮动左对齐*/
margin:0px;	/*定义外边距为0*/
padding:0px;	/*定义内边距为0*/}

图20-13 定义导航菜单menu的整体外观样式

❺使用如下代码定义菜单内列表的样式和列表内文字的样式。定义后的实例，如图 20-14 所示。

#menu ul{width:867px;	/*定义宽度*/
height:29px;	/*定义高度*/
float:left;	/*定义浮动左对齐*/
margin:0px;	/*定义外边距为0*/
padding:0px;	/*定义内边距为0*/
display:block;	/*定义块元素*/}
#menu ul li {height:29px;	/*定义高度*/
float:left;	/*定义浮动左对齐*/
margin:0px;	/*定义外边距为0*/
padding:0px;	/*定义外内距为0*/
display:block;	/*定义块元素*/}
#menu ul li a.menu{height:25px;	/*定义高度*/
float:left;	/*定义浮动左对齐*/
margin:0px;	/*定义外边距为0*/
padding:4px 21px 0 21px;	/*定义内边距*/
font-family:Arial;	/*定义字体*/
font-size:11px;	/*定义字号*/
font-weight:bold;	/*定义文字加粗*/
color:#FFF;	/*定义颜色为白色*/
text-align:center;	/*定义元素内部文字的居中*/
text-decoration:none;	/*清除超链接的默认下划线*/}
#menu ul li a.menu:hover{height:25px;	/*定义高度*/
float:left;	/*定义浮动左对齐*/

```
margin:0px;                              /* 定义外边距为 0*/
padding:4px 21px 0 21px;                 /* 定义内边距 */
font-family:Arial;                        /* 定义字体 */
font-size:11px;                           /* 定义字号 */
font-weight:bold;                         /* 定义文字加粗 */
color:#FFF;                               /* 定义颜色为白色 */
text-align:center;                        /* 定义元素内部文字的居中 */
text-decoration:none;                     /* 清除超链接的默认下划线 */
background-image:url(images/menuover.jpg);  /* 定义背景图片 */
background-repeat:repeat-x; }             /* 定义背景图片重复 */
```

图20-14 定义菜单内列表的样式和列表内文字的样式

20.2.3　制作header右侧部分

　　header 右侧部分主要放在 header 对象中的 headerrightblank 内，包括会员注册、登录、添加收藏、留言，还有高级搜索部分，如图 20-15 所示。

　　❶首先输入如下 Div 代码建立 header 右侧部分框架，这部分主要是使用无序列表和表单来制作的，如图 20-16 所示。

图20-15 header右侧部分

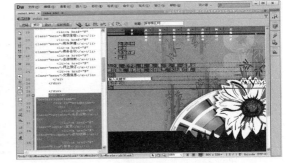

图20-16 建立header右侧部分框架

```
<div id="headerrightblank">
    <div id="headernav">
        <ul>
        <li><a href="#" class="register"> 会员注册 </a></li>
```

```
      <li><a href="#" class="login"> 登录 </a></li>
      <li><a href="#" class="bookmark"> 添加收藏 </a></li>
      <li><a href="#" class="blog"> 留言 </a></li>
    </ul>
  </div>
  <div class="headertxt"><span class="headerdecoratxt"> 山之美，在于石、
林、泉、瀑、花、草一应俱全 </span></div>
  <div class="headertxt02"><span class="headerboldtxt"></span>
<span class="headerdecoratxt"> 峡谷曲流，形势险胜，投目纵览，水比漓江清。
</span></div>
    <div id="special"></div>
    <div id="year">2013</div>
    <div id="searchblank">
    <div id="searchinput">
    <form id="form1" name="form1" method="post" action="">
    <input name="textfield" type="text" class="searchinput"
id="textfield" value=" 输入关键字 "/>
    </form>
    </div>
    <div id="advancedsearch"><a href="#" class="advancedsearch">
高级查询 </a></div>
    <div id="go"><a href="#" class="go">Go</a></div>
    </div>
  </div>
```

❷使用如下代码定义 headerrightblank 部分的宽度、浮动右对齐、外边距和内边距，定义样式后的效果，如图 20-17 所示。

```
#headerrightblank{
width:311px;                /* 定义宽度 */
        float: right;           /* 定义浮动右对齐 */
        margin:0 70px 0 0;      /* 定义外边距 */
        padding:0px;            /* 定义内边距为 0*/}
#headernav{
width:290px;                /* 定义宽度 */
        height:25px;            /* 定义高度 */
        float: right;           /* 定义浮动右对齐 */
        margin:0px;             /* 定义外边距为 0*/
        padding:0 0 0 21px;     /* 定义内边距 */}
```

❸接着定义 headernav 内无序列表的样式，定义样式后的效果，如图 20-18 所示。

图20-17　定义headerrightblank部分的整体样式

图20-18　定义headernav内无序列表的样式

```
#headernav ul{
        height:25px;          /* 定义高度 */
        float: left;          /* 定义浮动左对齐 */
        margin:0px;           /* 定义外边距为 0 */
        padding:0px;          /* 定义内边距为 0 */
        display:block;        /* 定义块元素 */}
#headernav ul li{
        height:15px;          /* 定义高度 */
        float: left;          /* 定义浮动左对齐 */
        margin:0px;           /* 定义外边距为 0 */
        padding:7px 0 0 0;    /* 定义内边距 */
        display:block;        /* 定义块元素 */}
```

❹使用如下代码定义无序列表内"会员注册"文字的样式，定义后的效果，如图 20-19 所示。

```
#headernav ul li a.register       {
        width:67px;                                      /* 定义宽度 */
        height:15px;                                     /* 定义高度 */
        float: left;                                     /* 定义浮动左对齐 */
        margin:0px;                                      /* 定义外边距为 0 */
        padding:3px 0 0 17px;                            /* 定义内边距 */
        font-family:Arial;                               /* 定义字体 */
        font-size:10px;                                  /* 定义字号 */
        color:#000;                                      /* 定义颜色为黑色 */
        text-decoration:none;                            /* 清除超链接的默认下划线 */
        background-image:url(images/registericon.jpg);   /* 定义背景图片 */
        background-repeat:no-repeat;                     /* 定义背景图片不重复 */
        background-position:left;}                       /* 定义背景图片位置 */
#headernav ul li a.register:hover{
```

```
            width:67px;                                /* 定义宽度 */
            height:15px;                               /* 定义高度 */
            float: left;                               /* 定义浮动左对齐 */
            margin:0px;                                /* 定义外边距为 0 */
            padding:3px 0 0 17px;                      /* 定义内边距 */
            font-family:Arial;                         /* 定义字体 */
            font-size:10px;                            /* 定义字号 */
            color:#000;                                /* 定义颜色为黑色 */
            text-decoration: underline;                /* 定义文字下划线 */
            background-image:url(images/registericon.jpg);  /* 定义背景图片 */
            background-repeat:no-repeat;               /* 定义背景图片不重复 */
            background-position:left;}                 /* 定义背景图片位置 */
```

图20-19 定义无序列表内"会员注册"文字的样式

❺使用如下代码定义无序列表内"登录"文字的样式，定义后的效果，如图 20-20 所示。

```
#headernav ul li a.login{
            width:41px;                                /* 定义宽度 */
            height:15px;                               /* 定义高度 */
            loat: left;                                /* 定义浮动左对齐 */
            margin:0px;                                /* 定义外边距为 0 */
            padding:3px 0 0 20px;                      /* 定义内边距 */
            font-family:Arial;                         /* 定义字体 */
            font-size:10px;                            /* 定义字号 */
            color:#000;                                /* 定义颜色为黑色 */
            text-decoration:none;                      /* 清除超链接的默认下划线 */
            background-image: url(images/login.jpg);   /* 定义背景图片 */
            background-repeat:no-repeat;               /* 定义背景图片不重复 */
            background-position:left;}                 /* 定义背景图片位置 */
#headernav ul li a.login:hover                         {
```

```
            width:41px;                              /* 定义宽度 */
            height:15px;                             /* 定义高度 */
            float: left;                             /* 定义浮动左对齐 */
            margin:0px;                              /* 定义外边距为 0 */
            padding:3px 0 0 20px;                    /* 定义内边距 */
            font-family:Arial;                       /* 定义字体 */
            font-size:10px;                          /* 定义字号 */
            color:#000;                              /* 定义颜色为黑色 */
            text-decoration: underline;              /* 定义文字下划线 */
            background-image: url(images/login.jpg); /* 定义背景图片 */
            background-repeat:no-repeat;             /* 定义背景图片不重复 */
            background-position:left;}               /* 定义背景图片位置 */
```

图20-20 定义无序列表内"登录"文字的样式

❻使用如下代码定义无序列表内"添加收藏"文字的样式，定义后的效果，如图 20-21 所示。

```
#headernav ul li a.bookmark   {
            width:62px;                                 /* 定义宽度 */
            height:15px;                                /* 定义高度 */
            float: left;                                /* 定义浮动左对齐 */
            margin:0px;                                 /* 定义外边距为 0 */
            padding:3px 0 0 21px;                       /* 定义内边距 */
            font-family:Arial;                          /* 定义字体 */
            font-size:10px;                             /* 定义字号 */
            color:#000;                                 /* 定义颜色为黑色 */
            text-decoration:none;                       /* 清除超链接的默认下划线 */
            background-image: url(images/bookmark.jpg); /* 定义背景图片 */
            background-repeat:no-repeat;                /* 定义背景图片不重复 */
            background-position:left;}                  /* 定义背景图片位置 */
#headernav ul li a.bookmark:hover{
            width:62px;                                 /* 定义宽度 */
```

```
        height:15px;                                    /* 定义高度 */
        float: left;                                    /* 定义浮动左对齐 */
        margin:0px;                                     /* 定义外边距为 0 */
        padding:3px 0 0 21px;                           /* 定义内边距 */
        font-family:Arial;                              /* 定义字体 */
        font-size:10px;                                 /* 定义字号 */
        color:#000;                                     /* 定义颜色为黑色 */
        text-decoration: underline;                     /* 定义文字下划线 */
        background-image: url(images/bookmark.jpg);     /* 定义背景图片 */
        background-repeat:no-repeat;                    /* 定义背景图片不重复 */
        background-position:left;}                      /* 定义背景图片位置 */
```

图20-21 定义无序列表内"添加收藏"文字的样式

❼使用如下代码定义无序列表内"留言"文字的样式，定义后的效果，如图 20-22 所示。

```
#headernav ul li a.blog            {
        width:35px;                                     /* 定义宽度 */
        height:15px;                                    /* 定义高度 */
        float: left;                                    /* 定义浮动左对齐 */
        margin:0px;                                     /* 定义外边距为 0 */
        padding:3px 0 0 19px;                           /* 定义内边距 */
        font-family:Arial;                              /* 定义字体 */
        font-size:10px;                                 /* 定义字号 */
        color:#000;                                     /* 定义颜色为黑色 */
        text-decoration:none;                           /* 清除超链接的默认下划线 */
        background-image: url(images/blog.jpg);         /* 定义背景图片 */
        background-repeat:no-repeat;                    /* 定义背景图片不重复 */
        background-position:left;}                      /* 定义背景图片位置 */
#headernav ul li a.blog:hover{
        width:35px;                                     /* 定义宽度 */
        height:15px;                                    /* 定义高度 */
```

```
        float: left;                              /* 定义浮动左对齐 */
        margin:0px;                               /* 定义外边距为 0 */
        padding:3px 0 0 19px;                     /* 定义内边距 */
        font-family:Arial;                        /* 定义字体 */
        font-size:10px;                           /* 定义字号 */
        color:#000;                               /* 定义颜色为黑色 */
        text-decoration: underline;               /* 定义文字下划线 */
        background-image: url(images/blog.jpg);   /* 定义背景图片 */
        background-repeat:no-repeat;              /* 定义背景图片不重复 */
        background-position:left;}                /* 定义背景图片位置 */
```

图20-22 定义无序列表内"留言"文字的样式

❽使用如下代码定义宣传文本的样式，如图 20-23 所示。

```
.headertxt{width:273px;                           /* 定义宽度 */
        float: left;                              /* 定义浮动左对齐 */
        margin:12px 0 0 0;                        /* 定义外边距 */
        padding:0 0 0 38px;                       /* 定义内边距 */
        font-family:Arial;                        /* 定义字体 */
        font-size:12px;                           /* 定义字号 */
        color:#FFF;                               /* 定义颜色为白色 */}
.headerboldtxt{font-family:Arial;                 /* 定义字体 */
        font-size:12px;                           /* 定义字号 */
        font-weight:bold;                         /* 定义文字加粗 */
        color:#FFF;                               /* 定义颜色为白色 */   }
.headerdecoratxt{font-family:Arial;               /* 定义字体 */
        font-size:12px;                           /* 定义字号 */
        color:#FFF;                               /* 定义颜色为白色 */
        text-decoration:underline;}
.headertxt02 {width:273px;                        /* 定义宽度 */
        float: left;                              /* 定义浮动左对齐 */
        margin:8px 0 0 0;                         /* 定义外边距 */
```

```
            padding:0 0 0 38px;                        /* 定义内边距 */
            font-family:Arial;                         /* 定义字体 */
            font-size:12px;                            /* 定义字号 */
            color:#FFF;                                /* 定义颜色为白色 */}
#special{width:260px;                                  /* 定义宽度 */
            float:left;                                /* 定义浮动左对齐 */
            margin:196px 0 0 0;                        /* 定义外边距 */
            padding:0 0 0 50px;                        /* 定义外边距 */
            font-family: "Arial Narrow";               /* 定义字体 */
            font-size:28px;                            /* 定义字号 */
            color:#fffd64;                             /* 定义颜色 */
            line-height:28px;}                         /* 定义行高 */
#year       {width:215px;                              /* 定义宽度 */
            float:left;                                /* 定义浮动左对齐 */
            margin:0px;                                /* 定义外边距为 0*/
            padding:0 0 0 96px;                        /* 定义内边距 */
            font-family: "Arial Black";                /* 定义字体 */
            font-size:22px;                            /* 定义字号 */
            color:#FFF;                                /* 定义颜色为白色 */
            line-height:20px;}                         /* 定义行高片 */
```

图20-23 定义宣传文本的样式

❾使用如下代码定义搜索部分的样式，如图 20-24 所示。

```
#searchblank{width:170px;                              /* 定义宽度 */
            float:left;                                /* 定义浮动左对齐 */
            margin:20px 0 0 0;                         /* 定义外边距 */
            padding:19px 0 0 140px;}                   /* 定义内边距 */
#searchinput{width:147px;                              /* 定义宽度 */
            height:22px;                               /* 定义高度 */
            float:left;                                /* 浮动左对齐 */
            margin:0px;                                /* 定义外边距为 0*/
```

```
              padding:0px;}                    /*定义内边距为0*/
.searchinput{width:139px;                       /*定义宽度*/
              height:17px;                      /*定义高度*/
              float:left;                       /*定义浮动左对齐*/
              margin:0px;                       /*定义外边距为0*/
              padding:5px 0 0 10px;             /*定义内边距*/
              font-family:Arial;                /*定义字体*/
              font-size:10px;                   /*定义字号*/
              color:#000;                       /*定义颜色为黑色*/  }
#advancedsearch{width:115px;                    /*定义宽度*/
              float:left;                       /*定义浮动左对齐*/
              margin:0px;                       /*定义外边距为0*/
              padding:8px 0 0 3px;             /*定义内边距*/
              font-family:Arial;                /*定义字体*/
              font-size:11px;                   /*定义字号*/
              font-weight:bold;                 /*定义文字加粗*/
              color:#FFF;                       /*定义颜色为白色*/   }
.advancedsearch{font-family:Arial;              /*定义字体*/
              font-size:11px;                   /*定义字号*/
              font-weight:bold;                 /*定义文字加粗*/
              color:#FFF;                       /*定义颜色为白色*/
              text-decoration:none;             /*清除超链接的默认下划线*/}
.advancedsearch:hover{font-family:Arial;        /*定义字体*/
              font-size:11px;                   /*定义字号*/
              font-weight:bold;                 /*定义文字加粗*/
              color:#FFF;                       /*定义颜色为白色*/
              text-decoration: underline;       /*定义文字下划线*/}
```

图20-24　使用如下代码定义搜索部分的样式

⑩使用如下代码定义 go 搜索按钮的样式，如图 20-25 所示。

```
#go          { width:31px;                      /*定义宽度*/
```

```
                 height:18px;                              /* 定义高度 */
                 float:left;                               /* 定义浮动左对齐 */
                 margin:8px 0 0 0;                         /* 定义外边距 */
                 padding:0px;}                             /* 定义内边距 */
.go              {width:26px;                              /* 定义宽度 */
                 height:16px;                              /* 定义高度 */
                 float:left;                               /* 定义浮动左对齐 */
                 margin:0px;                               /* 定义外边距为 0 */
                 padding:2px 0 0 5px;                      /* 定义内边距 */
                 font-family:Arial;                        /* 定义字体 */
                 font-size:10px;                           /* 定义字号 */
                 color:#e1d300;                            /* 定义颜色 */
                 text-decoration:none;                     /* 清除超链接的默认下划线 */
                 background-image:url(images/gobutton.jpg);
                 background-repeat:no-repeat;              /* 定义背景图片不重复 */}
.go:hover{width:26px;                                      /* 定义宽度 */
                 height:16px;                              /* 定义高度 */
                 float:left;                               /* 浮动左对齐 */
                 margin:0px;                               /* 定义外边距为 0 */
                 padding:2px 0 0 5px;                      /* 定义内边距 */
                 font-family:Arial;                        /* 定义字体 */
                 font-size:10px;                           /* 定义字号 */
                 color:#e1d300;                            /* 定义颜色 */
                 text-decoration:none;                     /* 清除超链接的默认下划线 */
                 background-image:url(images/gobutton.jpg);/* 定义背景图片 */
                 background-repeat:no-repeat;              /* 定义背景图片不重复 */}
```

图20-25 定义go搜索按钮的样式

20.2.4 制作欢迎部分

欢迎部分主要放在 header 对象中的 bannertxtblank 内,包括欢迎文字信息,如图 20-26 所示。

❶首先输入如下 Div 代码建立欢迎部分框架，如图 20-27 所示。可以看到没有定义网页样式，网页比较乱。

图20-26 欢迎部分

图20-27 输入Div代码建立欢迎部分框架

```
<div id="bannertxtblank">
    <div id="bannerheading">
    <h2> 欢迎到清凉谷度假旅游 </h2>
    </div>
    <div id="bannertxt">
    <p> 度假村坐落在落差 62.5 米的瀑布脚下，凭借 90% 的森林覆盖，桃源仙谷、黑龙潭、云蒙山国家森林公园、精灵谷等诸多风景区的清爽怀抱，构成一处如诗如画的绝妙佳境。度假村拥有套房、标准间百余套，独体别墅六栋，日接待能力 350 余人，配有能同时容纳 350 人的大宴会厅、大小包间 7 间、露天用餐的河边长廊。</p>
    <p><span class="bannertxt"> 独特的纯实木俄罗斯乡村别墅建筑风格与大红灯笼镶嵌的亭台楼阁，成为京郊一道靓丽的风景线。度假村经过 18 年的发展，现已成为密云西线旅游规模最大、档次最高的度假村。</span></p>
    </div>
    <div id="bannermore"><a href="#" class="bannermore"> 更多 </a></div>
</div>
```

❷定义 bannertxtblank 对象的整体外观样式，如图 20-28 所示。

```
# bannertxtblank{
width:707px;                              /* 定义宽度 */
        height:233px;                     /* 定义高度 */
        float:left;                       /* 定义浮动左对齐 */
        margin:0px;                       /* 定义外边距为 0*/
        padding:63px 0 0 69px;}           /* 定义内边距 */
```

图20-28 定义bannertxtblank对象的整体外观样式

❸ 使用如下代码定义标题文字的样式，如图 20-29 所示。

```
#bannerheading{
        width:687px;                              /* 定义宽度 */
        height:37px;                              /* 定义高度 */
        float:left;                               /* 定义浮动左对齐 */
        margin:0px;                               /* 定义外边距为 0 */
        padding:0px;                              /* 定义内边距为 0 */
        font-family: Arial;                       /* 定义字体 */
        font-size:36px;                           /* 定义字号 */
        color:#e9e389;}                           /* 定义颜色 */
#bannerheading h2{
        width:687px;                              /* 定义宽度 */
        height:37px;                              /* 定义高度 */
        float:left;                               /* 定义浮动左对齐 */
        margin:0px;                               /* 定义外边距为 0 */
        padding:0px;                              /* 定义内边距为 0 */
        font-family: Arial;                       /* 定义字体 */
        font-size:36px;                           /* 定义字号 */
        color:#e9e389;}                           /* 定义颜色 */
```

图20-29 定义标题文字的样式

❹ 使用如下代码定义段落文字的样式，如图 20-30 所示。

```
#bannertxt{width:687px;                           /* 定义宽度 */
        float:left;                               /* 定义浮动左对齐 */
        margin:23px 0 0 0;                        /* 定义外边距 */
        padding:0px;                              /* 定义内边距为 0 */
        font-family: Arial;                       /* 定义字体 */
        font-size:14px;                           /* 定义字号 */
        color:#b8b8b8;}                           /* 定义颜色 */
#bannertxt p{width:687px;                         /* 定义宽度 */
        float:left;                               /* 定义浮动左对齐 */
```

```
            margin:0px;                              /*定义外边距为 0*/
            padding:0px;                             /*定义内边距为 0*/
            font-family: Arial;                      /*定义字体*/
            font-size:14px;                          /*定义字号*/
            color:#b8b8b8;}                          /*定义颜色*/
        .bannertxt{float:left;                       /*定义浮动左对齐*/
            padding:31px 0 0 0;                      /*定义内边距*/
            font-family: Arial;                      /*定义字体*/
            font-size:14px;                          /*定义字号*/
            color:#98d2ba;}                          /*定义颜色*/
```

图20-30 定义段落文字的样式

⑤使用如下代码定义"更多"按钮的样式,如图 20-31 所示。

```
        #bannermore{width:687px;                     /*定义宽度*/
            float:left;                              /*定义浮动左对齐*/
            margin:23px 0 0 0;                       /*定义外边距*/
            padding:0px;                             /*定义内边距为 0*/
            font-family: Arial;                      /*定义字体*/
            font-size:14px;                          /*定义字号*/
            color:#b8b8b8;}                          /*定义颜色*/
        .bannermore{width:74px;                      /*定义宽度*/
            height:20px;                             /*定义高度*/
            float: right;                            /*定义浮动右对齐*/
            margin:0px;                              /*定义外边距为 0*/
            padding:4px 0 0 0;                       /*定义内边距*/
            font-family: Arial;                      /*定义字体*/
            font-size:11px;                          /*定义字号*/
            color:#FFF;                              /*定义颜色为白色*/
            text-align:center;                       /*定义元素内部文字的居中*/
            text-decoration:none;                    /*清除超链接的默认下划线*/
            background-image:url(images/morebutton.jpg);
```

```
        background-repeat:no-repeat;                    /* 定义背景图片不重复 */}
.bannermore:hover{width:74px;                           /* 定义宽度 */
        height:20px;                                    /* 定义高度 */
        float: right;                                   /* 定义浮动右对齐 */
        margin:0px;                                     /* 定义外边距为 0 */
        padding:4px 0 0 0;                              /* 定义内边距 */
        font-family: Arial;                             /* 定义字体 */
        font-size:11px;                                 /* 定义字号 */
        color:#FFF;                                     /* 定义颜色为白色 */
        text-align:center;                              /* 定义元素内部文字的居中 */
        text-decoration:none;                           /* 清除超链接的默认下划线 */
        background-image: url(images/morebuttonover.jpg);
        background-repeat:no-repeat;                    /* 定义背景图片不重复 */}
```

图20-31 定义"更多"按钮的样式

❻使用如下代码定义右侧展示图片的样式，如图 20-32 所示。

```
#bannerpic{width:159px;                                 /* 定义宽度 */
        height:170px;                                   /* 定义高度 */
        float:left;                                     /* 定义浮动左对齐 */
        margin:69px 0 0 0;                              /* 定义外边距 */
        padding:0px;                                    /* 定义内边距为 0 */
        background-image:url(images/bannerpic.jpg);
        background-repeat:no-repeat;                    /* 定义背景图片不重复 */}
```

图20-32 定义右侧展示图片的样式

20.2.5　制作景点新闻部分

景点新闻部分主要放在 content 对象中的 contentleft 内，包括景点新闻信息，如图 20-33 所示。

❶首先输入如下 Div 代码建立景点新闻部分框架，这部分主要是利用 Div 来制作的，如图 20-34 所示。

```
<div id="contentleft">
  <div id="newsheading">
    <h3> 景点新闻 </h3>
  </div>
  <div id="newstxtbg">
  <div id="newsboldtxt">5 月 2013</div>
  <div class="newstxt"> 休闲一日套票 188 元 / 位。度假村蔬菜全部为有机绿色蔬菜，由度假
村绿色蔬菜基地提供各种绿色蔬菜。30 人以上的团体，度假村可派专车免费接送！ <br/>
  </div>
  <div class="morenewsbutton"><a href="#" class="morenews">more</a></div>
  <div id="newsboldtxt02">4 月 2013</div>
    <div class="newstxt"><span class="boldtxt"> 清明假期开始周末和假期公交专线车直达景区，
时间 6~8 点，地点 980 站院内，往返车票和景区门票 80 元。</span>i.<br/>
  </div>
  <div class="morenewsbutton"><a href="#" class="morenews">more</a></div>
  <div id="newsboldtxt03">10 月 2012</div>
  <div class="newstxt"><span class="boldtxt">2012 年 9 月 15 日开始景区采摘开始了；地点：景
区 500 米处；品种：鸭梨、大枣、板栗等。</span><br/>
  </div>
  <div class="morenewsbutton"><a href="#" class="morenews">more</a></div>
  </div>
</div>
```

图20-33　景点新闻部分

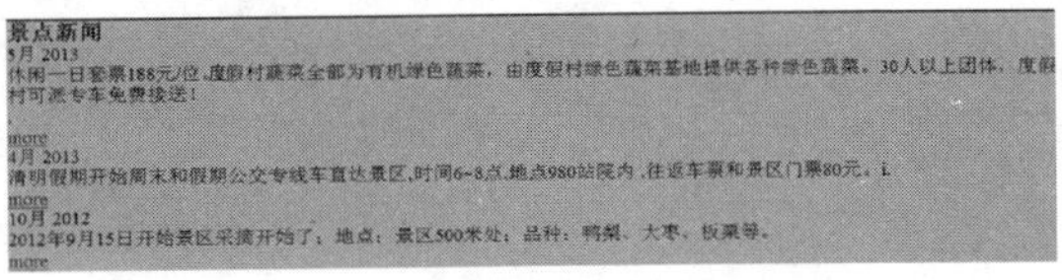

图20-34　景点新闻部分Div框架

❷使用如下代码定义 content 部分的整体外观样式，如图 20-35 所示。

```
#contentbg{width:100%;                              /* 定义宽度 */
    float:left;                                     /* 定义浮动左对齐 */
    margin:0px;                                     /* 定义外边距为 0*/
    padding:0px;                                    /* 定义内边距为 0*/
    background-image:url(images/contentbg.jpg);
    background-repeat:repeat-x;                     }
#contentblank{width:1004px;                         /* 定义宽度 */
    float: none;
    margin:0 auto;                                  /* 定义外边距 */
    padding:0px;}                                   /* 定义内边距为 0*/
#content{width:1004px;                              /* 定义宽度 */
    float:left;                                     /* 定义浮动左对齐 */
    margin:0px;                                     /* 定义外边距为 0*/
    padding:0px;}                                   /* 定义内边距为 0*/
```

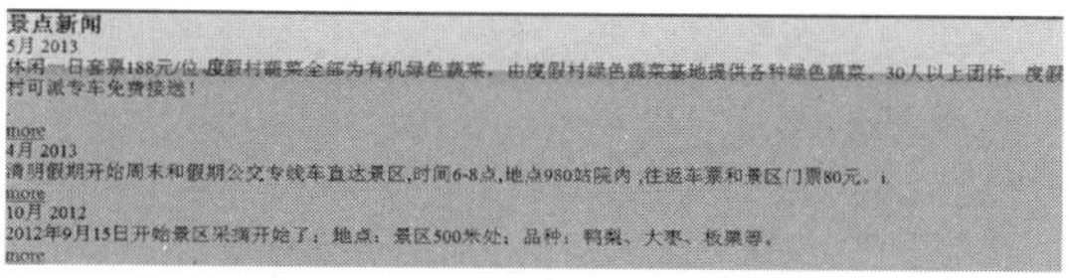

图20-35 定义content部分的整体外观样式

❸使用如下代码定义 contentleft 对象的宽度、浮动左对齐、外边距和内边距，如图 20-36 所示。

```
#contentleft{width:285px;                           /* 定义宽度 */
    float:left;                                     /* 定义浮动左对齐 */
    margin:0px;                                     /* 定义外边距为 0*/
    padding:28px 0 59px 69px;}                      /* 定义内边距 */
```

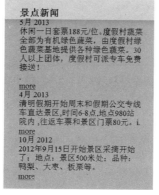

图20-36 定义contentleft对象的样式

❹ 使用如下代码定义"景点新闻"文字的样式，如图 20-37 所示。

```
#newsheading{width:230px;                              /* 定义宽度 */
        height:48px;                                   /* 定义高度 */
        float:left;                                    /* 定义浮动左对齐 */
        margin:0px;                                    /* 定义外边距为 0*/
        padding:10px 0 0 55px;                         /* 定义内边距 */
        background-image:url(images/newsheading.jpg);
        background-repeat:no-repeat;                   /* 定义背景图片不重复 */}
#newsheading h3{width:230px;                           /* 定义宽度 */
        float:left;                                    /* 定义浮动左对齐 */
        margin:0px;                                    /* 定义外边距为 0*/
        padding:0px;                                   /* 定义内边距为 0*/
        font-family:Arial;                             /* 定义字体 */
        font-size:29px;                                /* 定义字号 */
        font-weight:normal;
        color:#FFF;                                    /* 定义颜色为白色 */  }
```

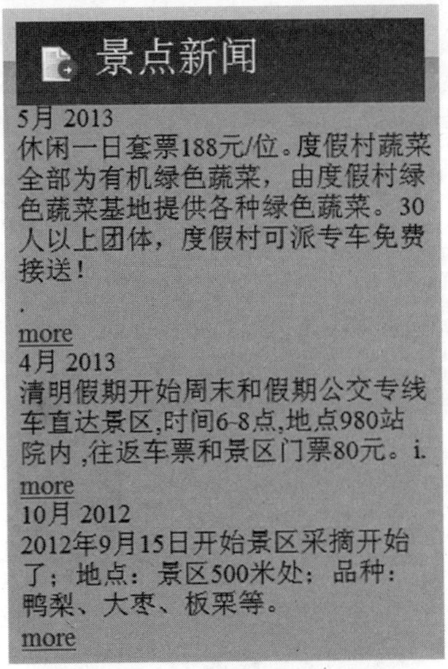

图20-37 定义"景点新闻"文字的样式

❺ 使用如下代码定义新闻正文内容和新闻日期的样式，如图 20-38 所示。

```
#newstxtbg{width:266px;                                /* 定义宽度 */
        height:275px;                                  /* 定义高度 */
        float:left;                                    /* 定义浮动左对齐 */
        margin:0px;                                    /* 定义外边距 0*/
        padding:19px 0 0 19px;                         /* 定义内边距 */
```

```
          background-image: url(images/newsbg.jpg);
          background-repeat:no-repeat;                              /* 定义背景图片不重复 */}
#newsboldtxt{width:242px;                                          /* 定义宽度 */
          height:19px;                                             /* 定义高度 */
          float:left;                                              /* 定义浮动左对齐 */
          margin:0px;                                              /* 定义外边距为 0*/
          padding:0 0 0 24px;                                      /* 定义外边距 */
          font-family:Arial;                                       /* 定义字体 */
          font-size:13px;                                          /* 定义字号 */
          font-weight: bold;                                       /* 定义文字加粗 */
          color:#f4ff79;                                           /* 定义颜色 */
          background-image:url(images/numicon.jpg);                /* 定义背景图片 */
          background-repeat:no-repeat;                             /* 定义背景图片不重复 */
          background-position:left;                                /* 定义背景图片位置 */}
#newsboldtxt02{width:242px;                                        /* 定义宽度 */
          height:19px;                                             /* 定义高度 */
          float:left;                                              /* 定义浮动左对齐 */
          margin:4px 0 0 0;                                        /* 定义外边距 */
          padding:0 0 0 24px;                                      /* 定义内边距 */
          font-family:Arial;                                       /* 定义字体 */
          font-size:13px;                                          /* 定义字号 */
          font-weight: bold;                                       /* 定义文字加粗 */
          color:#f4ff79;                                           /* 定义颜色 */
          background-image:url(images/numicon02.jpg);              /* 定义背景图片 */
          background-repeat:no-repeat;                             /* 定义背景图片不重复 */
          background-position:left;                                /* 定义背景图片位置 */}
#newsboldtxt03{width:242px;                                        /* 定义宽度 */
          height:19px;                                             /* 定义高度 */
          float:left;                                              /* 定义浮动左对齐 */
          margin:0px;                                              /* 定义外边距为 0*/
          padding:0 0 0 24px;                                      /* 定义内边距 */
          font-family:Arial;                                       /* 定义字体 */
          font-size:13px;                                          /* 定义字号 */
          font-weight: bold;                                       /* 定义文字加粗 */
          color:#f4ff79;                                           /* 定义颜色 */
          background-image:url(images/numicon03.jpg);
          background-repeat:no-repeat;                             /* 定义背景图片不重复 */
```

DIV+CSS网页样式与布局完全学习手册

background-position:left;	/* 定义背景图片位置 */;}
.newstxt{width:256px;	/* 定义宽度 */
float:left;	/* 定义浮动左对齐 */
margin:9px 0 0.0;	/* 定义外边距 */
padding:0px;	/* 定义内边距为 0*/
font-family:Arial;	/* 定义字体 */
font-size:11px;	/* 定义字号 */
font-weight: normal;	/* 定义文字正常粗细 */
color:#d5f4d2;}	/* 定义颜色 */
.boldtxt{font-family:Arial;	/* 定义字体 */
font-size:11px;	/* 定义字号 */
font-weight: bold;	/* 定义文字加粗 */
color:#d5f4d2;}	/* 定义颜色 */

图20-38 定义新闻正文内容和新闻日期的样式

❻使用如下代码定义 more 按钮的样式，如图 20-39 所示。

.morenewsbutton{width:256px;	/* 定义宽度 */
height:15px;	/* 定义高度 */
float: left;	/* 定义浮动左对齐 */
margin:0px;	/* 定义外边距为 0*/
padding:0px;}	/* 定义内边距为 0*/
.morenews{width:36px;	/* 定义宽度 */
height:15px;	/* 定义高度 */
float: right;	/* 定义浮动右对齐 */
margin:0px;	/* 定义外边距为 0*/
padding:0 0 0 8px;	/* 定义内边距 */
font-family:Arial;	/* 定义字体 */

```
        font-size:10px;                                    /* 定义字号 */
        color:#FFF;                                        /* 定义颜色为白色 */
        text-decoration:none;                              /* 清除超链接的默认下划线 */
        background-image:url(images/morenews.jpg);         /* 定义背景图片 */
        background-repeat:no-repeat;                       /* 定义背景图片不重复 */}.
morenews:hover{width:36px;                                 /* 定义宽度 */
        height:15px;                                       /* 定义高度 */
        float: right;                                      /* 定义浮动右对齐 */
        margin:0px;                                        /* 定义外边距为 0*/
        padding:0 0 0 8px;                                 /* 定义外边距 */
        font-family:Arial;                                 /* 定义字体 */
        font-size:10px;                                    /* 定义字号 */
        color:#FFF;                                        /* 定义颜色为白色 */
        text-decoration:none;                              /* 清除超链接的默认下划线 */
        background-image: url(images/morenewsover.jpg);
        background-repeat:no-repeat;                       /* 定义背景图片不重复 */}
```

图20-39　定义more按钮的样式

20.2.6　制作景点介绍部分

景点介绍部分主要放在 content 对象中的 contentleft 内，包括景点介绍信息，如图 20-40 所示。

❶首先输入如下 Div 代码建立景点介绍部分框架，如图 20-41 所示。

图20-40 景点介绍部分

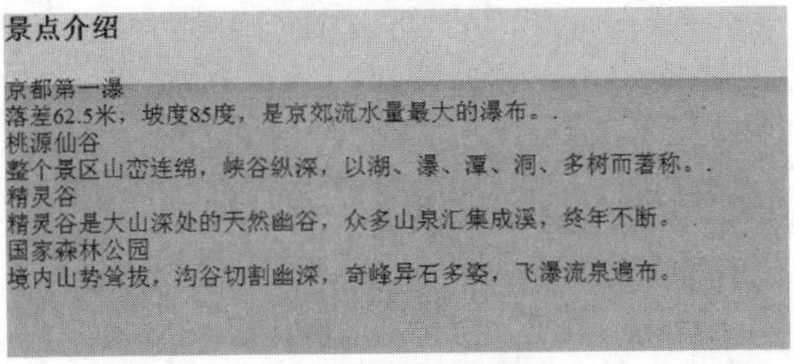

图20-41 建立景点介绍部分框架

```
<div id="contentmid">
  <div id="awardheading">
   <h3> 景点介绍 <br />
    <span class="headingtxt">Mauris sed magna non </span></h3>
  </div>
  <div id="awardtxtblank">
    <div class="awardtxt">
   <div class="awardboldtxt"> 京都第一瀑 </div>
   <div class="awardnormaltxt"> 落差 62.5 米，坡度 85 度，是京郊流水量最大的瀑布。</div>
    </div>
    <div class="awardtxt02">
   <div class="awardboldtxt"> 桃源仙谷 </div>
    <div class="awardnormaltxt"> 整个景区山峦连绵，峡谷纵深，以湖、瀑、潭、洞、多树而
著称。.</div>
     </div>
    <div class="awardtxt02">
   <div class="awardboldtxt"> 精灵谷 </div>
    <div class="awardnormaltxt"> 精灵谷是大山深处的天然幽谷，众多山泉汇集成溪，终年不
断。</div>
     </div>
    <div class="awardtxt02">
   <div class="awardboldtxt"> 国家森林公园 </div>
    <div class="awardnormaltxt"> 境内山势耸拔，沟谷切割幽深，奇峰异石多姿，飞瀑流泉遍
布。</div>
     </div>
    </div>
  </div>
```

❷使用如下代码定义 contentmid 对象的整体外观样式，如图 20-42 所示。

```
#contentmid{ width:204px;                              /* 定义宽度 */
        float:left;                                    /* 定义浮动左对齐 */
        margin:0 0 0 12px;                             /* 定义外边距 */
        padding:28px 0 0 0;}                           /* 定义内边距 */
```

❸使用如下代码定义 "景点介绍" 文字的样式，如图 20-43 所示。

```
#awardheading{width:158px;                              /* 定义宽度 */
        height:57px;                                    /* 定义高度 */
        float:left;                                     /* 定义浮动左对齐 */
        margin:0px;                                     /* 定义外边距为 0 */
        padding:4px 0 10px 46px;                        /* 定义内边距 */
        font-family:Arial;                              /* 定义字体 */
        font-size:35px;                                 /* 定义字号 */
        color:#FFF;                                     /* 定义颜色为白色 */
        background-image:url(images/awardheading.jpg);  /* 定义背景图片 */
        background-repeat:no-repeat;                    /* 定义背景图片不重复 */}
#awardheading h3{width:158px;                           /* 定义宽度 */
        float:left;                                     /* 定义浮动左对齐 */
        margin:0px;                                     /* 定义外边距为 0 */
        padding:0px;                                    /* 定义内边距为 0 */
        font-family:Arial;                              /* 定义字体 */
        font-size:35px;                                 /* 定义字号 */
        font-weight:normal;
        color:#FFF;                                     /* 定义颜色为白色 */              }
```

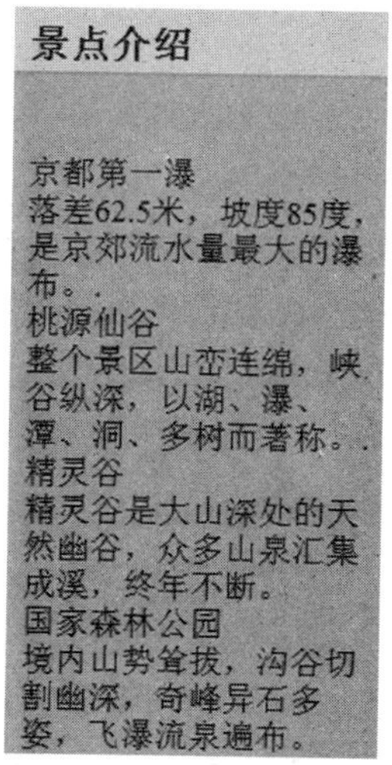

图20-42 定义contentmid对象的整体外观样式

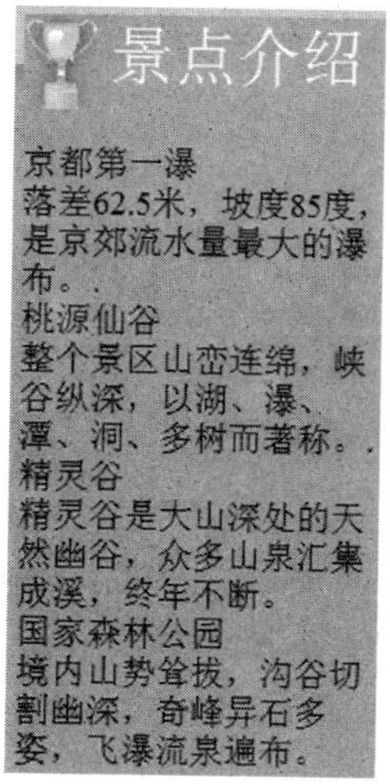

图20-43 定义 "景点介绍" 文字的样式

④使用如下代码定义正文文字的样式，如图 20-44 所示。

```
.headingtxt  {font-family:Arial;                              /* 定义字体 */
             font-size:13px;                                  /* 定义字号 */
             color:#FFF;                                      /* 定义颜色为白色 */
             line-height:13px;}                               /* 定义行高 */
#awardtxtblank{width:194px;                                   /* 定义宽度 */
             float:left;                                      /* 定义浮动左对齐 */
             margin:0px;                                      /* 定义外边距为 0*/
             padding:0 0 0 10px;}                             /* 定义内边距 */.
awardtxt{width:174px;                                         /* 定义宽度 */
             height:54px;                                     /* 定义高度 */
             float:left;                                      /* 定义浮动左对齐 */
             margin:0px;                                      /* 定义外边距为 0*/
             padding:12px 0 0 20px;                           /* 定义内边距 */
             background-image:url(images/awardtxtbg.jpg);
             background-repeat:no-repeat;                     /* 定义背景图片不重复 */}.
awardtxt:hover{width:174px;                                   /* 定义宽度 */
             height:54px;                                     /* 定义高度 */
             float:left;                                      /* 定义浮动左对齐 */
             margin:0px;                                      /* 定义外边距为 0*/
             padding:12px 0 0 20px;                           /* 定义内边距 */
             background-image:url(images/awardtxtbg02.jpg);
             background-repeat:no-repeat;                     /* 定义背景图片不重复 */}
             height:54px;                                     /* 定义高度 */
             float:left;                                      /* 定义浮动左对齐 */
             margin:3px 0 0 0;                                /* 定义外边距 */
             padding:12px 0 0 20px;                           /* 定义内边距 */
             background-image:url(images/awardtxtbg02.jpg);
             background-repeat:no-repeat;                     /* 定义背景图片不重复 */}.
awardtxt02:hover{width:174px;                                 /* 定义宽度 */
             height:54px;                                     /* 定义高度 */
             float:left;                                      /* 定义浮动左对齐 */
             margin:3px 0 0 0;                                /* 定义外边距 */
             padding:12px 0 0 20px;                           /* 定义内边距 */
             background-image:url(images/awardtxtbg.jpg);
             background-repeat:no-repeat;                     /* 定义背景图片不重复 */}.
awardboldtxt{width:174px;                                     /* 定义宽度 */
```

float:left;	/* 定义浮动左对齐 */
margin:0px;	/* 定义外边距为 0 */
padding:0px;	/* 定义内边距为 0 */
font-family:Arial;	/* 定义字体 */
font-size:11px;	/* 定义字号 */
font-weight:bold;	/* 定义文字加粗 */
color:#c24b1c;	/* 定义颜色 */}
.awardnormaltxt{width:174px;	/* 定义宽度 */
float:left;	/* 定义浮动左对齐 */
margin:0px;	/* 定义外边距为 0 */
padding:0px;	/* 定义内边距为 0 */
font-family:Arial;	/* 定义字体 */
font-size:10px;	/* 定义字号 */
color:#2f6d54;	/* 定义颜色 */}

图20-44 定义正文文字的样式

20.2.7 制作景点展示部分

景点展示部分主要放在 content 对象中的 projectblank 内，包括景点展示图片，如图20-45 所示。

图20-45 景点展示部分

❶首先输入如下 Div 代码建立景点展示部分框架，这部分主要是插入 div 和无序列表来实现的。

```
<div id="projectblank">
<div id="project">
 <div id="projectgallery">
  <div id="project-pic"><a href="#" class="project-pic"></a></div>
  <div id="project-pic02"><a href="#" class="project-pic02"></a></div>
  <div id="project-pic03"><a href="#" class="project-pic03"></a></div>
  <div id="project-pic04"><a href="#" class="project-pic04"></a></div>
  <div id="project-pic05"><a href="#" class="project-pic05"></a></div>
  <div id="project-pic06"><a href="#" class="project-pic06"></a></div>
  <div id="project-pic07"><a href="#" class="project-pic07"></a></div>
  <div id="project-pic08"><a href="#" class="project-pic08"></a></div>
  <div id="project-pic09"><a href="#" class="project-pic09"></a></div>
 </div>
 <div id="paging">
   <ul>
   <li><a href="#" class="prev">Previous</a></li>
   <li><a href="#" class="num">1</a></li><li class="sap"></li>
   <li><a href="#" class="num">2</a></li><li class="sap"></li>
   <li><a href="#" class="num">3</a></li><li class="sap"></li>
   <li><a href="#" class="num">4</a></li><li class="sap"></li>
   <li><a href="#" class="num">5</a></li><li class="sap"></li>
   <li><a href="#" class="num">6</a></li><li class="sap"></li>
   <li><a href="#" class="num">7</a></li><li class="sap"></li>
   <li><a href="#" class="num">8</a></li><li class="sap"></li>
   <li><a href="#" class="num">9</a></li>
   <li><a href="#" class="next">next</a></li>
   </ul>
   </div>
  </div>
</div>
```

❷使用如下代码定义 projectblank、project 和 projectgallery 部分的整体样式，如图 20-46 所示。

```
#projectblank{
```

```
        width:365px;                                    /* 定义宽度 */
        height:352px;                                   /* 定义高度 */
        float:left;                                     /* 定义浮动左对齐 */
        margin:0px;                                     /* 定义外边距为 0*/
        padding:28px 0 0 0;}                            /* 定义内边距 */#project{
        width:365px;                                    /* 定义宽度 */
        height:352px;                                   /* 定义高度 */
        float:left;                                     /* 定义浮动左对齐 */
        margin:0px;                                     /* 定义外边距为 0*/
        padding:0px;                                    /* 定义内边距为 0*/
        background-image:url(images/projectsbg.jpg);    /* 定义背景图片 */
        background-repeat:no-repeat;                    /* 定义背景图片不重复 */}
#projectgallery{
        width:296px;                                    /* 定义宽度 */
        height:295px;                                   /* 定义高度 */
        float:left;                                     /* 定义浮动左对齐 */
        margin:0 0 0 69px;                              /* 定义外边距 */
        padding:0px;}                                   /* 定义内边距为 0*/
```

❸使用如下代码定义展示的 9 幅图片样式，如图 20-47 所示。

```
#project-pic{width:93px;height:93px;float:left;       margin:0 0 6px 0;
    padding:0px;}
.project-pic{width:93px;height:93px;float:left;       margin:0px;          padding:0px;
background-image:url(images/proje-pic.jpg);       background-repeat:no-repeat;}
.project-pic:hover{    width:93px;           height:93px;float:left;       margin:0px;
padding:0px;background-image:url(images/proje-pic.jpg);
background-repeat:no-repeat;}
#project-pic02{        width:93px;           height:93px;float:left;       margin:0 6px 6px 6px;
                padding:0px;}
.project-pic02{        width:93px;           height:93px;float:left;       margin:0px;padding:0px;
                background-image:url(images/proje-pic02.jpg);
        background-repeat:no-repeat;}
.project-pic02:hover{width:93px;height:93px;float:left;       margin:0px;
                padding:0px;background-image:url(images/proje-pic02.jpg);
                background-repeat:no-repeat;}
#project-pic03{        width:93px;           height:93px;float:left;       margin:0 0 6px 0;
```

```
                                                      padding:0px;}
.project-pic03{          width:93px;          height:93px;float:left;          margin:0px;
                  padding:0px;background-image:url(images/proje-pic03.jpg);
                  background-repeat:no-repeat;}
.project-pic03:hover{width:93px;height:93px;float:left;          margin:0px;
                  padding:0px;background-image:url(images/proje-pic03.jpg);
                  background-repeat:no-repeat;}
#project-pic04{          width:93px;          height:93px;float:left;          margin:0 0 6px 0;
                  padding:0px;}
.project-pic04{          width:93px;          height:93px;float:left;          margin:0px;
                  padding:0px;background-image: url(images/proje-pic-04.jpg);
                  background-repeat:no-repeat;}
.project-pic04:hover{width:93px;height:93px;float:left;          margin:0px;
                  padding:0px;background-image: url(images/proje-pic-04.jpg);
                  background-repeat:no-repeat;}
#project-pic05{          width:93px;          height:93px;float:left;          margin:0 6px 6px 6px;
                  padding:0px;}
.project-pic05{          width:93px;          height:93px;float:left;          margin:0px;
                  padding:0px;background-image:url(images/proje-pic05.jpg);
                  background-repeat:no-repeat;}
.project-pic05:hover{width:93px;height:93px;float:left;          margin:0px;
                  padding:0px;background-image:url(images/proje-pic05.jpg);
                  background-repeat:no-repeat;}
#project-pic06{          width:93px;          height:93px;float:left;          margin:0 0 6px 0;
                  padding:0px;}
.project-pic06{          width:93px;          height:93px;float:left;          margin:0px;
                  padding:0px;background-image:url(images/proje-pic06.jpg);
                  background-repeat:no-repeat;}
.project-pic06:hover{width:93px;height:93px;float:left;          margin:0px;
              padding:0px;background-image:url(images/proje-pic06.jpg);
                  background-repeat:no-repeat;}
#project-pic07{          width:93px;          height:93px;float:left;          margin:0px;
padding:0px; }
```

```
.project-pic07{          width:93px;          height:93px;float:left;          margin:0px;
          padding:0px;background-image:url(images/proje-pic07.jpg);
          background-repeat:no-repeat;}
.project-pic07:hover{width:93px;height:93px;float:left;          margin:0px;
          padding:0px;background-image:url(images/proje-pic07.jpg);
          background-repeat:no-repeat;}
#project-pic08{          width:93px;          height:93px; float:left;margin:0 6px 6px 6px;
          padding:0px;}
.project-pic08{          width:93px;          height:93px;float:left;          margin:0px;padding:0px;
          background-image:url(images/proje-pic08.jpg);
          background-repeat:no-repeat;}
.project-pic08:hover{width:93px;height:93px;float:left;          margin:0px;
padding:0px;background-image:url(images/proje-pic08.jpg);
          background-repeat:no-repeat;}
#project-pic09{width:93px;          height:93px;float:left;          margin:0px;
     padding:0px;}
.project-pic09{          width:93px;          height:93px;float:left;          margin:0px;
          padding:0px;background-image:url(images/proje-pic09.jpg);
          background-repeat:no-repeat;}
.project-pic09:hover{width:93px;height:93px;float:left;          margin:0px;
          padding:0px;background-image:url(images/proje-pic09.jpg);
          background-repeat:no-repeat;}
```

图20-46　定义整体样式

图20-47　定义展示的9幅图片整体样式

❹ 使用如下代码定义页码的样式，如图 20-48 所示。

```
#paging{width:294px;                              /* 定义宽度 */
        height:26px;                              /* 定义高度 */
        float:left;                               /* 定义浮动左对齐 */
        margin:17px 0 0 70px;                     /* 定义外边距 */
```

```
                padding:0px;                                    /* 定义内边距为 0 */
                background-image:url(images/paging.jpg);
                background-repeat: no-repeat;}
#paging ul{width:294px;                                         /* 定义宽度 */
                height:26px;                                    /* 定义高度 */
                float:left;                                     /* 定义浮动左对齐 */
                margin:0px;                                     /* 定义外边距为 0 */
                padding:0px;                                    /* 定义内边距为 0 */
                display:block;                                  /* 定义块元素 */}
#paging ul li{height:26px;                                      /* 定义高度 */
                float:left;                                     /* 定义浮动左对齐 */
                margin:0px;                                     /* 定义外边距为 0 */
                padding:0px;                                    /* 定义内边距为 0 */
                display:block;                                  /* 定义块元素 */ }
#paging ul li.sap{width:1px;                                    /* 定义宽度 */
                height:24px;                                    /* 定义高度 */
                float:left;                                     /* 定义浮动左对齐 */
                margin:1px 0 0 0;                               /* 定义外边距 */
                padding:0px;                                    /* 定义内边距为 0 */
                word-spacing:0px;
                background-image:url(images/pagingsap.jpg);
                background-repeat:no-repeat;                    /* 定义背景图片不重复 */}
#paging ul li a.prev{height:20px;                               /* 定义高度 */
                float:left;                                     /* 定义浮动左对齐 */
                margin:0px;                                     /* 定义外边距为 0 */
                padding:6px 9px 0 13px;                         /* 定义内边距 */
                font-family:Arial;                              /* 定义字体 */
                font-size:11px;                                 /* 定义字号 */
                font-weight:bold;                               /* 定义文字加粗 */
                color:#000;                                     /* 定义颜色为黑色 */
                text-align:center;                              /* 定义元素内部文字的居中 */
                text-decoration:none;                           /* 清除超链接的默认下划线 */}
#paging ul li a.prev:hover{height:26px;                         /* 定义高度 */
                float:left;                                     /* 定义浮动左对齐 */
                margin:0px;                                     /* 定义外边距为 0 */
                padding:6px 9px 0 13px;                         /* 定义内边距 */
                font-family:Arial;                              /* 定义字体 */
                font-size:11px;                                 /* 定义字号 */
```

```
            font-weight:bold;                      /* 定义文字加粗 */
            color:#000;                            /* 定义颜色为黑色 */
            text-align:center;                     /* 定义元素内部文字的居中 */
            text-decoration:none;                  /* 清除超链接的默认下划线 */}
#paging ul li a.num{height:17px;                   /* 定义高度 */
            float:left;                            /* 定义浮动左对齐 */
            margin:1px 0 0 0;                      /* 定义外边距 */
            padding:6px 6px 0 6px;                 /* 定义内边距 */
            font-family:Arial;                     /* 定义字体 */
            font-size:11px;                        /* 定义字号 */
            font-weight:bold;                      /* 定义文字加粗 */
            color:#1c7650;                         /* 定义颜色 */
            text-align:center;                     /* 定义元素内部文字的居中 */
            text-decoration:none;                  /* 清除超链接的默认下划线 */}
#paging ul li a.num:hover{height:17px;             /* 定义高度 */
            float:left;                            /* 定义浮动左对齐 */
            margin:1px 0 0 0;                      /* 定义外边距 */
            padding:6px 6px 0 6px;                 /* 定义内边距 */
            font-family:Arial;                     /* 定义字体 */
            font-size:11px;                        /* 定义字号 */
            font-weight:bold;                      /* 定义文字加粗 */
            color:#d44d2f;                         /* 定义颜色 */
            text-align:center;                     /* 定义元素内部文字的居中 */
            text-decoration:none;                  /* 清除超链接的默认下划线 */
            background-color:#daf2e1;}             /* 定义背景颜色 */
#paging ul li a.numlast{height:17px;               /* 定义高度 */
            float:left;                            /* 定义浮动左对齐 */
            margin:1px 0 0 0;                      /* 定义外边距 */
            padding:6px 0 0 6px;                   /* 定义内边距 */
            font-family:Arial;                     /* 定义字体 */
            font-size:11px;                        /* 定义字号 */
            font-weight:bold;                      /* 定义文字加粗 */
            color:#1c7650;                         /* 定义颜色 */
            text-align:center;                     /* 定义元素内部文字的居中 */
            text-decoration:none;                  /* 清除超链接的默认下划线 */}
#paging ul li a.numlast:hover{height:17px;         /* 定义高度 */
            float:left;                            /* 定义浮动左对齐 */
            margin:1px 0 0 0;                      /* 定义外边距 */
```

```
                padding:6px 0 0 6px;                    /* 定义内边距 */
                font-family:Arial;                      /* 定义字体 */
                font-size:11px;                         /* 定义字号 */
                font-weight:bold;                       /* 定义文字加粗 */
                color:#d44d2f;                          /* 定义颜色 */
                text-align:center;                      /* 定义元素内部文字的居中 */
                text-decoration:none;                   /* 清除超链接的默认下划线 */
                background-color:#daf2e1;}              /* 定义背景颜色 */
    #paging ul li a.next{height:20px;                   /* 定义高度 */
                float:left;                             /* 定义浮动左对齐 */
                margin:0px;                             /* 定义外边距 */
                padding:6px 13px 0 10px;                /* 定义内边距 */
                font-family:Arial;                      /* 定义字体 */
                font-size:11px;                         /* 定义字号 */
                font-weight:bold;                       /* 定义文字加粗 */
                color:#000;                             /* 定义颜色为黑色 */
                text-align:center;                      /* 定义元素内部文字的居中 */
                text-decoration:none;                   /* 清除超链接的默认下划线 */}
#paging ul li a.next:hover{height:20px;                 /* 定义高度 */
                float:left;                             /* 定义浮动左对齐 */
                margin:0px;                             /* 定义外边距 */
                padding:6px 10px 0 10px;                /* 定义内边距 */
                font-family:Arial;                      /* 定义字体 */
                font-size:11px;                         /* 定义字号 */
                font-weight:bold;                       /* 定义文字加粗 */
                color:#000;                             /* 定义颜色为黑色 */
                text-align:center;                      /* 定义元素内部文字的居中 */
                text-decoration:none;                   /* 清除超链接的默认下划线 */}
```

图20-48　定义页码的样式

20.2.8 制作底部版权部分

底部版权部分主要放在 footer 对象中的 footerlinks 和 copyrights 内，包括底部导航和版权文字信息，如图 20-49 所示。

❶ 首先输入如下 Div 代码建立底部版权部分框架，如图 20-50 所示。

```
<div id="footerbg">
 <div id="footerblank">
  <div id="footer">
   <div id="footerlinks"><a href="#" class="footerlinks"> 首页 </a>|景点介绍|门票价格|旅游指南|<a href="#" class="footerlinks"> 旅游线路 </a>|交通指南|联系我们 </div>
   <div id="copyrights">©Copyright 京清凉谷旅游度假村 All Rights Reserved.</div>
  </div>
 </div>
</div>
```

图20-49 底部版权部分　　　　图20-50 建立底部版权部分框架

❷ 使用如下 CSS 代码定义 footer 部分的整体样式，如图 20-51 所示。

```
#footerbg{width:100%;                    /* 定义宽度 */
        height:126px;                    /* 定义高度 */
        float:left;                      /* 定义浮动左对齐 */
        margin:0px;                      /* 定义外边距为 0*/
        padding:0px;                     /* 定义内边距为 0*/
        background-image: url(images/footerbg.jpg);
        background-repeat:repeat-x;}
#footerblank{width:1004px;               /* 定义宽度 */
        height:126px;                    /* 定义高度 */
        float: none;
```

```
            margin:0 auto;                              /*定义外边距*/
            padding:0px;}                               /*定义内边距为0*/
#footer{width:1004px;                                   /*定义宽度*/
        height:126px;                                   /*定义高度*/
        float: left;                                    /*定义浮动左对齐*/
        margin:0px;                                     /*定义外边距为0*/
        padding:0px;}                                   /*定义内边距为0*/
```

图20-51　定义footer部分的整体样式

❸使用如下 CSS 代码定义导航文字的样式，如图 20-52 所示。

```
#footerlinks{width:1004px;                              /*定义宽度*/
             float: left;                               /*定义浮动左对齐*/
             margin:20px 0 0;                           /*定义外边距*/
             padding:0px;                               /*定义内边距为0*/
             font-family:Arial;                         /*定义字体*/
             font-size:11px;                            /*定义字号*/
             color:#c8c8c8;                             /*定义颜色*/
             text-align:center;                         /*定义元素内部文字的居中*/}
.footerlinks{font-family:Arial;                         /*定义字体*/
             font-size:11px;                            /*定义字号*/
             color:#c8c8c8;                             /*定义颜色*/
             text-align:center;                         /*定义元素内部文字的居中*/
             text-decoration:none;                      /*清除超链接的默认下划线*/
             padding:0 3px 0 3px;}                      /*定义内边距*/
.footerlinks:hover{font-family:Arial;                   /*定义字体*/
             font-size:11px;                            /*定义字号*/
             color:#c8c8c8;                             /*定义颜色*/
             text-align:center;                         /*定义元素内部文字的居中*/
             text-decoration: underline;                /*定义文字下划线*/
             padding:0 3px 0 3px;}                      /*定义内边距*/
```

图20-52　定义导航文字的样式

❹使用如下 CSS 代码定义版权文字的样式，如图 20-53 所示。

```
#copyrights {width:1004px;                          /* 定义宽度 */
        float: left;                                /* 定义浮动左对齐 */
        margin:10px 0 0;                            /* 定义外边距 */
        padding:0px;                                /* 定义内边距为 0*/
        font-family:Arial;                          /* 定义字体 */
        font-size:11px;                             /* 定义字号 */
        color:#ade6a7;                              /* 定义颜色 */
        text-align:center;                          /* 定义元素内部文字的居中 */}
```

图20-53 定义版权文字的样式

第21章　购物网站布局

本章导读

　　在全球网络化的今天，网上购物已经成为各商家新的利润增长点，它为客户提供了基础购物平台及后台管理、维护、商品管理、配送、结算等，完全让客户自理。客户可根据自身特点增加相应的支付、配送、结算、仓储管理等增强功能。网上购物同样也为商家有效地利用资金提供了帮助，而且通过网络来宣传产品，覆盖面广、购物时间没有限制。本章就来介绍购物网站的布局设计。

技术要点

- 熟悉购物网站的设计
- 熟悉购物网站布局设计分析
- 掌握购物网站页面的具体制作过程

实例展示

购物网站效果

21.1 购物网站设计概述

当今世界，电子商务的发展非常迅速，形成了一个发展潜力巨大的市场，具有诱人的发展前景。通过网络实现的商业销售额正在以成十倍的速度增长，电子商务的启动，首先将大大促进供求双方的经济活动，极大地减少交易费用和交通运输的负担，提高企业的整体经济效益和参与世界市场的竞争能力。同时也将有力地带动一批信息产业和信息服务的发展，促进经济结构的调整。

21.1.1 购物网站概念

购物网站是电子商务网站的一种基本形式。电子商务在我国一开始出现的概念是电子贸易。电子贸易的出现，简化了交易手续，提高了交易效率，降低了交易成本，很多企业竞相效仿。按电子商务的交易对象可分成4类。

● 企业对消费者的电子商务（BtoC）。一般以网络零售业为主，例如，经营各种书籍、鲜花、计算机等商品。BtoC就是商家与顾客之间的商务活动，它是电子商务的一种主要的商务形式，商家可以根据自己的实际情况，根据自己发展电子商务的目标。选择所需的功能系统，组成自己的电子商务网站。如图21-1所示为当当网就是典型的BtoC网站。

图21-1 当当网

● 企业对企业的电子商务（BtoB），一般以信息发布为主，主要是建立商家之间的桥梁。BtoB就是商家与商家之间的商务活动，它也是电子商务的一种主要的商务形式，BtoB商务网站是实现这种商务活动的电子平台。商家可以根据自己的实际情况，根据自己发展电子商务的目标，选择所需的功能系统，组成自己的电子商务网站。如图21-2所示的阿里巴巴网站就是BtoB网站。

图21-2 阿里巴巴网站

● 企业对政府的电子商务（BtoG）。BtoG是通过互联网处理两者之间的各项事物。政府与企业之间的各项事物都可以涵盖在此模式中，如政府机构通过互联网进行工程的招投标和政府采购；政府利用电子商务方式实施对企业行政事务的管理，如管理条例发布，以及企业与政府之间各种手续的报批；政府利用电子商务方式发放进出口许可证，为企业通过网络办理交税、报关、出口退税、商检等业务。如图21-3所示为政府采购网。

图21-3 政府采购网

● 消费者对消费者的电子商务（CtoC），如一些二手市场、跳蚤市场等都是消费者对消费者个人的交易。如图21-4所示的58同城就是典型的消费者对消费者的电子商务。

图21-4 58同城网站

21.1.2 购物网站的功能要点

网上购物这种新型的购物方式已经吸引了很多购物者的注意。购物网站应该能够随时让顾客参与购买，商品介绍更详细、更全面。要达到这样的网站水平就要使网站中的商品有秩序、科学化的分类，便于购买者查询。把网页制作得更加美观，来吸引大批的购买者。

1. 分类体系

一个好的购物网站除了需要销售好的商品之外，更要有完善的分类体系来展示商品。所有需要销售的商品都可以通过相应的文字和图片来说明。分类目录可以运用一级目录和二级目录相配合的形式来管理商品，顾客可以通过单击商品类别名称来了解这类的所有商品信息。

2. 购物车

对于很多顾客来讲，当他们从众多的商品信息中结束采购时，恐怕已经不清楚自己采购的东西了。所以他们更需要能够在网上商店中的某个页面存放所采购的商品，并能够计算出所有商品的总价格。购物车就能够帮助顾客通过存放购买商品的信息，将它们列在一起，并提供商品的总共数目和价格等功能，更方便顾客进行统一的管理和结算。

3. 信用卡支付

既然在网上购买商品，顾客自然就希望能够通过网络直接付款。这种电子支付正受到人们更多的关注。

4. 安全问题

网上购物网需要涉及很多安全性问题，如密码、信用卡号码及个人信息等。如何将这些问题处理得当是十分必要的。目前有许多公司或机构能够提供安全认证，如 SSL 证书。通过这样的认证过程，可以使顾客认为比较敏感的信息得到保护。

5. 顾客跟踪

在传统的商品销售体系中，对于顾客的跟踪是比较困难的。如果希望得到比较准确的跟踪报告，则需要投入大量的精力。网上购物网站解决这些问题就比较容易了。通过顾客对网站的访问情况和提交表单中的信息，可以得到很多更加清晰的顾客情况报告。

6. 商品促销

在现实购物过程中，人们更关心的是正在销售的商品，尤其是价格。通过网上购物网站中将商品进行管理和推销，使顾客很容易地了解商品的信息。

21.2　购物网站设计分析

虽然购物网站设计形式和布局各种各样，但是也有很多共同之处。下面就总结一下这些共同的特点。

21.2.1　大信息量的页面

购物网站中最为重要的就是商品信息，如何在一个页面中安排尽可能多的内容，往往影响着访问者对商品信息的获得。在常见的购物网站中，大部分都采用超长的页面布局，以此来显示大量的商品信息。如图 21-5 所示的网站页面长度超过 3 屏，信息量超大。

21.2.2　页面结构设计合理

设计购物网站时首先要抓住商品展示的特点，合理布局各个板块，显著位置留给重点宣传栏目或经常更新的栏目，以吸引浏览者的眼球，结合网站栏目设计在主页导航上突出层次感，使浏览者渐进接受。

为了将丰富的含义和多样的形式组织成统一的页面结构形式，应灵活运用各种手段，通过空间、文字、图形之间的相互关系建立整体的均衡状态，产生和谐的美感。点、线、面相结合，充分表达完美的设计意境，使用户可以从主页获得有价值信息。如图 21-6 所示的页面结构布局合理。

图21-5　大信息量的页面

图21-6 页面结构布局合理

21.2.3 完善的分类体系

一个好的购物网站除了需要大量的商品之外，更要有完善的分类体系来展示商品。所有需要销售的商品都可以通过相应的文字和图片来说明。分类目录可以运用一级目录和二级目录相配合的形式来管理商品，顾客可以通过单击商品的名称来阅读它的简单描述和价格等信息。

如图 21-7 所示的网页左侧有完善的一级、二级分类，访问者可以快速查找到所需商品分类。

21.2.4 商品图片的使用

图片的应用使网页更加美观、生动，而且图片更是展示商品的一种重要手段，有很多文字无法比拟的优点。使用清晰、色彩饱满、质

量良好的图片可增强消费者对商品的信任感、引发购买欲望。在购物网站中展示商品最直观、有效的方法是使用图片。如图 21-8 所示的购物网站使用了大量图片展示商品。

图21-7 完善的分类体系

图21-8 使用大量图片展示商品

21.3　购物网站配色与架构

网站给人的第一印象是网站的色彩，因此确定网站的色彩搭配是相当重要的一步。一般来说，一个网站的标准色彩不应超过3种，太多则让人眼花缭乱。

21.3.1　购物网站配色

购物网站的色彩设计并没有任何限制，艳丽的色彩或淡雅的色调都可以在网站中使用。可将商品内容、商品分类和消费者共性作为网站色彩设计的切入点。只要与结构设计结合严谨，都可以做到独特的风格。一般可选择稳重、明快的配色方案，并根据不同的商品类别和消费者定位来选取主题色。在结构上可以根据不同的主题，采用具有针对性的页面框架结构。

21.3.2　排版构架

设计购物网站时首先要抓住商品展示的特点，合理布局各个板块，显著位置留给重点宣传栏目或经常更新的栏目，以吸引浏览者的眼球，结合网站栏目设计在主页导航上突出层次感，使浏览者渐进接受。为了将丰富的含义和多样的形式组织成统一的页面结构形式，应灵活运用各种手段，通过空间、文字、图形之间的相互关系建立整体的均衡状态，产生和谐的美感。点、线、面相结合，充分表达完美的设计意境，使用户可以从主页获得有价值的信息。如图 21-9 所示为页面布局图。

图21-9　页面布局图

本章网页的结构属于3行3列式布局。顶行用于显示 #header 对象中的网站 Logo 和网站导航按钮，底部放置网站的版权信息，中间分3列显示网站的主要内容。

其页面中的 HTML 框架代码如下所示。

```
<div id="header">
  <iframe src="header.html" height="155px" width="960px"
    frameborder="0"></iframe>
</div>
<!-- 网站中间内容开始 -->
<div id="main">
    <div class="dd_index_top_adver"><img src="images/dd_index_top_adver.jpg"
    alt=" 通栏广告图片 "/></div>
    <!-- 左侧菜单开始 -->
    <div id="catList">
      <!-- 推荐分类 -->
```

```
        </div>
        <!-- 图书商品分类结束 -->
    </div>
    <!-- 左侧菜单结束 -->
    <!-- 中间部分开始 -->
    <div id="content">
        <!-- 轮换显示的横幅广告图片 -->
        <div class="scroll_top"></div>
            <div class="scroll_mid"> <img
src="images/dd_scroll_2.jpg"
        alt=" 轮换显示的图片广告 " id="dd_scroll"/>
        </div>
        <div class="scroll_end"></div>
        <!-- 最新上架开始 -->
```

```
    <div class="book_sort">
    </div>
        <!-- 重点关注 -->
        <div class="book_sort">
        </div>
        <!-- 中间部分结束 -->
        <!-- 右侧部分开始 -->
    <div id="silder">
    </div>
        <!-- 右侧部分结束 -->
    </div>
    <!-- 网站版权部分开始 -->
    <div id="footer">
    </div>
```

21.4 各部分设计

对主页和内容进行详细的布局分析后，接下来就可以进行网页的具体设计了。

21.4.1 定义页面通用规则

首先制作一个 global.css 文件，用来存放各个页面都使用的通用 CSS 规则，代码如下所示。

```
@charset "gb2312";
body{margin:0px;                        /*定义外边距为 0*/
    padding:0px;                        /*定义内边距为 0*/
    font-size:12px;                     /*定义字号*/
    line-height:20px;                   /*定义行高*/
    color:#333; }                       /*定义颜色*/
ul,li,ol,h1,dl,dd{list-style:none;
    margin:0px;                         /*定义外边距为 0*/
    padding:0px;                        /*定义内边距为 0*/}
a{ color:#333333;                       /*定义颜色*/
    text-decoration: none;              /*清除超链接的默认下划线 */}
a:hover{color:#333333;                  /*定义颜色*/
    text-decoration:underline;          /*定义下划线 */}
img{border:0px;}                        /*定义图片边框为 0*/
.blue{color:#1965b3;                    /*定义颜色*/
```

text-decoration:none;	/* 清除超链接的默认下划线 */}
.blue:hover{color:#1965b3;	/* 定义颜色 */
text-decoration:underline;	/* 定义下划线 */}
#header,#main,#footer{width:960px;	/* 定义宽度 */
margin:0px auto 0px auto;	/* 定义外边距 */
clear:both;	/* 清楚浮动 */
float:none;}	/* 不浮动 */
	/* 网页版权部分样式开始 */
.footer_top{ width:800px;	/* 定义宽度 */
margin:0px auto 0px auto;	/* 定义外边距 */
clear:both;	/* 清楚浮动 */
text-align:center;	/* 定义元素内部文字的居中 */}
.footer_top{color:#9B2B0F;}	/* 定义颜色 */
.footer_dull_red,.footer_dull_red:hover{	
color:#9B2B0F;	/* 定义颜色 */
margin:0px 8px 0px 8px;	/* 定义外边距 */
}	
/* 网页版权部分样式结束 */	

21.4.2　制作网站header部分

　　网站 header 部分主要是网站的导航部分，主要包括网站的 Logo 和二级导航，以及搜索文本框，如图 21-10 所示，具体操作步骤如下。

图21-10　网站header部分

　❶首先制作顶部的 header_top 部分，这部分主要是顶部的会员登录和注册，以及购物车内容，如图 21-11 所示。

```
<div class="header_top">
<div class="header_top_left"> 您好！欢迎光临图书商城网
[<a href="login.html" target="_parent"> 登录 </a>|
<a href="register.html" target="_parent"> 免费注册 </a>]</div>
 <div class="header_top_right">
 <ul>
   <li><a href="#" target="_self"> 帮助 </a></li>
```

```
    <li>|</li>
    <li onmouseover="myddang_show('dd_menu_top_down')"
onmouseout="myddang_hidden('dd_menu_top_down')">
<a href="#" target="_self"> 我的图书商城 </a>
<img src="images/dd_arrow_down.gif" alt="arrow" />
    <div id="dd_menu_top_down">
    <a href="#" target="_self"> 我的订单 </a><br />
    <a href="#" target="_self"> 账户余额 </a><br />
    <a href="#" target="_self"> 购物礼券 </a><br />
    <a href="#" target="_self"> 我的会员积分 </a><br />
    </div>
    </li>
    <li>|</li>
    <li><a href="#" target="_self"> 团购 </a></li>
    <li>|</li>
    <li><a href="#" target="_self"> 礼品卡 </a></li>
    <li>|</li>
    <li><a href="#" target="_self"> 个性化推荐 </a></li>
    <li>|</li>
    <li><a href="shopping.html" target="_parent"> 购物车 </a></li>
    <li><img src="images/dd_header_shop.gif" alt="shopping"/></li>
    </ul>
    </div>
</div>
```

❷ 使用如下 CSS 样式代码定义 header_top 部分的样式，定义样式后的效果，如图 21-12 所示。

```
.header_top,.header_middle,.header_search{
margin-left:auto;                                     /* 定义左侧外边距 */
    margin-right:auto;                                /* 定义右侧外边距 */
    width:955px;                                      /* 定义宽度 */
    clear:both;                                       /* 清楚浮动 */}
.header_top{border:solid 1px #999;
    background-image:url(../images/dd_header_bg.gif); /* 定义背景图片 */
    background-repeat:repeat-x;                        /* 定义背景重复 */
    height:24px;}                                      /* 定义高度 */
.header_top_left{float:left;                           /* 定义浮动左对齐 */
        width:260px;                                   /* 定义宽度 */
        padding-left:10px;                             /* 定义左侧内边距 */
```

```
                line-height:28px;}              /* 定义行高 */
*html .header_top_left{                          /*only IE6*/
                line-height:24px;}              /* 定义行高 */
.header_top_right{float:right;                   /* 定义浮动右对齐 */
                padding-right:10px;             /* 定义右侧内边距 */
                width:400px;                    /* 定义宽度 */
                text-align:right;}              /* 定义文本右对齐 */
.header_top_right li{float:right;                /* 定义浮动右对齐 */
                margin-left:5px;                /* 定义左侧外边距 */
                margin-top:5px;}                /* 定义顶部外边距 */
.logo,.menu_left,.menu_right{float:left;         /* 定义浮动左对齐 */
.logo{width:130px;                               /* 定义宽度 */
                padding-top:13px;               /* 定义顶部内边距 */
                height:47px; }                  /* 定义高度 */
```

图21-11 顶部的header_top部分

图21-12 定义header_top部分的样式

❸ 下面制作网站的 header_middle 导航部分，如图 21-13 所示。

```
<div class="header_middle">
<div class="logo"><img src="images/dd_logo.gif" alt="logo"/></div>
<div class="menu_left">
 <dl>
 <dd class="menu_left_first"></dd>
 </dl>
 <ul id="menu_left_bold">
 <li><a href="index.html" target="_parent" class="bold"> 首页 </a></li>
 <li>|</li>
 <li><a href="product.html" target="_parent" class="bold"> 图书 </a></li>
 <li>|</li>
 <li><a href="#" target="_self" class="bold"> 音乐 </a></li>
 <li>|</li>
```

```
<li><a href="#" target="_self" class="bold"> 影视 </a></li>
<li>|</li>
<li><a href="#" target="_self" class="bold"> 运动 </a></li>
<li>|</li>
<li><a href="#" target="_self" class="bold"> 服饰 </a></li>
<li>|</li>
<li><a href="#" target="_self" class="bold"> 家居 </a></li>
<li>|</li>
<li><a href="#" target="_self" class="bold"> 美妆 </a></li>
<li>|</li>
<li><a href="#" target="_self" class="bold"> 母婴 </a></li>
<li>|</li>
<li><a href="#" target="_self" class="bold"> 食品 </a></li>
<li>|</li>
<li><a href="#" target="_self" class="bold"> 数码家电 </a></li>
</ul>
<dl>
<dd class="menu_left_end"></dd>
</dl>
</div>
<div class="menu_right" id="menu_dull_red">
<ul>
 <li class="menu_right_1"><a href="#" target="_self"> 商店街 </a></li>
 <li class="menu_right_2"><a href="#" target="_self"> 促销 </a></li>
 <li class="menu_right_3"><a href="#" target="_self"> 当当 <img src="images/dd_header_top.png"
alt=" 榜 " /></a>
 </li>
 <li class="menu_right_2"><a href="#" target="_self"> 社区 </a></li>
 <li class="menu_right_3"><a href="#" target="_self"> 在线读书 </a></li>
</ul>
</div>
<div class="menu">
<div class="menu_first"></div>
<div id="menu_white">
  <a href="#" target="_self" class="menu_mid_white"> 小说 </a>|
  <a href="#" target="_self" class="menu_mid_white"> 青春 </a>|
  <a href="#" target="_self" class="menu_mid_white"> 历史 </a>|
```

```
        <a href="#" target="_self" class="menu_mid_white"> 保健 </a>|
        <a href="#" target="_self" class="menu_mid_white"> 少儿 </a>|
        <a href="#" target="_self" class="menu_mid_white"> 旅游 </a>|
        <a href="#" target="_self" class="menu_mid_white"> 期刊 </a>|
        <a href="#" target="_self" class="menu_mid_white"> 图书畅销榜 </a>|
        <a href="#" target="_self" class="menu_mid_white"> 新书热卖榜 </a>|
        <a href="#" target="_self" class="menu_mid_white"> 特价书 </a>|
        <a href="#" target="_self" class="menu_mid_white"> 图书促销 </a>|
        <a href="#" target="_self" class="menu_mid_white"> 所有图书分类 </a>
        </div>
    <div class="menu_end"></div>
    </div>
    </div>
```

❹使用如下 CSS 代码定义 header_middle 导航部分的样式，定义样式后的效果，如图 21-14 所示。

```
.menu_left{height:28px;                                      /* 定义高度 */
    padding-top:32px;                                        /* 定义顶部内边距 */
    line-height:35px;                                        /* 定义行高 */
    width:510px;}                                            /* 定义宽度 */
*html .menu_left{                                            /*only IE6*/
    line-height:28px;}                                       /* 定义行高 */
#menu_left_bold li{
    float:left;                                              /* 定义浮动左对齐 */
    background-image:url(../images/dd_head_bg_mid.gif);      /* 定义背景图片 */
    height:28px;                                             /* 定义高度 */
    background-repeat:repeat-x;                              /* 定义背景图片水平重复 */
    padding:0px 3px 0px 3px;}                                /* 定义内边距 */
.bold,.bold:hover{
    font-weight:bold;                                        /* 定义文字加粗 */   }
.menu_left_first{
    background-image:url(../images/dd_head_bg_left.gif);     /* 定义背景图片 */
    background-repeat:no-repeat;                             /* 定义背景图片不重复 */
    background-position:0px 0px;                             /* 定义背景图片位置 */
    height:28px;                                             /* 定义高度 */
    width:4px;                                               /* 定义宽度 */
    float:left;                                              /* 定义浮动左对齐 */}
.menu_left_end{
```

```css
        background-image:url(../images/dd_head_bg_right.gif);      /* 定义背景图片 */
        background-repeat:no-repeat;                                /* 定义背景图片不重复 */
        background-position:0px 0px;                                /* 定义背景图片位置 */
        height:28px;                                                /* 定义高度 */
        width:4px;                                                  /* 定义宽度 */
        float:left;                                                 /* 定义浮动左对齐 */  }
.menu_right{
        padding-top:32px;                                          /* 定义顶部内边距 */
        height:28px;}                                              /* 定义高度 */
#menu_dull_red li{float:left;                                      /* 定义浮动左对齐 */
        margin-left:5px;                                           /* 定义左侧外边距 */
        text-align:center;                                         /* 定义元素内部文字的居中 */
        line-height:35px;                                         /* 定义行高 */
        height:28px;}                                              /* 定义高度 */
*html #menu_dull_red li{                                          /*only IE6*/
        line-height:28px;}                                         /* 定义行高 */
#menu_dull_red a,#menu_dull_red:hover{
        color:#9B2B0F;                                            /* 定义颜色 */
        text-decoration:none;                                     /* 清除超链接的默认下划线 */
        font-weight:bold;                                         /* 定义文字加粗 */  }
.menu_right_1{
        background-image:url(../images/dd_header_1_a.jpg);         /* 定义背景图片 */
        width:52px;                                               /* 定义宽度 */
        background-repeat:no-repeat;                              /* 定义背景图片不重复 */}
.menu_right_2{
        background-image:url(../images/dd_header_2_a.jpg); /* 定义背景图片 */
        width:39px;                                               /* 定义宽度 */
        background-repeat:no-repeat;                              /* 定义背景图片不重复 */}
.menu_right_3{background-image:url(..                             /images/dd_header_3_a.jpg);
        width:65px;                                               /* 定义宽度 */
        background-repeat:no-repeat;                              /* 定义背景图片不重复 */}
.menu{clear:both;                                                /* 清楚浮动 */}
#menu_white{float:left;                                           /* 定义浮动左对齐 */
        background-image:url(../images/dd_head_bg_mid.gif);
        background-repeat:repeat-x;                               /* 定义背景图片水平重复 */
        background-position:0px -63px;                           /* 定义背景图片位置 */
        height:27px;                                              /* 定义高度 */
```

```
        width:99%;                                          /* 定义宽度 */
        line-height:28px;                                   /* 定义行高 */
        text-align:center;                                  /* 定义元素内部文字的居中 */
        color:#FFF;}                                        /* 定义颜色 */
    .menu_mid_white,.menu_mid_white:hover{
        color:#FFF;                                         /* 定义颜色 */
        padding:0px 4px 0px 4px;}                           /* 定义内边距 */
    .menu_first{
        background-image:url(../images/dd_head_bg_left.gif);   /* 定义背景图片 */
        background-repeat:no-repeat;                        /* 定义背景图片不重复 */
        background-position:0px -31px;                      /* 定义背景图片位置 */
        height:27px;                                        /* 定义高度 */
        width;4px;                                          /* 定义宽度 */
    float:left;                                             /* 定义浮动左对齐 */}
    .menu_end{
        background-image:url(../images/dd_head_bg_right.gif);  /* 定义背景图片 */
    background-repeat:no-repeat;                            /* 定义背景图片不重复 */
        background-position:0px -31px;                      /* 定义背景图片位置 */
        height:27px;                                        /* 定义高度 */
        width:4px;                                          /* 定义宽度 */
        float:left;                                         /* 定义浮动左对齐 */}
```

图21-13 制作header_middle导航部分

图21-14 定义header_middle导航部分的样式

❺ 使用如下 DIV 代码制作图书搜索部分 header_search 的整体框架，如图 21-15 所示。

```
<div class="header_search">
<div class="header_serach_left"></div>
<div class="header_serach_mid">
<ul id="header_serach_mid_menu">
<li><input id="header_serach" type="text"
class="header_input_search" /></li>
```

```
<li><input type="image" class="header_secrch_btn"
src="images/dd_header_search_btn.jpg" /></li>
  <li><img src="images/dd_arrow_right.gif" alt="arrow"/>
<a href="#" target="_self"> 高级搜索 </a></li>
  <li>|</li>
  <li><img src="images/dd_header_search_top.jpg" alt=" 搜索风云榜 "/></li>
  <li><a href="#" target="_self"> 雅思 </a></li><li>|</li>
  <li><a href="#" target="_self"> 建造师 </a></li><li>|</li>
  <li><a href="#" target="_self"> 中里巴人 </a></li><li>|</li>
  <li><a href="#" target="_self"> 注会 </a></li><li>|</li>
  <li><a href="#" target="_self"> 新概念英语 </a></li><li>|</li>
  <li><a href="#" target="_self"> 更多 >></a></li>
  </ul>
</div>
<div class="header_serach_right"></div>
</div>
```

❻ 使用如下 CSS 代码定义 header_search 图书搜索部分的样式，定义样式后的效果，如图 21-16 所示。网站 header 部分制作完成，将其保存为 header.html。

```
.header_search{padding-top:2px;}
.header_serach_left,.header_serach_mid,.header_serach_right{
    float:left;                                                    /* 定义浮动左对齐 */
    height:35px;}                                                  /* 定义高度 */
.header_serach_left{
    background-image:url(../images/dd_head_bg_left.gif);           /* 定义背景图片 */
    background-repeat:no-repeat;                                   /* 定义背景图片不重复 */
    background-position:0px -58px;                                 /* 定义背景图片位置 */
    width:4px;}                                                    /* 定义宽度 */
.header_serach_mid{background-image:url(../images/dd_head_bg_mid.gif);
    background-repeat:repeat-x;                                    /* 定义背景图片重复 */
    background-position:0px -28px;                                 /* 定义背景图片位置 */
    width:99%; }                                                   /* 定义宽度 */
.header_serach_right{
    background-image:url(../images/dd_head_bg_right.gif);          /* 定义背景图片 */
    background-repeat:no-repeat;                                   /* 定义背景图片不重复 */
    background-position:0px -58px;                                 /* 定义背景图片位置 */
    width:4px; }                                                   /* 定义宽度 */
#header_serach_mid_menu li{
```

CSS布局综合实例

```
        float:left;                              /* 定义浮动左对齐 */
        margin-top:6px;                          /* 定义顶侧外边距 */
        padding:0px 5px 0px 5px;                 /* 定义内边距 */
        line-height:25px; }                      /* 定义行高 */
    :header_input_search{
            margin-left:15px;                    /* 定义左侧外边距 */
            width:200px;                         /* 定义宽度 */
            height:18px;}                        /* 定义高度 */
    .header_secrch_btn{                }
```

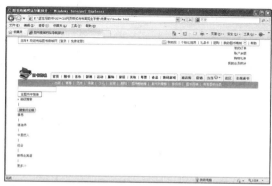

图21-15 制作图书搜索部分header_search的整体框架

图21-16 定义header_search图书搜索部分的样式

21.4.3 制作网站通栏广告部分

网站通栏广告部分主要是展示网站的广告宣传信息，主要是制作的横幅图片，如图 21-17 所示，具体操作步骤如下。

图21-17 网站header部分

❶首先制作通栏广告部分的整体框架，代码如下所示。

```
<div class="dd_index_top_adver">
<img src="images/dd_index_top_adver.jpg" alt=" 通栏广告图片 " /></div>
```

❷使用如下 CSS 代码定义通栏广告部分的整体框架，代码如下所示。

```
.dd_index_top_adver{margin:5px 0px 5px 0px;    clear:both;}
```

21.4.4　制作网站左侧分类部分

网站左侧分类部分主要是网站的一级、二级商品目录，如图 21-18 所示，具体操作步骤如下。

❶首先制作左侧分类部分的整体框架，如图 21-19 所示。

```
<div id="catList">
  <!-- 推荐分类 -->
  <div class="book_sort">
  <div class="book_sort_bg"> 推荐分类 </div>
  <div class="book_sort_bottom" style="border-bottom:0px;"> 外语 | 中小学教辅 |</div>
  </div>
  <!-- 图书商品分类开始 -->
  <div class="book_sort">
  <div class="book_sort_bg"><img src="images/dd_book_cate_icon.gif"
alt=" 图书 "/>图书商品分类 </div>
  <div class="book_cate">[ 小说 ]</div>
  <div class="book_sort_bottom"> 悬疑 | 言情 | 职场 | 财经 </div>
  <div class="book_cate">[ 文艺 ]</div>
  <div class="book_sort_bottom"> 文学 | 传记 | 艺术 | 摄影 </div>
  <div class="book_cate">[ 青春 ]</div>
  <div class="book_sort_bottom"> 青春文学 | 动漫 | 幽默 </div>
  <div class="book_cate">[ 励志 / 成功 ]</div>
  <div class="book_sort_bottom"> 修养 | 成功 | 职场 | 沟通 </div>
  <div class="book_cate">[ 少儿 ]</div>
  <div class="book_sort_bottom">0-2 | 3-6 | 7-10 | 11-14<br/>
       文学 | 科普 | 图画书 </div>
  <div class="book_cate">[ 生活 ]</div>
  <div class="book_sort_bottom"> 保健 | 家教 | 美丽装扮 | 育儿 | 美食 | 旅游 | 收藏 | 生活 | 体育 |
地图 | 个人理财 </div>
  <div class="book_cate">[ 个人社科 ]</div>
  <div class="book_sort_bottom"> 文化 | 历史 | 哲学 / 宗教 | 古籍 | 政治 / 历史 | 法律 | 经济 | 社会
科学 | 心理学 </div>
  <div class="book_cate">[ 管理 ]</div>
  <div class="book_sort_bottom"> 管理 | 金融 | 营销 | 会计 </div>
  <div class="book_cate">[ 科技 ]</div>
  <div class="book_sort_bottom"> 科普 | 建筑 | 医学 | 计算机 | 农林 | 自然科学 | 工业 | 通信 </div>
  <div class="book_cate">[ 教育 ]</div>
  <div class="book_sort_bottom"> 教材 | 中小学教辅 | 外语 </div>
```

```
    <div class="book_cate">[ 工具书 ]</div>

    <div class="book_cate">[ 图外原版书 ]</div>

    <div class="book_cate">[ 期刊 ]</div>

    </div>

    <!-- 图书商品分类结束 -->

    </div>
```

图21-18 网站左侧分类部分   图21-19 左侧分类部分整体框架

❷ 使用如下 CSS 代码定义网页左侧分类部分的样式，定义样式后的效果，如图 21-18 所示。

```
#catList,#content,#silder{float:left;          /* 定义浮动左对齐 */}
#catList{width:180px;                           /* 定义宽度 */
    margin-right:10px;                          /* 定义右侧外边距 */
    margin-top:10px;}                           /* 定义顶侧外边距 */
#content{width:540px;                           /* 定义宽度 */
margin-right:10px;}
#silder{width:220px;                            /* 定义宽度 */
margin-top:10px;}                               /* 定义顶侧外边距 */
.book_sort{
border:solid 1px #999;                          /* 定义边框样式 */
margin-bottom:10px;}
.book_sort_bg{
background-color:#fff0d9;                        /* 定义背景颜色 */
    padding-left:10px;
    color:#882D00;                              /* 定义颜色 */
    font-size:14px;                             /* 定义字号 */
    height:25px;                                /* 定义高度 */
```

```
        font-weight:bold;                              /* 定义文字加粗 */
        line-height:30px;}                             /* 定义行高 */
.book_sort_bottom{margin:0px 10px 0px 10px;            /* 定义外边距 */
        line-height:25px;                              /* 定义行高 */
        border-bottom:solid 1px #666;}                 /* 定义底部边框样式 */
.book_cate{
padding:10px 0px 0px 10px;                             /* 定义内边距 */
font-weight:bold;                                      /* 定义文字加粗 */
}
```

21.4.5 制作轮换显示的横幅广告图片

网站轮换显示的横幅广告图片，如图 21-20 所示，具体操作步骤如下。

❶首先制作轮换显示的横幅广告图片部分的整体框架，如图 21-21 所示。

```
<div class="scroll_top"></div>
<div class="scroll_mid"> <img src="images/dd_scroll_2.jpg" alt=" 轮换显示的图片广告 " id="dd_scroll"/>
<div id="scroll_number">
<ul>
<li id="scroll_number_1" onmouseover="loopShow(1)">1</li>
<li id="scroll_number_2" onmouseover="loopShow(2)">2</li>
<li id="scroll_number_3" onmouseover="loopShow(3)">3</li>
<li id="scroll_number_4" onmouseover="loopShow(4)">4</li>
<li id="scroll_number_5" onmouseover="loopShow(5)">5</li>
<li id="scroll_number_6" onmouseover="loopShow(6)">6</li>
</ul>
</div>
</div>
<div class="scroll_end"></div>
```

图21-20 轮换显示的横幅广告图片　　　　图21-21 制作轮换显示的横幅广告图片的整体框架

❷ 使用如下 CSS 代码定义轮换显示的横幅广告图片部分的样式。

```
.scroll_top{background-image:url(..        /images/dd_scroll_top.gif);
    width:540px;                           /* 定义宽度 */
height:51px;                               /* 定义高度 */
background-repeat:no-repeat;               /* 定义背景图片不重复 */}
.scroll_mid{background-color:#f2f2f3;      /* 定义背景颜色 */}
    border-left:solid 1px #d6d5d6;         /* 定义左侧边框样式 */
    border-right:solid 1px #d6d5d6;        /* 定义右侧边框样式 */
    width:533px;                           /* 定义宽度 */
padding:5px 0px 5px 5px;}                  /* 定义内边距 */
#dd_scroll{ float:none;}
*html #dd_scroll{float:left;               /* 定义浮动左对齐 */}
*+html #dd_scroll{float:left;              /* 定义浮动左对齐 */}
#scroll_number{float:right;               /* 定义浮动右对齐 */
padding-right:10px;}                        /* 定义右侧内边距 */
#scroll_number li{width:13px;             /* 定义宽度 */
    height:13px;                           /* 定义高度 */
    text-align:center;                     /* 定义元素内部文字的居中 */
    border:solid 1px #999;                 /* 定义边框样式 */
    margin-top:5px;                        /* 定义顶部外侧边距 */
    font-size:12px;                        /* 定义字号 */
    line-height:16px;                      /* 定义行高 */
    cursor:pointer;}                       /* 鼠标指针变成手的形状 */
.scroll_number_out{

    }
.scroll_number_over{background-color:#F96;color:#FFF;        }
.scroll_end{background-image:url(../images/dd_scroll_end.gif);
    width:540px;                           /* 定义宽度 */
    height:8px;                            /* 定义高度 */
    background-repeat:no-repeat;           /* 定义背景图片不重复 */
    margin-bottom:10px;        }
```

21.4.6　制作最新上架部分

最新上架部分如图 21-22 所示主要展示最新的商品信息，具体操作步骤如下。

图21-22　最新上架

❶首先制作最新上架部分的整体框架。

```
<div class="book_sort">
<div class="book_new">
 <div class="book_left"> 最新上架 </div>
 <div class="book_type" id="history" onmouseover="bookPutUp(0)"> 历史 </div>
 <div class="book_type" id="family" onmouseover="bookPutUp(1)"> 家教 </div>
 <div class="book_type" id="culture" onmouseover="bookPutUp(2)"> 文化 </div>
 <div class="book_type" id="novel" onmouseover="bookPutUp(3)"> 小说 </div>
 <div class="book_right"><a href="#"> 更多 >></a></div>
</div>
 <div class="book_class" style="height:250px;">
  <dl id="book_history">
  <dt><img src="images/dd_history_1.jpg" alt="history"/></dt>
  <dd><font class="book_title">《中国时代》( 上 ) </font><br />
   作者：师永刚，邹明　主编 <br />
   出版社：作家出版社 <br />
   <font class="book_publish"> 出版时间：2009 年 10 月 </font><br />
   定价：￥39.00<br />
   当当价：￥27.00 </dd>
   <dt><img src="images/dd_history_2.jpg" alt="history"/></dt>
   <dd><font class="book_title">《中国历史的屈辱》</font><br />
   作者：王重旭　著 <br />
   出版社：华夏出版社 <br />
   <font class="book_publish"> 出版时间：2009 年 11 月 </font><br />
   定价：￥26.00<br />
   当当价：￥18.20 </dd>
   <dt><img src="images/dd_history_3.jpg" alt="history"/></dt>
   <dd><font class="book_title">《中国时代》( 下 ) </font><br />
   作者：师永刚，邹明　主编 <br />
   出版社：作家出版社 <br />
   <font class="book_publish"> 出版时间：2009 年 10 月 </font><br />
   定价：￥38.00<br />
   当当价：￥26.30</dd>
   <dt><img src="images/dd_history_4.jpg" alt="history"/></dt>
   <dd><font class="book_title">《大家国学十六讲》</font><br />
   作者：张荫麟，吕思勉 著 <br />
   出版社：中国友谊出版公司 <br />
```

```
<font class="book_publish"> 出版时间：2009 年 10 月 </font><br />
定价：￥19.80<br />
当当价：￥13.70</dd>
</dl>
<!-- 家教 -->
<dl id="book_family" class="book_none">
<dt><img src="images/dd_family_1.jpg" alt="history"/></dt>
<dd><font class="book_title">《嘿，我知道你》</font><br />
作者：兰海　著 <br />
出版社：中国妇女出版社 <br />
<font class="book_publish"> 出版时间：2009 年 10 月 </font><br />
定价：￥28.80<br />
当当价：￥17.90 </dd>
<dt><img src="images/dd_family_2.jpg" alt="history"/></dt>
<dd><font class="book_title">《择业要趁早》</font><br />
作者：（美）列文 <br />
出版社：海天出版社 <br />
<font class="book_publish"> 出版时间：2009 年 10 月 </font><br />
定价：￥28.00<br />
当当价：￥19.30 </dd>
<dt><img src="images/dd_family_3.jpg" alt="history"/></dt>
<dd><font class="book_title">< 爷爷奶奶的 "孙子兵法"》</font><br />
作者：伏建全 编著 <br />
出版社：地震出版社 <br />
<font class="book_publish"> 出版时间：2009 年 8 月 </font><br />
定价：￥28.00<br />
当当价：￥17.40 </dd>
<dt><img src="images/dd_family_4.jpg" alt="history"/></dt>
<dd><font class="book_title">《1 分钟读懂孩子心理》</font><br />
作者：海韵　著 <br />
出版社：朝华出版社 <br />
<font class="book_publish"> 出版时间：2009 年 10 月 </font><br />
定价：￥28.00<br />
当当价：￥17.40</dd>
</dl>
<!-- 文化 -->
<dl id="book_culture" class="book_none">
```

```
<dt><img src="images/dd_culture_1.jpg" alt="history"/></dt>
<dd><font class="book_title">《嘿，我知道你》</font><br />
    作者：兰海 著 <br />
    出版社：中国妇女出版社 <br />
    <font class="book_publish"> 出版时间：2009 年 10 月 </font><br />
    定价：￥28.80<br />
    当当价：￥17.90 </dd>
<dt><img src="images/dd_culture_2.jpg" alt="history"/></dt>
<dd><font class="book_title">《择业要趁早》</font><br />
    作者：( 美 ) 列文 <br />
    出版社：海天出版社 <br />
    <font class="book_publish"> 出版时间：2009 年 10 月 </font><br />
    定价：￥28.00<br />
    当当价：￥19.30 </dd>
<dt><img src="images/dd_culture_3.jpg" alt="history"/></dt>
<dd><font class="book_title">《爷爷奶奶的 "孙子兵法" 》</font><br />
    作者：伏建全 编著 <br />
    出版社：地震出版社 <br />
    <font class="book_publish"> 出版时间：2009 年 8 月 </font><br />
    定价：￥28.00<br />
    当当价：￥17.40 </dd>
<dt><img src="images/dd_culture_4.jpg" alt="history"/></dt>
<dd><font class="book_title">《1 分钟读懂孩子心理》</font><br />
    作者：海韵 著 <br />
    出版社：朝华出版社 <br />
    <font class="book_publish"> 出版时间：2009 年 10 月 </font><br />
    定价：￥28.00<br />
    当当价：￥17.40 </dd>
</dl>
<!-- 小说 -->
<dl id="book_novel" class="book_none">
<dt><img src="images/dd_novel_1.jpg" alt="history"/></dt>
<dd><font class="book_title">《嘿，我知道你》</font><br />
    作者：兰海 著 <br />
    出版社：中国妇女出版社 <br />
    <font class="book_publish"> 出版时间：2009 年 10 月 </font><br />
    定价：￥28.80<br />
```

```
        当当价：￥17.90 </dd>
        <dt><img src="images/dd_novel_2.jpg" alt="history"/></dt>
        <dd><font class="book_title">《择业要趁早》</font><br />
        作者：（美）列文 <br />
        出版社：海天出版社 <br />
        <font class="book_publish"> 出版时间：2009 年 10 月 </font><br />
        定价：￥28.00<br />
        当当价：￥19.30 </dd>
        <dt><img src="images/dd_novel_3.jpg" alt="history"/></dt>
        <dd><font class="book_title">《爷爷奶奶的"孙子兵法"》</font><br />
        作者：伏建全 编著 <br />
        出版社：地震出版社 <br />
        <font class="book_publish"> 出版时间：2009 年 8 月 </font><br />
        定价：￥28.00<br />
        当当价：￥17.40 </dd>
        <dt><img src="images/dd_novel_4.jpg" alt="history"/></dt>
        <dd><font class="book_title">《1 分钟读懂孩子心理》</font><br />
        作者：海韵　著 <br />
        出版社：朝华出版社 <br />
        <font class="book_publish"> 出版时间：2009 年 10 月 </font><br />
        定价：￥28.00<br />
        当当价：￥17.40 </dd>
    </dl>
  </div>
</div>
```

❷使用如下 CSS 代码定义最新上架部分的整体框架。

```
.book_new{background-image:url(../images/dd_book_bg.jpg);   /* 定义背景图片 */
    background-repeat:repeat-x;                              /* 定义背景图片水平重复 */
    height:25px;                                            /* 定义高度 */
    line-height:30px;                                       /* 定义行高 */
    clear:both;                                             /* 清楚浮动 */}
.book_left{margin:0px 50px 0px 10px;                        /* 定义外边距 */
    color:#882D00;                                          /* 定义颜色 */
    font-size:14px;                                         /* 定义字号 */
    font-weight:bold;                                       /* 定义文字加粗 */
    float:left;                                             /* 定义浮动左对齐 */}
.book_type{float:left;                                      /* 定义浮动左对齐 */
```

```
            margin-left:3px;                                  /* 定义左侧外边距 */
            background-image:url(../images/dd_book_bg1.jpg);
            background-repeat:no-repeat;                       /* 定义背景图片不重复 */
            width:40px;                                        /* 定义宽度 */
            height:23px;                                       /* 定义高度 */
            margin-top:2px;                                    /* 定义顶部外边距 */
            text-align:center;                                 /* 定义元素内部文字的居中 */
            cursor:pointer;}                                   /* 鼠标指针变成手的形状 */
    .book_type_out{float:left;                                 /* 定义浮动左对齐 */
            margin-left:3px;                                   /* 定义左侧外边距 */
            background-image:url(../images/dd_book_bg2.jpg);
            background-repeat:no-repeat;                       /* 定义背景图片不重复 */
            width:40px;                                        /* 定义宽度 */
            height:23px;                                       /* 定义高度 */
            margin-top:2px;
            text-align:center;                                 /* 定义元素内部文字的居中 */
            color:#882D00;                                     /* 定义颜色 */
            font-weight:bold;                                  /* 定义文字加粗 */
            cursor:pointer;}                                   /* 鼠标指针变成手的形状 */
    .book_right{float:right;                                   /* 定义浮动右对齐 */
            margin-right:5px;}
    .book_class{clear:both;                                    /* 清楚浮动 */
            margin:0px 5px 0px 5px;}                           /* 定义外边距 */
    #dome{overflow:hidden;                                     /* 溢出的部分不显示 */
            height:250px;                                      /* 定义高度 */
            padding:5px;}                                      /* 定义内部边距 */
    #book_history dt,#book_family dt,#book_novel dt,#book_culture dt{
            float:left;                                        /* 定义浮动左对齐 */
            width:90px;                                        /* 定义宽度 */
            text-align:center;                                 /* 定义元素内部文字的居中 */}
    #book_history dd,#book_family dd,#book_novel dd,#book_culture dd{
            float:left;                                        /* 定义浮动左对齐 */
            width:170px;                                       /* 定义宽度 */
            margin:0px 0px 5px 0px;}                           /* 定义外侧边距 */
    .book_none{display:none;}
    .book_show{display:block;}                                 /* 显示块状 */
    .book_title{color:#1965b3;                                 /* 定义颜色 */
```

```
        font-size:14px;}                                    /* 定义字号 */
.book_publish{color:#C00;}                                  /* 定义颜色 */
#book_focus dt{width:125px;                                 /* 定义宽度 */
        margin:5px 0px 0px 7px;                             /* 定义外边距 */
        float:left;                                         /* 定义浮动左对齐 */
        text-align:center;                                  /* 定义元素内部文字的居中 */
        height:90px;                                        /* 定义高度 */
        display:inline;}                                    /* 被显示为内联元素 */
#book_focus dd{width:125px;                                 /* 定义宽度 */
        margin:5px 0px 0px 7px;                             /* 定义外侧边距 */
        float:left;                                         /* 定义浮动左对齐 */
        height:40px;                                        /* 定义高度 */
        display:inline;}                                    /* 被显示为内联元素 */
```

使用同样的方法，可以制作其他部分，这里限于篇幅就不再一一具体介绍了，最终的效果如图 21-23 所示。

图21-23 最终的案例效果

第6篇
附录

附录1　CSS属性一览表

CSS – 文字属性

语言	功能
color：#999999;	文字颜色
font-family：宋体,sans-serif;	文字字体
font-size：9pt;	文字大小
font-style:itelic;	文字斜体
font-variant:small-caps;	小字体
letter-spacing：1pt;	字间距离
line-height：200%;	设置行高
font-weight:bold;	文字粗体
vertical-align:sub;	下标字
vertical-align:super;	上标字
text-decoration:line-through;	加删除线
text-decoration:overline;	加顶线
text-decoration:underline;	加下划线
text-decoration:none;	删除链接下划线
text-transform：capitalize;	首字大写
text-transform：uppercase;	英文大写
text-transform：lowercase;	英文小写
text-align:right;	文字右对齐
text-align:left;	文字左对齐
text-align:center;	文字居中对齐
text-align:justify;	文字两端对齐
vertical-align属性	
vertical-align:top;	垂直向上对齐
vertical-align:bottom;	垂直向下对齐
vertical-align:middle;	垂直居中对齐
vertical-align:text-top;	文字垂直向上对齐
vertical-align:text-bottom;	文字垂直向下对齐

CSS – 项目符号

语言	功能
list-style-type:none;	不编号
list-style-type:decimal;	阿拉伯数字
list-style-type:lower-roman;	小写罗马数字
list-style-type:upper-roman;	大写罗马数字
list-style-type:lower-alpha;	小写英文字母
list-style-type:upper-alpha;	大写英文字母
list-style-type:disc;	实心圆形符号
list-style-type:circle;	空心圆形符号
list-style-type:square;	实心方形符号
list-style-image:url(/dot.gif)	图片式符号
list-style-position:outside;	凸排
list-style-position:inside;	缩进

CSS – 背景样式

语言	功能
background-color:#F5E2EC;	背景颜色

语言	功能
background:transparent;	透视背景
background-image : url(image/bg.gif);	背景图片
background-attachment : fixed;	浮水印固定背景
background-repeat : repeat;	重复排列-网页默认
background-repeat : no-repeat;	不重复排列
background-repeat : repeat-x;	在x轴重复排列
background-repeat : repeat-y;	在y轴重复排列
background-position : 90% 90%;	背景图片x与y轴的位置
background-position : top;	向上对齐
background-position : buttom;	向下对齐
background-position : left;	向左对齐
background-position : right;	向右对齐
background-position : center;	居中对齐

CSS – 链接属性

语言	功能
a	所有超链接
a:link	超链接文字格式
a:visited	浏览过的链接文字格式
a:active	按下链接的格式
a:hover	鼠标转到链接
cursor:crosshair	十字体
cursor:s-resize	箭头朝下
cursor:help	加一问号
cursor:w-resize	箭头朝左
cursor:n-resize	箭头朝上
cursor:ne-resize	箭头朝右上
cursor:nw-resize	箭头朝左上
cursor:text	文字I型
cursor:se-resize	箭头斜右下
cursor:sw-resize	箭头斜左下
cursor:wait	漏斗

CSS – 边框属性

语言	功能
border-top : 1px solid #6699cc;	上框线
border-bottom : 1px solid #6699cc;	下框线
border-left : 1px solid #6699cc;	左框线
border-right : 1px solid #6699cc;	右框线
solid	实线框
dotted	虚线框
double	双线框
groove	立体内凸框
ridge	立体浮雕框
inset	凹框
outset	凸框

CSS – 表单

语言	功能
\<input type="text" name="T1" size="15">	文本域
\<input type="submit" value="submit" name="B1">	按钮
\<input type="checkbox" name="C1">	复选框
\<input type="radio" value="V1" checked name="R1">	单选按钮
\<textarea rows="1" name="1" cols="15">\</textarea>	多行文本域
\<select size="1" name="D1"> \<option>选项1\</option> \<option>选项2\</option> \</select>	列表菜单

CSS – 边界样式

语言	功能
margin–top:10px;	上边界值
margin–right:10px;	右边界值
margin–bottom:10px;	下边界值
margin–left:10px;	左边界值

CSS – 边框空白

语言	功能
padding–top:10px;	上边框留空白
padding–right:10px;	右边框留空白
padding–bottom:10px;	下边框留空白
padding–left:10px;	左边框留空白

附录2　HTML常用标签

立体效果

多彩的网页图片库

使用CSS3实现的幻灯图片效果

1. 跑马灯

标签	功能
<marquee>...</marquee>	普通卷动
<marquee behavior=slide>...</marquee>	滑动
<marquee behavior=scroll>...</marquee>	预设卷动
<marquee behavior=alternate>...</marquee>	来回卷动
<marquee direction=down>...</marquee>	向下卷动
<marquee direction=up>...</marquee>	向上卷动
<marquee direction=right></marquee>	向右卷动
<marquee direction=left></marquee>	向左卷动
<marquee loop=2>...</marquee>	卷动次数
<marquee width=180>...</marquee>	设定宽度
<marquee height=30>...</marquee>	设定高度
<marquee bgcolor=FF0000>...</marquee>	设定背景颜色
<marquee scrollamount=30>...</marquee>	设定卷动距离
<marquee scrolldelay=300>...</marquee>	设定卷动时间

2. 字体效果

标签	功能
<h1>...</h1>	标题字(最大)
<h6>...</h6>	标题字(最小)
...	粗体字
...	粗体字(强调)
<i>...</i>	斜体字
...	斜体字(强调)
<dfn>...</dfn>	斜体字(表示定义)
<u>...</u>	底线
<ins>...</ins>	底线(表示插入文字)
<strike>...</strike>	横线
<s>...</s>	删除线
<del>...</del>	删除线(表示删除)
<kbd>...</kbd>	键盘文字
<tt>...</tt>	打字体
<xmp>...</xmp>	固定宽度字体(在文件中空白、换行、定位功能有效)
<plaintext>...</plaintext>	固定宽度字体(不执行标记符号)
<listing>...</listing>	固定宽度小字体
<font color=00ff00>...</font>	字体颜色
<font size=1>...</font>	最小字体
<font style =font-size:100 px>...</font>	无限增大